U0143068

国家科学技术进步奖二等奖获奖丛书
总署“向全国青少年推荐的百种优秀图书”
科学时报杯“科学普及与科学文化最佳丛书奖”

张景中 主编

幻方及其他
娱乐数学经典名题
（第三版）

吴鹤龄 著

科学出版社
北京

内 容 简 介

本书分为三个部分，第一部分是百变幻方——娱乐数学第一名题，对古今中外在幻方研究中的发现和成果进行了较详细的介绍；第二部分是素数，介绍了素数的有趣现象和未解之谜。第三部分是娱乐数学其他经典名题，包括数字哑谜、数学金字塔、自守数、累进可除数，以及“数学黑洞”现象、棋盘上的哈密顿回路、八皇后问题、梵塔、重排九宫等问题。书中题材广泛、内容有趣，能够启迪思想、开阔视野，有助于提高读者分析问题和解决问题的能力。

本书适合初中及初中以上文化程度的读者阅读。

图书在版编目（CIP）数据

幻方及其他：娱乐数学经典名题 / 吴鹤龄著. 3版. --北京：科学出版社，2024. 6. --（好玩的数学 / 张景中主编）. --ISBN 978-7-03-078673-9

Ⅰ. O1-49

中国国家版本馆 CIP 数据核字第 2024LV6771 号

责任编辑：朱萍萍　李　敏　孔国平/责任校对：韩　杨
责任印制：师艳茹 / 封面设计：黄华斌　张伯阳

科学出版社出版
北京东黄城根北街 16 号
邮政编码：100717
http：// www.sciencep.com
天津市新科印刷有限公司印刷
科学出版社发行　各地新华书店经销
*
2003 年 11 月第　一　版　开本：720×1000　1/16
2004 年 10 月第　二　版　印张：21 1/4
2024 年 6 月第　三　版　字数：323 000
2024 年 6 月第六次印刷

定价：48. 00 元

（如有印装质量问题，我社负责调换）

第一版总序

2002 年 8 月在北京举行国际数学家大会（ICM2002）期间，91 岁高龄的数学大师陈省身先生为少年儿童题词，写下了“数学好玩”4 个大字。

数学真的好玩吗？不同的人可能有不同的看法。

有人会说，陈省身先生认为数学好玩，因为他是数学大师，他懂数学的奥妙。对于我们凡夫俗子来说，数学枯燥，数学难懂，数学一点也不好玩。

其实，陈省身从十几岁就觉得数学好玩。正因为觉得数学好玩，才兴致勃勃地玩个不停，才玩成了数学大师。并不是成了大师才说好玩。

所以，小孩子也可能觉得数学好玩。

当然，中学生或小学生能够体会到的数学好玩，和数学家所感受到的数学好玩，是有所不同的。好比象棋，刚入门的棋手觉得有趣，国手大师也觉得有趣，但对于具体一步棋的奥妙和其中的趣味，理解的程度却大不相同。

世界上好玩的事物，很多要有了感受体验才能食髓知味。有酒仙之称的诗人李白写道：“但得此中味，勿为醒者传。”不喝酒的人是很难理解酒中乐趣的。

但数学与酒不同。数学无所不在。每个人或多或少地要用到数学，要接触数学，或多或少地能理解一些数学。

早在 2000 多年前，人们就认识到数的重要。中国古代哲学家老子在《道德经》中说：“道生一，一生二，二生三，三生万物。”古希腊毕达哥拉斯学派的思想家菲洛劳斯说得更加确定有力：“庞大、万能和完美无缺是数字的力量所在，它是人类生活的开始和主宰者，是一切事物的参与者。没有数字，一切都是混乱和黑暗的。”

既然数是一切事物的参与者，数学当然就无所不在了。

在很多有趣的活动中，数学是幕后的策划者，是游戏规则的制定者。

玩七巧板，玩九连环，玩华容道，不少人玩起来乐而不倦。玩的人不一定知道，所玩的其实是数学。这套丛书里，吴鹤龄先生编著的《七巧板、九连环和华容道——中国古典智力游戏三绝》一书，讲了这些智力游戏中蕴含的数学问题和数学道理，说古论今，引人入胜。丛书编者应读者要求，还收入了吴先生的另一本备受大家欢迎的《幻方及其他——娱乐数学经典名题》，该书题材广泛、内容有趣，能使人在游戏中启迪思想、开阔视野，锻炼思维能力。丛书的其他各册，内容也时有涉及数学游戏。游戏就是玩。把数学游戏作为丛书的重要部分，是“好玩的数学”题中应有之义。

数学的好玩之处，并不限于数学游戏。数学中有些极具实用意义的内容，包含了深刻的奥妙，发人深思，使人惊讶。比如，以数学家欧拉命名的一个公式

$$e^{2\pi i}=1$$

这里指数中用到的 π，就是大家熟悉的圆周率，即圆的周长和直径的比值，它是数学中最重要的一个常数。数学中第 2 个重要的常数，就是上面等式中左端出现的 e，它也是一个无理数，是自然对数的底，近似值为 2.718281828459…。指数中用到的另一个数 i，就是虚数单位，它的平方等于−1。谁能想到，这 3 个出身大不相同的数，能被这样一个简洁的等式联系在一起呢？丛书中，陈仁政老师编著的《说不尽的 π》和《不可思议的 e》（此二书尚无学生版——编者注），分别详尽地说明了这两个奇妙的数的来历、有关的轶事趣谈和人类认识它们的漫长的过程。其材料的丰富详尽，论述的清楚确切，在我所知的中

外有关书籍中，无出其右者。

如果你对上面等式中的虚数 i 的来历有兴趣，不妨翻一翻王树和教授为本丛书所写的《数学演义》的“第十五回　三次方程闹剧获得公式解　神医卡丹内疚难舍诡辩量”。这本章回体的数学史读物，可谓通而不俗、深入浅出。王树和教授把数学史上的大事趣事憾事，像说评书一样，向我们娓娓道来，使我们时而惊讶、时而叹息、时而感奋，引来无穷怀念遐想。数学好玩，人类探索数学的曲折故事何尝不好玩呢？光看看这本书的对联形式的四十回的标题，就够过把瘾了。王教授还为丛书写了一本《数学聊斋》（此次学生版出版时，王教授对原《数学聊斋》一书进行了仔细修订后，将其拆分为《数学聊斋》与《数学志异》二书——编者注），把现代数学和经典数学中许多看似古怪而实则富有思想哲理的内容，像《聊斋》讲鬼说狐一样最大限度地大众化，努力使读者不但“知其然”而且“知其所以然”。在这里，数学的好玩，已经到了相当高雅的层次了。

谈祥柏先生是几代数学爱好者都熟悉的老科普作家，大量的数学科普作品早已脍炙人口。他为丛书所写的《乐在其中的数学》，很可能是他的封笔之作。此书吸取了美国著名数学科普大师加德纳 25 年中作品的精华，结合中国国情精心改编，内容新颖、风格多变、雅俗共赏。相信读者看了必能乐在其中。

易南轩老师所写的《数学美拾趣》一书，自 2002 年初版以来，获得读者广泛好评。该书以流畅的文笔，围绕一些有趣的数学内容进行了纵横知识面的联系与扩展，足以开阔眼界、拓宽思维。读者群中有理科和文科的师生，不但有数学爱好者，也有文学艺术的爱好者。该书出版不久即脱销，有一些读者索书而未能如愿。这次作者在原书基础上进行了较大的修订和补充，列入丛书，希望能满足这些读者的心愿。

世界上有些事物的变化，有确定的因果关系。但也有着大量的随机现象。一局象棋的胜负得失，一步一步地分析起来，因果关系是清楚的。一盘麻将的输赢，却包含了很多难以预料的偶然因素，即随机性。有趣的是，数学不但长于表达处理确定的因果关系，而且也能表达处理被偶然因素支配的随机现象，从偶然中发现规律。孙荣恒先生的《趣味随机问题》一书，向我们展示出概率论、数理统计、随机过程这些数学分支中许多好玩的、有用的和新颖的问题。其中既有经典趣题，如赌徒输光定理，也有近年来发展的新的方法。

中国古代数学，体现出算法化的优秀数学思想，曾一度辉煌。回顾一下中国古算中的名题趣事，有助于了解历史文化，振奋民族精神，学习逻辑分析方法，发展空间想象能力。郁祖权先生为丛书所著的《中国古算解趣》，诗、词、书、画、数五术俱有，以通俗艺术的形式介绍韩信点兵、苏武牧羊、李白沽酒等40余个中国古算名题；以题说法，讲解我国古代很有影响的一些数学方法；以法传知，叙述这些算法的历史背景和实际应用，并对相关的中算典籍、著名数学家的生平及其贡献做了简要介绍，的确是青少年的好读物。

读一读《好玩的数学》，玩一玩数学，是消闲娱乐，又是学习思考。有些看来已经解决的小问题，再多想想，往往有“柳暗花明又一村”的感觉。

举两个例子：

《中国古算解趣》第37节，讲了一个“三翁垂钓”的题目。与此题类似，有个“五猴分桃”的趣题在世界上广泛流传。著名物理学家、诺贝尔奖获得者李政道教授访问中国科学技术大学时，曾用此题考问中国科学技术大学少年班的学生，无人能答。这个问题，据说是由大物理学家狄拉克提出的，许多人尝试着做过，包括狄拉克本人在内都没有找到很简便的解法。李政道教授说，著名数理逻辑学家和哲学家怀特海曾用高阶差分方程理论中通解和特解的关系，给出一个巧妙的解法。其实，仔细想想，有一个十分简单有趣的解法，小学生都不难理解。

原题是这样的：5只猴子一起摘了1堆桃子，因为太累了，它们商量决定，先睡一觉再分。

过了不知多久，来了1只猴子，它见别的猴子没来，便将这1堆桃子平均分成5份，结果多了1个，就将多的这个吃了，拿走其中的1堆。又过了不知多久，第2只猴子来了，它不知道有1个同伴已经来过，还以为自己是第1个到的呢，于是将地上的桃子堆起来，平均分成5份，发现也多了1个，同样吃了这1个，拿走其中的1堆。第3只、第4只、第5只猴子都是这样……问这5只猴子至少摘了多少个桃子？第5个猴子走后还剩多少个桃子？

思路和解法：题目难在每次分都多1个桃子，实际上可以理解为少4个，先借给它们4个再分。

好玩的是，桃子尽管多了4个，每个猴子得到的桃子并不会增多，当然也不会减少。这样，每次都刚好均分成5堆，就容易算了。

想得快的一下就看出，桃子增加4个以后，能够被5的5次方整除，所以至少是3125个。把借的4个桃子还了，可知5只猴子至少摘了3121个桃子。

容易算出，最后剩下至少1024−4=1020个桃子。

细细地算，就是：

设这1堆桃子至少有x个，借给它们4个，成为$x+4$个。

5个猴子分别拿了a，b，c，d，e个桃子（其中包括吃掉的一个），则可得

$$a=(x+4)/5$$

$$b=4(x+4)/25$$

$$c=16(x+4)/125$$

$$d=64(x+4)/625$$

$$e=256(x+4)/3125$$

e 应为整数，而 256 不能被 5 整除，所以 $(x+4)$ 应是 3125 的倍数，所以

$$(x+4)=3125k\ (k\text{ 取自然数})$$

当 $k=1$ 时，$x=3121$

答案是，这 5 个猴子至少摘了 3121 个桃子。

这种解法，其实就是动力系统研究中常用的相似变换法，也是数学方法论研究中特别看重的“映射-反演”法。小中见大，也是数学好玩之处。

在《说不尽的π》的 5.3 节，谈到了祖冲之的密率 355/113。这个密率的妙处，在于它的分母不大而精确度很高。在所有分母不超过 113 的分数当中，和π最接近的就是 355/113。不但如此，华罗庚在《数论导引》中用丢番图理论证明，在所有分母不超过 336 的分数当中，和 π 最接近的还是 355/113。后来，在夏道行教授所著《π和 e》一书中，用连分数的方法证明，在所有分母不超过 8000 的分数当中，和π最接近的仍然是 355/113，大大改进了 336 这个界限。有趣的是，只用初中里学的不等式的知识，竟能把 8000 这个界限提高到 16500 以上！

根据 $\pi=3.1415926535897\cdots$，可得 $|355/113-\pi|<0.00000026677$，如果有个分数 q/p 比 355/113 更接近π，一定会有

$$|355/113-q/p|<2\times0.00000026677$$

也就是

$$|355p-113q|/113p<2\times0.00000026677$$

因为 q/p 不等于 355/113，所以 $|355p-113q|$ 不是 0。但它是正整数，大于或等于 1，所以

$$1/113p<2\times0.00000026677$$

由此推出

$$p>1/(113\times2\times0.00000026677)>16586$$

这表明,如果有个分数 q/p 比 355/113 更接近 π,其分母 p 一定大于 16586。

如此简单初等的推理得到这样好的成绩，可谓鸡刀宰牛。

数学问题的解决，常有“出乎意料之外，在乎情理之中”的情形。

在《数学美拾趣》的 22 章，提到了“生锈圆规”作图问题，也就是用半径固定的圆规作图的问题。这个问题出现得很早，历史上著名的画家达·芬奇也研究过这个问题。直到 20 世纪，一些基本的作图，例如已知线段的两端点求作中点的问题（线段可没有给出来），都没有答案。有些人认为用生锈圆规作中点是不可能的。到了 20 世纪 80 年代，在规尺作图问题上从来没有过贡献的中国人，不但解决了中点问题和另一个未解决问题，还意外地证明了从 2 点出发作图时生锈圆规的能力和普通规尺是等价的。那么，从 3 点出发作图时生锈圆规的能力又如何呢？这是尚未解决的问题。

开始提到，数学的好玩有不同的层次和境界。数学大师看到的好玩之处和小学生看到的好玩之处会有所不同。就这套丛书而言，不同的读者也会从其中得到不同的乐趣和益处。可以当作休闲娱乐小品随便翻翻，有助于排遣工作疲劳、俗事烦恼；可以作为教师参考资料，有助于活跃课堂气氛、启迪学生心智；可以作为学生课外读物，有助于开阔眼界、增长知识、锻炼逻辑思维能力。即使对于数学修养比较高的大学生、研究生甚至数学研究工作者，也会开卷有益。数学大师华罗庚提倡“小敌不侮”，上面提到的两个小题目都有名家做过。丛书中这类好玩的小问题比比皆是，说不定有心人还能从中挖出宝矿，有所斩获呢。

啰嗦不少了，打住吧。谨以此序祝《好玩的数学》丛书成功。

张景中

2004年9月9日

第三版前言

本书最初名为“好玩的数学”，后因纳入“好玩的数学”丛书，书名有过几次变动。这次为纪念陈省身先生“数学好玩”题词20周年，进行了修订，根据内容和结构，取名为“幻方及其他——娱乐数学经典名题（第三版）”，相信会受到读者的欢迎。

2002年，陈省身先生为在北京举行的第24届国际数学家大会题了“数学好玩”4个字。笔者率先响应，当即着手编写《好玩的数学》一书，并于2003年出版。次年，科学出版社推出“好玩的数学”丛书，至今已有近20个年头。这些年来，本书几乎年年重印，历久不衰，说明陈省身先生“数学好玩”的论断是非常正确的。

此次再版，笔者一方面对组织结构进行了优化调整，另一方面本着与时俱进的原则，更新了一些内容。例如，本书2003年出版第一版时，梅森素数只有42个，现在已经有51个了；20世纪80年代中期出现在美国的游戏“变离心为向心”中最复杂的一种布局，美国人公布的最佳答案要209步，经笔者介绍以后，我国的游戏爱好者一再打破纪录。我们相信，在建设中国特色社会主义事业的过程中，在建设科技强国的过程中，中国人的聪明才智，尤其是在数学方面的天赋，必然会进一步释放出来。

吴鹤龄

2022年9月

第一版前言

本书名曰“好玩的数学——娱乐数学经典名题”。也许不少读者在看到这个书名后会质疑：作为科学的数学怎么是供玩儿的，而且“好玩”呢？“娱乐数学”又从何说起，过去从来没有听说过啊！对这些问题，我们长话短说，做一个简要的回答。

“好玩的数学”这个命名源于陈省身先生为2002年在北京举行的第24届国际数学家大会期间举办的“中国少年数学论坛”的题词“数学好玩”。陈省身先生是著名的华裔数学家，他因在整体微分几何学方面的出色成就而荣获“数学界的诺贝尔奖”——沃尔夫奖（1984年），是世界一流的大数学家。他说“数学好玩”，自然是不会有错的。笔者体会，他之所以说“数学好玩”，恐怕主要有两个原因：一是数学中有许许多多奇特而有趣的现象，二是数学中有许许多多未解之谜。正是这些奇特而有趣的现象和未解之谜吸引着广大的人群，使他们成为数学的爱好者和探索者，其中一些人有所发现、有所发明、有所创造，成了专家、学者，推动了科学的发展和人类社会的进步。20世纪最伟大的科学家之一、诺贝尔奖获得者爱因斯坦（Albert Einstein）曾经深刻地指出，在人们能够体验到的种种感觉中，最美好的就是神秘玄妙感。它是真正科学的摇篮。一个人如果不知道这种感觉为何物，如果不再体验到惊诧，如果不再觉得惶惑，那他就不如说已经死去了。真正的科学家永远不会丧失自己感到惊讶的能力，因为这是他们之所以成为科学家的根本。数学家施坦（Sherman K. Stein）在《数字的力量——揭示日常生活中数学的乐趣和威力》（吉林人民出版社，2000）中也写道：“按照一条老的拉丁格言‘需要为发明之母’，‘好奇为发明之母'同样也是对的。”他举了一个例子：19世纪初法拉第探索电与磁，就不是因为需要，而是出于对宇宙本质的好奇心。当有人问法拉第研究这些有什么用时，他反问道：“一个新生婴儿有什么用？”有这样一种说法：一些重大的科学发现和发明创造是“玩”出来的。这听起来似乎令人难以置信，但却是事实。因此，说“数学好玩”，不是对数学的贬低，也不是否认数学的高度抽象性和极大困难性，而只是突出其引人入胜的另一面，旨在激发人们的兴趣，热爱它，研究它，到神秘的数学王国中去遨游、去探索。

既然“数学好玩”，数学中好玩的那些内容被称为“娱乐数学”也就顺理成章了。娱乐数学在英文中叫作 Recreational Mathematics，或者叫 Entertainment in Mathematics。据哥伦比亚大学专门从事数学教育研究的威廉·沙夫（William Leonard Schaaf）博士考证，娱乐数学已有2000多年的历史了，在阿基米德生活的时代就已经有了，到11世纪已有娱乐数学的专著出版。他在20世纪50年代编了一本《娱乐数学：文献指南》（*Recreational Mathematics: A Guide to the Literature*，National Council of Teachers of Mathematics，Inc.，1958），收录的娱乐数学重要文献有5000多个，后来他又编了一套《娱乐数学参考书目》（*A Bibliography of Recreational Mathematics*），由美国数学会出版，有3卷之多。20世纪下半叶，著名的娱乐数学专家马丁·加德纳（Martin Gardner）在著名的科普杂志《科学美国人》（*Scientific American*）中办了一个《数学游戏》（*Mathematical Games*）专栏，大受读者欢迎，持续了近30年。到80年代中期，一则因加德纳退休，二则因个人计算机的兴起，这个专栏被改为《计算机娱乐》（*Computer Recreation*）专栏，但不久就又改为《数学娱乐》（*Mathematical Recreation*）专栏。现在，《科学美国人》每期都有这个栏目，是这个杂志最受读者欢迎的“保留栏目”。

我国也出版了不少“趣味数学”“数学游戏”主题的专著和

读物，娱乐数学的一些世界名著也被译成中文介绍给国内读者。但是由于种种原因，数学的这块园地在我国始终没有和“娱乐”这个词直接挂起钩来，因此我国读者群体中就没有“娱乐数学”这个概念。就笔者所见，只有亨特（J.A.H.Hunter）等的名著 *Mathematical Diversions* 的中译本被冠以“数学娱乐问题”的书名出版，大概见过此书的读者不多。笔者认为，现在该是娱乐数学闪亮登场的时候了。如同劳动和受教育是每个公民的权利一样，休息和娱乐也是公民的基本权利，而娱乐的形式是多种多样的。通过“玩数学”达到娱乐的目的，又提高了科学素养、增长了知识，真是两全其美，何乐而不为，有什么理由不大力提倡呢?

本书分为两部分。第一部分介绍百变幻方——娱乐数学第一名题。幻方是几千年前中国人率先发现的，后来传到世界各地，引起广泛兴趣。幻方是简单的人人可以理解的数学现象，但是它又蕴含着许多至今无人能够回答的问题，包括利用计算机仍然解决不了的问题，因而自然成了娱乐数学中最受关注的一个课题。书中对古今中外在幻方研究中的成果和发现有详尽的介绍，仅幻方构造法就列举了10多种，既包括传统的连续摆数法、阶梯法、对角线法、镶边法等，又有近代数学家新近才开发出来的LUX法、相乘法等，对于绝大多数读者来说都是耳目一新的。美国建国前后的大政治家、大发明家富兰克林（Benjamin Franklin）推出了许多神奇的幻方、幻圆，其中的八轮幻圆（他称之为“magic circle of circles”）中，又含有4组偏心的同心圆。一百多年来的中外文献中对这4组偏心的同心圆在八轮幻圆中到底起什么作用，都没有明确的说明。经过反复查证，笔者终于在两百多年前出版的一部科学辞典中找到了答案，首次给读者提供了准确的解释。南宋的杨辉是世界上系统研究幻方的第一人。他给出的4阶至8阶幻方各有阴、阳两图。同为4阶幻方，为什么把这幅图称为阳图，把那幅图称为阴图而不是相反，几乎没有人认真探讨过这个问题。笔者注意到这个问题，并进行了初步的探讨，认为幻方是有优劣、高低之分的，并提出了判别的依据，由此给出了对杨辉4阶幻方阴、阳两图的一种可能解释。笔者不敢断言自己的观点和方法一定是正确的，只希望这一讨论能成为引玉之砖，把对有关问题的研究引向深入。

本书第二部分是娱乐数学其他经典名题，包括数字哑谜（也就是算式复原，如冷战时期出现的USA+USSR= PEACE）、数学金字塔、素数、NIM游戏，还有数论中的完美数、自守数、累进可除数、用尽1—9表示任意整数，以及“数学黑洞”和棋盘上的哈密顿回路、八皇后问题、约瑟夫斯问题（也就是幸存者问题）、重排九宫、梵塔等，内容十分广泛，问题十分有趣。笔者在充分发掘娱乐数学的历史遗产的同时，又十分重视当今的科技进步，用最新材料充实了经典名题的内涵。例如，素数是一个十分古老的课题，书中有两章是涉及素数的，其中不乏经典的问题，如梅森素数。本书在介绍梅森素数部分，笔触从生于16世纪的大数学家梅森（Marin Mersenne）一直伸展到21世纪初的网民志愿者组织的GIMPS（全球互联网梅森素数大搜索），全景式地向读者展现了历代数学家和数学爱好者在挖掘最大素数方面的历程，全面介绍了从手工计算到计算机计算，从超级计算机计算到网络计算至今所获得的全部42个梅森素数，比较充分地反映了在计算机技术尤其是网络技术飞速发展、网络应用日益普及的情况下，有关娱乐数学研究所呈现的日新月异的景象。

本书是在笔者近10年来所写的数学小品的基础上，经过重新整理、修订和增补而成的。这些数学小品有些在《知识就是力量》等刊物上公开发表过；有些虽然没有发表过，但是在笔者任教的北京理工大学科学技术协会组织的科普讲座上向大学生们演讲过。笔者不是数学工作者，从事的专业领域是计算机，涉足娱乐数学这一领域一是出于个人爱好，二是出于专业教学的需要。因为笔者发现，用娱乐数学中的有趣问题做程序设计的例题与习题，可以大大激发学生的学习热情与积极性。但由于不是本行，书中难免有错误、疏漏或说外行话之处，恳请专家和读者批评、指正。此外，本书引用了大量中外文的书刊和网上资料，多数注明了出处，但因为本书毕竟不是学术专著而是科普作品，因此笔者没有刻意追求逐一注明资料来源，这是需要说明的。

吴鹤龄

2003 年初春于北京

目　录

第一部分　百变幻方——娱乐数学第一经典名题

第二部分　素数——娱乐数学另一经典名题

第三部分　娱乐数学其他经典名题

第一部分　百变幻方
——娱乐数学第一经典名题

本书分为三大部分，其中第一部分专门介绍幻方，第二部分专门介绍素数，第三部分介绍娱乐数学其他经典名题。把幻方从娱乐数学的其他经典名题中分离出来作为一个专题进行着重介绍，并非完全出自笔者的偏爱，更主要是由于幻方在娱乐数学中的地位及它的意义实在非同一般，也由于幻方是由中国人首创的，是值得中国人骄傲的。赖瑟（H.J.Ryser）在数学名著《组合数学》（*Combinatorial Mathematics*）中写到，组合数学，也称为组合分析或组合学，是一门起源于古代的数学学科。据传，中国的大禹（约公元前 2200 年）在一只神龟的背上看到如下幻方

$$\begin{bmatrix} 4 & 9 & 2 \\ 3 & 5 & 7 \\ 8 & 1 & 6 \end{bmatrix}$$

而大约公元前 1100 年，排列即已在中国萌芽……

幻方从中国传到其他地区以后，引起广泛关注，一代又一代的学者对它进行了不懈的研究，取得了许多成果，有关的文献资料多不胜举。数学家纽曼（J. R. Newman，1907—1966）在 20 世纪 50 年代编辑了一部数学文库性质的《数学的世界》（*The World of Mathematics*），收集了数学各个分支、各个年代的名家名篇 133 篇，分 4 大卷出版。在“数学游戏与数学谜语”这部分的开头，纽曼在介绍中提到幻方时就写到，单单是有关幻方的著作就足够办一个规模可观的图书馆了。读者在看过本书以后，应当会相信纽曼的这个说法一点也不过分，笔者专门用一个部分来介绍幻方也是有道理的。

引子　洛水神龟献奇图

大约在距今 4200 多年的公元前 2200 年，我们的祖先居住的大地上暴雨连绵、洪水泛滥，成千上万的人遭受灭顶之灾。当时人类抵御自然灾害的能力十分有限。在拯救自己生命的强烈愿望驱使下，人们奋起抗灾，在斗争和失败中学习，涌现了许多可歌可泣的故事，其中大家最熟悉的是大禹为治水三过家门而不入的故事。此外还有许多有关大禹治水的动人传说。例如，相传在大禹治黄河的时候，黄河龙马献给大禹一张河图，帮助大禹制定了一套正确的治黄方案。另一则传说是大禹在治洛水的时候，洛水神龟献给大禹的“洛书”中有如图 0-1 所示的奇怪的图。这幅图用今天的数学符号“翻译”出来就是一个 3 阶幻方，即在 3×3 的方阵中填入 1—9，方阵每行、每列和 2 条对角线上的 3 个数字之和都等于 15，并把这个和数叫作幻方常数（magic square constant）或幻和（magic sum）。这就是中国人率先发现的世界上的第一个幻方。别小看这个小小的幻方，这是中国人在数学史上的一个伟大创造，奠定了数学中一个重要分支——组合学的基础。当然，由于当时还没有发明我们今天使用的数字符号，所以我们的祖先就巧妙地用这个图来表达他们所知道的幻方。图中，奇数用若干个空心圆圈表示，偶数用若干个实心圆圈表示，这和中国古时的“阴阳学说”有关。

由于作为“洛书”3 阶幻方基础的九宫数字“二九四，七五三，六一八”在公元 80 年出版的古书《大戴礼记》卷八《明堂篇》中就有清楚的记载。因此，中国人率先发现了幻方是国际数学界公认的。但是，幻方到底是什么时候出现的，有没有实物为证？这个问题却长期得不到解决，直到 1977 年的一个考古发现才给出了答案。

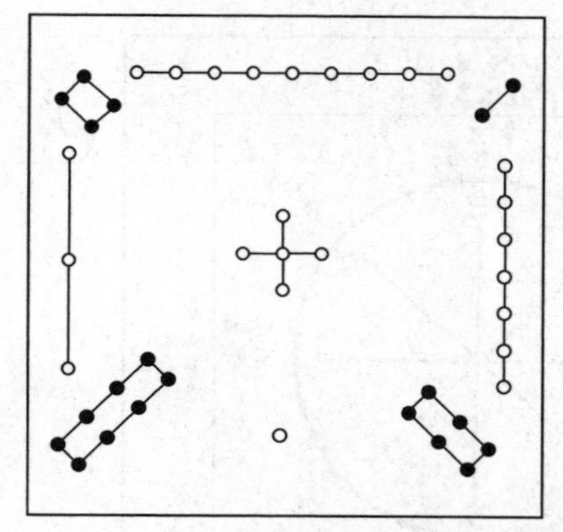

4	9	2
3	5	7
8	1	6

图 0-1　“洛书”上的3阶幻方

1977 年春，安徽省阜阳县（现阜阳市）城郊的农民在双古堆平整土地时发现了两座古墓。文物工作者发掘后证明这是西汉汝阴侯的墓葬。汝阴侯是汉高祖刘邦赐给与其同乡的功臣夏侯婴的封号。墓主人是第二代汝阴侯夏侯灶及其妻子。夏侯灶死于西汉文帝十五年(公元前 165 年)，距今已有 2180 多年。出土文物中有 3 件极珍贵的中国古代天文仪器。其中一件叫“太乙九宫占盘”，是用来占卦的盘，分上盘和下盘两个部分，上盘嵌入下盘的凹槽，可以随意转动，如图 0-2(a)所示。将盘上的古汉字转写后如图 0-2(b)所示。由图可见，太乙九宫占盘正面是按八卦位置和金、木、水、火、土五行属性排列的，九宫名称和各宫节气的天数与

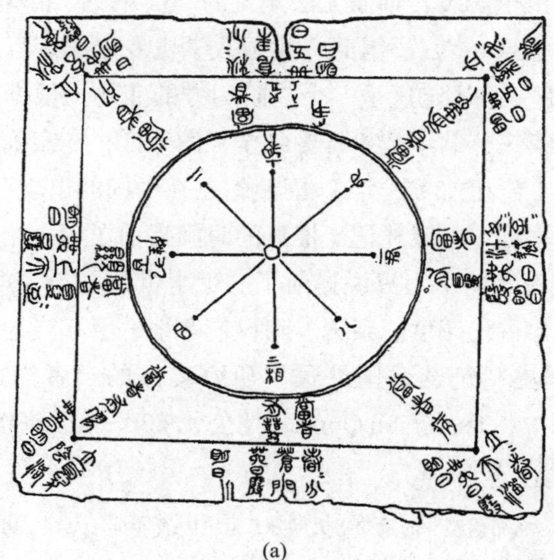

(a)

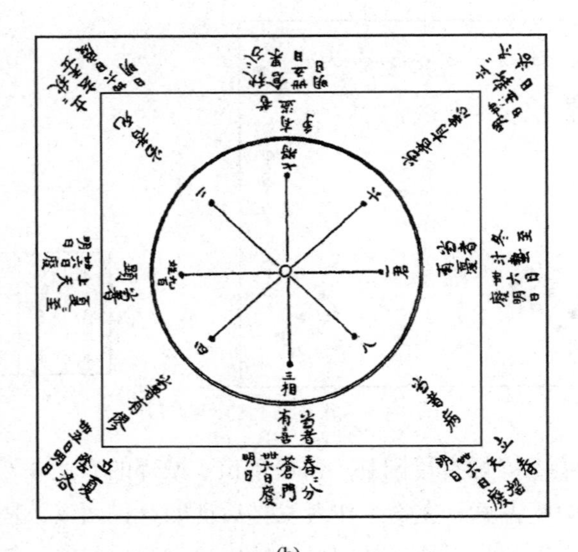

(b)

图0-2　太乙九宫占盘

古书《灵枢经》[①]完全一致。这个占盘就是用来测算立春、春分、立夏、夏至、立秋、秋分、立冬、冬至这 8 个节气的，说明我们的祖先很早就掌握了季节变化的规律。我们在这里不加详述，感兴趣的读者可以参阅殷滌非发表在 1978 年第 5 期的《考古》上的文章《西汉汝阴侯墓出土的占盘和天文仪器》。我们感兴趣的是盘上圆圈中 8 个方位上的数字，如果补上中心由于安装转轴而无法刻上的“5”的话，恰为九宫数字“四九二，三五七，八一六”。因此，我国数学史专家梁宗巨先生在其遗作《世界数学通史》中认定这是一个 3 阶幻方的实物。根据盘上刻的该盘的制作年代“第三，七年辛酉日中冬至”的字样，专家确切地考证出这是汉文帝七年（公元前 173 年），因此幻方在中国的出现已有 2190 多年的历史了，比根据《大戴礼记》推算的时间提前了两个半世纪（但不知什么原因，梁先生的书上只说提前了一个半世纪）。幻方后来陆续传播到日本、朝鲜、古代印度、泰国、阿拉伯等地，引起当地的广泛兴趣和重视。但根据史料记载，国外最早研究幻方的学者当推阿拉伯的塔比・伊本・库拉（Thabit ibn Qurra，约公元 826—公元 901），那已是公

① 《灵枢经》是《黄帝内经》的重要组成部分，是中国最早研究天气变化与人体的关系，以占风候、治疾病的古书。

元 9 世纪了。欧洲人知道幻方就更晚了，据说是生于君士坦丁堡（现伊斯坦布尔）的古代印度人穆晓普鲁斯（Manuel Moschopulus）首先在 15 世纪把幻方介绍到欧洲去的。

在中国古代，“洛书”3 阶幻方被蒙上了一层厚厚的神秘色彩。周朝的易学家把它同“九宫说”[①]等同起来，或者把它同他们所主张的“天地生成数说”联系起来[②]。两汉时期的巫师或方士则把它用作占卜吉凶的图谶。在我国西藏地区，过去藏民普遍携带的一种护身符（图 0-3）除了有黄道十二宫和八卦以外，中央就是一个用藏文数字表示的 3 阶幻方。此外，初版于 1923 年的《数学史》（*History of Mathematics*）中转载了出版物中一幅名为“生命之轮”（Wheel of Life）的画（图 0-4），这幅画中也有类似的，但宗教色彩更浓厚、内容更丰富的图案，中央也是一个 3 阶幻方。另一方面，由于“洛书” 3 阶幻方配置 9 个数字的均衡性和完美性产生了极大的审美效果，古人认为其中包含了某种至高无上的原则，也把它作为治国安民九类大法的模式，或把它视为举行国事大典的明堂的格局，因此使中国古人的这一数学杰作具有了哲学意义的创造。

图 0-3　藏民的护身符

① 九宫指乾、坎、艮、震、巽、离、坤、兑八卦之宫，外加中央之宫，合称九宫。

② 天数指奇数 1、3、5、7、9，表阳、乾、天等；地数指 2、4、6、8，表阴、坤、地等。

图0-4　画作“生命之轮”

事实上，“洛书”3阶幻方背后可能还隐藏了许多奥秘，有待人们去挖掘。我国著名的科普作家兼娱乐数学专家谈祥柏先生就曾在他的著作中介绍了对“洛书”3阶幻方的新发现。首先，书中把幻方想象为画在汽车轮胎上，于是，最左一列与最右一列相邻，最上一行与最下一行也相邻。这时，9个2×2方阵中的4个数之和恰好包括了16到24，既不重复又不遗漏，如图0-5所示。你说奇妙不奇妙？

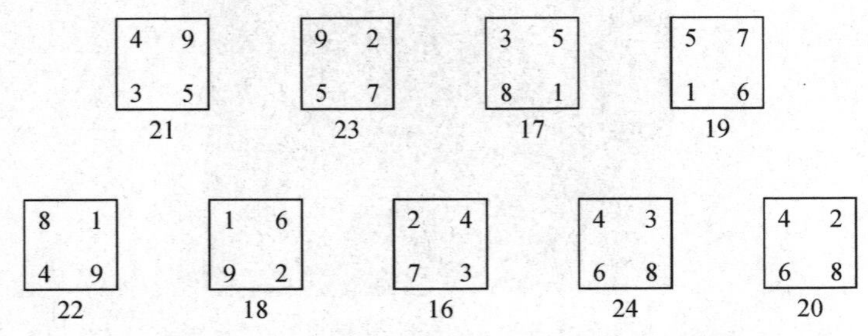

图0-5　“洛书”3阶幻方9个2×2方阵形成连续数列

其次，把每列数字看成一个3位数，则这3个3位数之和与其3个逆转3位数之和相等，而且取它们的平方和也相等，即

$$276+951+438=672+159+834=1665$$

$$276^2+951^2+438^2=672^2+159^2+834^2=1172421$$

不仅如此，这种性质对行也成立，即

$$492+357+816=294+753+618=1665$$

$$492^2+357^2+816^2=294^2+753^2+618^2=1035369$$

更有甚者，如果我们把对角线也分成两族。自左上角到右下角的主对角线及与它平行的两条折对角线称为主族，反方向的对角线称为副族，则上述奇妙性质仍然成立，即

主对角线族：$654+798+213=456+897+312=1665$

$$654^2+798^2+213^2=456^2+897^2+312^2=1109889$$

副对角线族：$258+714+693=852+417+396=1665$

$$258^2+714^2+693^2=852^2+417^2+396^2=1056609$$

在谈祥柏先生介绍的上述发现的启发下，笔者发现，在把每行、每列和每条主对角线上的 3 个数当作一个 3 位数正读与反读的情况下，“洛书” 3 阶幻方还有如下奇特性质，即幻方中间一行、中间一列、两条主对角线所形成的数正读与反读相加之和都等于 1110，而第 1 行、第 3 行两行数和第 1 列、第 3 列两列数及主、副两条折对角线正读与反读之和折半也等于 1110

第 2 行：　$357+753=1110$

第 2 列：　$951+159=1110$

对角线：　$258+852=1110$

$456+654=1110$

第 1 行、第 3 行：$\frac{1}{2}[(492+294)+(816+618)]=1110$

第 1 列、第 3 列：$\frac{1}{2}[(438+834)+(276+672)]=1110$

主折对角线：　$\frac{1}{2}[(231+132)+(978+879)]=1110$

副折对角线：　$\frac{1}{2}[(471+174)+(936+639)]=1110$

大家看奇妙不奇妙？因此我们完全有理由在通常的幻方常数 15 之外，为“洛书” 3 阶幻方定义第 2 个特殊的幻方常数 1110，而且它同 15

一样，有 8 个之多。由此可见，“洛书”3 阶幻方不但在配置 9 个数字上非常均衡和对称，非常和谐、美丽，在把行、列看作一个整体的情况下，其数字的配置也非常均衡和对称，非常和谐、美丽。

另外，我们把“洛书”3 阶幻方中的各元素都取平方，看看会出现什么情况。当然，由于它不是双幻方（doubly magic square 或 bi-magic square，见后），因此不会出现各行、各列及 2 条主对角线上元素之和仍都相等的奇迹（已经证明，这样的双幻方至少要有 8 阶），但我们仍然可以看到某些奇妙之处。我们先列出各行、列、对角线的情况

行：　$4^2+9^2+2^2=101$

$3^2+5^2+7^2=83$

$8^2+1^2+6^2=101$

列：　$4^2+3^2+8^2=89$

$9^2+5^2+1^2=107$

$2^2+7^2+6^2=89$

主对角线：　$4^2+5^2+6^2=77$

$2^2+5^2+8^2=93$

折对角线：　$2^2+3^2+1^2=14$

$9^2+7^2+8^2=194$

$4^2+7^2+1^2=66$

$9^2+3^2+6^2=126$

仔细分析一下就可以看出，除了第 1 行和第 3 行上的 3 个数的和相等，第 1 列和第 3 列上的 3 个数的和也相等外，它们的组合又可以产生 5 个常数 190，即：

第 1 行和第 1 列：101+89=190

第 1 行和第 3 列：101+89=190

第 3 行和第 1 列：101+89=190

第 3 行和第 3 列：101+89=190

第 2 行和第 2 列：83+107=190

由此可见，“洛书”3 阶幻方在把各元素取平方以后虽然不能形成新的幻方而具有全面对称、均衡的特性，但大体上也是平衡的。我们还注意到，各元素取平方以后，如果只考察其个位数，那么所形成的 3 阶方

阵如图 0-6 所示，也表现出很鲜明的特点。

6	1	4
9	5	9
4	1	6

图 0-6　“洛书”3 阶幻方取平方后舍弃拾位数形成的方阵

第 1 行和第 3 行（614，416）、第 1 列和第 3 列（694，496）、主折对角线族（491，194）、副折对角线族（691，196）的 2 个数分别是互逆转数；而第 2 行（959）、第 2 列（151）、2 条主对角线（656 和 454）上的数又都是回文数（palindrome number，即正读和反读是一样的数），是不是也十分奇特?

谈祥柏先生本人也有一个发现。他把“洛书” 3 阶幻方看作行列式并算出其值

$$\begin{vmatrix} 4 & 9 & 2 \\ 3 & 5 & 7 \\ 8 & 1 & 6 \end{vmatrix} = 120 + 504 + 6 - 80 - 28 - 162 = 360$$

由于这个值是一个非零常数，故可以通过代数余因子的计算相继求出其伴随矩阵与逆矩阵，最后可以得出“洛书”方阵的逆矩阵

$$\frac{1}{360}\begin{bmatrix} 23 & -52 & 53 \\ 38 & 8 & -22 \\ -37 & 68 & -7 \end{bmatrix}$$

把公因子 $\frac{1}{360}$ 提出后，右边 3 阶方阵的 9 个元素为

$$-52，-37，-22，-7，8，23，38，53，68$$

它们正好构成公差 $d=15$，$S=72$ 的算术级数，而公差 15 恰恰就是“洛书” 3 阶幻方的幻和。而如果把 $\frac{1}{360}$ 也考虑进去，则这个逆矩阵的各元素之和为 $\frac{1}{360}\times 72=\frac{1}{5}$，恰是“洛书” 3 阶幻方中心数 5 的倒数。因此，谈祥柏先生把这个“洛书”的“影子”命名为“反洛书”。

“洛书”3 阶幻方只是我们的一个引子。下面我们将介绍有关幻方的方方面面的问题，都是妙趣横生的，相信会引起读者的兴趣。

01 有关幻方的传闻趣事

所谓幻方（magic square），也叫纵横图，就是在 $n \times n$ 的方阵中，放入从 1 开始的 n^2 个自然数；在一定的布局下，其各行、各列和两条对角线上的数字之和正好相等。这个和数就叫作“幻方常数”或“幻和”。显然，对于任意 n 阶的幻方来说，其幻方常数 S 和方阵阶数 n 的关系是

$$S=\frac{1}{2}n(n^2+1)$$

例如，3 阶的幻方常数是 15，4 阶的幻方常数是 34，5 阶的幻方常数是 65……

由于幻方具有这种奇特性质，几千年来吸引着许多数学家和数学爱好者，他们进行了广泛深入的研究。到目前为止，他们已经发现了幻方的一些规律，解决了有关幻方的一些问题。但有关幻方的未解之谜仍然不少。在详细讨论有关知识和问题之前，我们先介绍与幻方有关的一些传闻趣事。

1.1 宇宙飞船上的搭载物

1977 年，美国先后发射了“旅行者 1 号”和“旅行者 2 号”宇宙飞船。这两艘飞往茫茫太空的飞船，担负有探索宇宙秘密的重大使命。其中一项使命就是寻找外星人，与外星人建立联系。

长久以来，人们相信，除了地球以外，别的星球上也可能存在生命，甚至存在比人还发达的高级生物。地球上的无线电台有时会从太空中接收到一些莫名其妙、难以破译的电波，有人认为是外星人发来的联络信号。众说纷纭、千奇百怪的不明飞行物（UFO）的出现与消逝，也为外星人的存在及其活动提供了一些佐证。当然，发现与寻找外星

人、与外星人建立联系，就成了许多科学家追求的目标，也是人类的一个共同愿望。

但是，要寻找外星人谈何容易。外星人生存的星球所在的银河系可能与地球相隔“十万八千光年”[①]，真是“牛郎织女难相会”。地理位置遥远是寻找外星人的一个很大障碍。这个障碍由于宇宙航行技术的进步正在逐步被克服。

另一个大障碍是如何与外星人沟通信息。外星人如果真的存在，其形态必定与人类不同，“语言”也必然与人类不同——地球上的人还说着各种不同的语言呢。在这种情况下，不采取一定的办法，很可能遇到外星人也“对面不相识”，即使“擦肩而过”，仍然“失之交臂”，那就“千里迢迢”而“前功尽弃”了。

美国国家航空航天局的官员们为这个问题大伤脑筋。在无可奈何之下，他们向全世界公开征集“旅行者 1 号”和“旅行者 2 号”宇宙飞船用以与外星人沟通信息的搭载物。消息传出后，世界各国的人们纷纷献计献策，出了形形色色的主意。最后，美国国家航空航天局采纳了其中的一些建议，搭载物中除了包括绘有男、女人体形态的金属片，以便向外星人表示自己的身份，让外星人知道“来者是谁”以外，还包括绘有代表人类文明的一些重大发明、发现图案的金属片。其中，代表人类在数学方面的成就的，一个是勾股弦，另一个就是 4 阶幻方。而且，为了让外星人看明白这是一个幻方，人们采用了与“洛书”上的 3 阶幻方相同的办法，即用一个小圆圈表示 1，用 2 个小圆圈表示 2……这样，“仿古幻方”就随同“旅行者 1 号”和“旅行者 2 号”宇宙飞船奔向茫茫太空，作为人类的使者寻找外星人去了。

1.2 杨辉——研究幻方第一人

由于古时信息交流极不方便和科学技术不够发达，我们的祖先在发现 3 阶幻方以后的数千年中，对它的研究处于长期停滞状态，没有进一步的发展。但这种状况到南宋时期有了突破。在南宋（1127—1279）短短 150 多年的历史中，在政治军事方面，有大义凛然、抵抗外侮的岳飞、文天祥；在文艺方面，有陆游、辛弃疾、李清照那样的大诗人、大词人；

① 这里只是借用“十万八千里”的说法，在宇宙中，十万八千光年只算是一个很短的距离。

在科学方面，则出现了秦九韶（约 1208—约 1261）、李治（1192—1279）、杨辉等一批杰出的数学家，在世界数学史上留下了光辉的一页。其中，杨辉除以“杨辉三角”闻名于世外，还是世界上第一个从数学角度对幻方进行详尽研究的学者，并取得了丰硕成果。他在 1275 年所著的《续古摘奇算法》（两卷）中，除了给出“洛书”中 3 阶幻方的构造方法以外，还给出了 4 阶至 10 阶的幻方，其中 4 阶至 8 阶幻方各给出两图，杨辉称之为阴、阳图。下面我们就逐一介绍。

1. 3 阶幻方

对“洛书”上的 3 阶幻方，杨辉将其生成法和最后布局归结为以下 8 句话。

九子斜排　上下对易　左右相更　四维挺出

戴九履一　左三右七　二四为肩　六八为足

根据杨辉的说法，“洛书”幻方是这样生成的。

（1）先将 1—9 这九个数按序斜排如图 1-1(a)；

（2）上下对调，即把 1 与 9 对调成如图 1-1(b)；

（3）左右互换，即把 3 与 7 互换成如图 1-1(c)；

（4）四面中间的 2、4、6、8 四数向外挺出成图 1-1(d)。

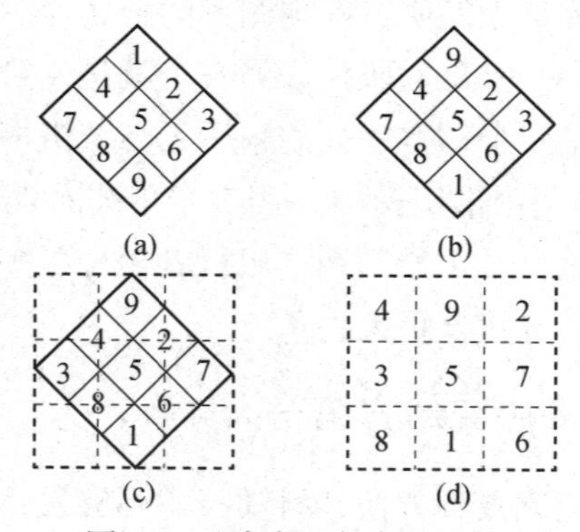

图1-1　“洛书”幻方的生成

2. 4阶幻方

杨辉称 4 阶幻方为“花十六图”或“四四图”，给出了阴、阳两图及阴图的构造法：“以十六子依次第做四行排列。先以外四角对换：一换十六，四换十三。后以内四角对换：六换十一，七换十”（图 1-2）。对这两个幻方，我们后面将做详细讨论。

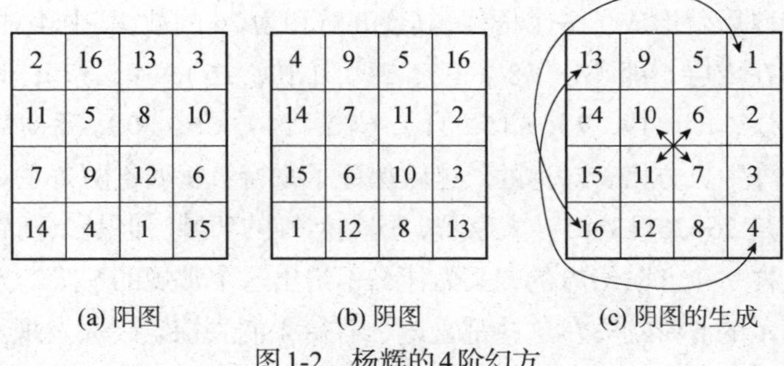

2	16	13	3
11	5	8	10
7	9	12	6
14	4	1	15

(a) 阳图

4	9	5	16
14	7	11	2
15	6	10	3
1	12	8	13

(b) 阴图

13	9	5	1
14	10	6	2
15	11	7	3
16	12	8	4

(c) 阴图的生成

图1-2 杨辉的4阶幻方

3. 5阶幻方

杨辉称 5 阶幻方为“五五图”，有阴阳两式，如图 1-3 所示。

1	23	16	4	21
15	14	7	18	11
24	17	13	9	2
0	8	19	12	6
5	3	10	22	25

(a) 阳图

12	27	33	23	10
28	18	13	26	20
11	25	21	17	31
22	16	29	24	14
32	19	9	15	30

(b) 阴图

4	19	25	15	2
20	10	5	18	12
3	17	13	9	23
14	8	21	16	6
24	11	1	7	22

(c) 阴图的原型

图1-3 杨辉的5阶幻方

其中的阳图，据后人研究，是通过“镶边法”构成的，比法国数学家弗雷尼克尔（Frenicle）在17世纪时正式提出该法早400年。由图1-3(a)可见，杨辉“五五图”的阳图的中央3×3方阵由7、8、9；12、13、14；17、18、19这 9 个数组成，构成幻方常数为39的3阶幻方。1—25中的其余16个数则被分为和为26的8对数，即（1，25），（2，24），（3，23），（4，22），（5，21），（6，20），（10，16），（11，15），分别安排在外围一圈的对应行、列与对角线两端，从而保证了形成5阶幻方。

我们注意到，杨辉“五五图”的阴图中的数不是从 1 开始的，而是从 9 开始的，幻方常数不是 65，而是 105。把幻方中的每个数都减 8，我们可以获得杨辉 5 阶幻方阴图据以生成的常规 5 阶幻方，如图 1-3(c)。这个幻方设计得十分精巧。我们看到，它让 1—25 的中数 13 居中，首 4 数 1—4 中的两个偶数 2 和 4 分居右上角和左上角，两个奇数 1 和 3 则分居末行和首列之中，末 4 数 22—25 则与 1—4 居对称位置，即 22、24 分居右下角和左下角，23、25 居末列和首行之中。把首 4 数、末 4 数和中数这 9 个数这样布局以后就形成了一个框架,其余 8 对和为 26 的数,其中 4 对以 13 为中心分布在内层，即（18，8）,（5，21）,（10，16）,（9，17），其余 4 对分布在外层，即（19，7）,（15，11）,（12，14）,（6，20），每对数都是对 13（即方阵中央方格）对称的。这就保证了每行、每列、两条主对角线上数字和都是 26+26+13=65。大家看，这是何等的巧妙。但是，杨辉是怎样构造出这样一个 5 阶幻方的，又为什么不给出这个常规的 5 阶幻方而要给出阴图所示的 5 阶幻方？这些都是谜，有待人们去探索、去发现。

4. 6 阶幻方

杨辉称 6 阶幻方为“六六图”，也有阴阳两式，如图 1-4 所示。但是，杨辉没有说明他是如何构成这两个 6 阶幻方的。

13	22	18	27	11	20
31	4	36	9	29	2
12	21	14	23	16	25
30	3	5	32	34	7
17	26	10	19	15	24
8	35	28	1	6	33

(a) 阳图

4	13	36	27	29	2
22	31	18	9	11	20
3	21	23	32	25	7
30	12	5	14	16	34
17	26	19	28	6	15
35	8	10	1	24	33

(b) 阴图

图 1-4　杨辉的 6 阶幻方

但是通过仔细研究其结构，我们可以看出一些端倪来。我们把 6 阶幻方中所填的 1—36 排成 4 列 9 行，如表 1-1 所示。

表 1-1

行＼列	4	3	2	1	和
1	28	19	10	1	58
2	29	20	11	2	62
3	30	21	12	3	66
4	31	22	13	4	70
5	32	23	14	5	74
6	33	24	15	6	78
7	34	25	16	7	82
8	35	26	17	8	86
9	36	27	18	9	90
和	288	207	126	45	666

在表 1-1 中，每行 4 个数之和依次增大 4，每列 9 个数之和依次增大 81，每行 1、4 两数之和等于 2、3 两数之和，而 9 行的 9 个和数形成等差数列可按照“洛书” 3 阶幻方的构成法则组成 3 阶幻方，见图 1-5。

70	90	62
66	74	82
86	58	78

图 1-5　表 1-1 中 9 个和数构成的幻方

比较这个 3 阶幻方和杨辉“六六图”中的阳图，并联系表 1-1，我们就可以发现，杨辉 6 阶幻方正是把表 1-1 中每行的 4 个数组成一个 2×2 的方阵代替 3 阶幻方中的一个方格。代替时，使 4 个数之和等于 3 阶幻方该方格中的数，每个 2×2 的方阵，表 1-1 中 1、4 两数和 2、3 两数分居上下，这样在行的方向上即可保证 8 数之和都相等。为保证每列和两条对角线上 8 数之和也相等，只要适当调整并列两数的左右位置即可。至于杨辉 6 阶幻方中的阴图，可以看出，它同阳图一样，组成它的 9 个 2×2 方阵保持不变，只是调整了每个方阵中数的位置，但仍维持每行、每列、两条主对角线上 8 数之和恒等。

5. 7阶幻方

杨辉称 7 阶幻方为“衍数图”，因古人有“大衍之数五十，其用四十有九”之说。也有阴阳两式，见图 1-6。

46	8	16	20	29	7	49
3	40	35	36	18	41	2
44	12	33	23	19	38	6
28	26	11	25	39	24	22
5	37	31	27	17	13	45
48	9	15	14	32	10	47
1	43	34	30	21	42	4

(a) 阳图

4	43	40	49	16	21	2
44	8	33	9	36	15	30
38	19	26	11	27	22	32
3	13	5	25	45	37	47
18	28	23	39	24	31	12
20	35	14	41	17	42	6
48	29	34	1	10	7	46

(b) 阴图

图 1-6　杨辉的 7 阶幻方

杨辉对他的7阶幻方是如何构成的也未作说明，但我们仍可以从其结构中揣摩一二。杨辉7阶幻方中阳图中心的3×3方阵也是一个幻方。读者可能要问，这中间的9个数既不是连续的自然数，又不是等差级数，怎么也能构成幻方呢？原来，除1，2，…，n^2（连续自然数）及$1+h$，$2+h$，…，n^2+h（等差级数）可以构成幻方外，a，$a+h$，$a+2h$，…，$a+(n-1)h$；$(a+k)$，$(a+k)+h$，$(a+k)+2h$，…，$(a+k)+(n-1)h$；…，$[a+(n-1)k]$，$[a+(n-1)k]+h$，…，$[a+(n-1)k]+(n-1)h$这样一个数列也可以构成幻方，这个数列中包括n个等差级数，公差都是h，而每个等差级数的首项也组成一个等差级数，其公差是k，这个k常被称为“和谐数”。杨辉7阶幻方阳图中心的3阶幻方就是由$a=11$，$h=6$，$k=8$这样一个数列（11，17，23；19，25，31；27，33，39）按“洛书”3阶幻方的法则构成的。有了这样一个3阶幻方为核心，按杨辉的数学功底，把和为50的8个数对（41，9），（18，32），（36，14），（35，15），（40，10），（38，12），（24，26），（13，37）以对称方式镶到3阶幻方四周，形成5阶幻方，再以同样方法把和为50的其他12个数对（49，1），（7，43），（29，21），（20，30），（16，34），（8，42），（46，4），（2，48），（6，44），（22，28），（45，5），（47，3）进一步镶在外层而形成7阶幻方就不是什么难事了。

与5阶幻方阴图相似，杨辉7阶幻方阴图也不是镶边法形成的，但同样让1—49的中数25居中，首4数（1—4）和末4数（46—49）分居4角和首末行列的中央形成一个基本框架，然后以此为基础，将和为50的4个数对（27，23），（11，39），（26，24），（45，5）以对称方式置于中央方格25的四周形成中央3×3方阵（非幻方），再以同样方式把和为50的8个数对（15，35），（36，14），（9，41），（33，17），（8，42），（22，28），（37，13），（31，19）置于内圈，把另外8个和为50的数对（21，29），（16，34），（40，10），（43，7），（30，20），（32，18），（12，38），（6，44）置于外围，恰恰形成7阶幻方。由此可见，杨辉的5阶与7阶幻方阴图虽然不是镶边幻方，却是巧妙地运用镶边法构成的。

6. 8阶幻方

杨辉称8阶幻方为“易数图”，因为8×8=64，而古书《周易》中恰好给出了64卦，故称64为“易数”，也有阴阳两式，见图1-7。

61	4	3	62	2	63	64	1
52	13	14	51	15	50	49	16
45	20	19	46	18	47	48	17
36	29	30	35	31	34	33	32
5	60	59	6	58	7	8	57
12	53	54	11	55	10	9	56
21	44	43	22	42	23	24	41
28	37	38	27	39	26	25	40

(a) 阳图

61	3	2	64	57	7	6	60
12	54	55	9	16	50	51	13
20	46	47	17	24	42	43	21
37	27	26	40	33	31	30	36
29	35	34	32	25	39	38	28
44	22	23	41	48	18	19	45
52	14	15	49	56	10	11	53
5	59	58	8	1	63	62	4

(b) 阴图

图 1-7　杨辉的 8 阶幻方

对于杨辉的 8 阶幻方是如何形成的，后人有种种不同的猜测，都各有理由。著名中算史专家李俨（1892—1963）的说法比较简单、明了、直观。他认为，杨辉 8 阶幻方中的阳图和阴图都是将 1—64 按从小到大或从大或小两种次序先相间排成 8 列 8 组，如图 1-8 所示，每组中相对 2 数之和均为 65。然后对阳图顺次取 1 组、4 组、5 组、8 组、2 组、3 组、

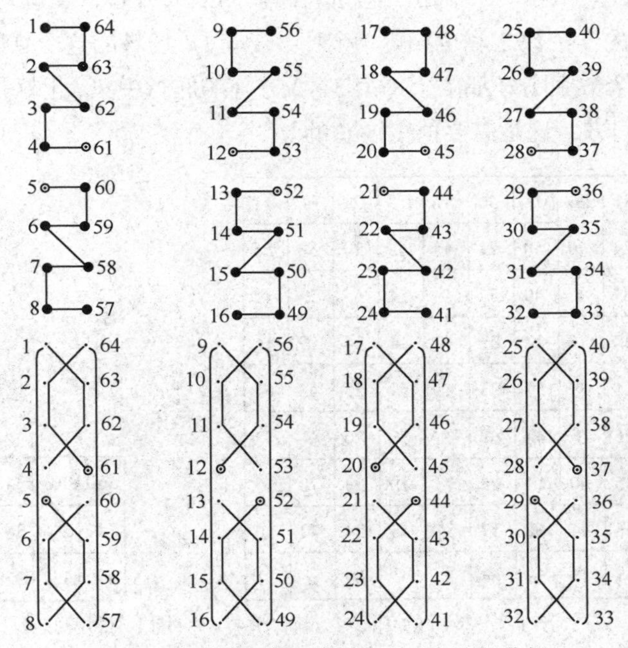

图 1-8　李俨对杨辉 8 阶幻方形成方法的分析

6组、7组，从空心圆圈所标示的那个数开始沿连线方向展开依次填入1—8行，各组之间没有交叉；对阴图1—2组、3—4组、5—6组、7—8组分别对应于1、8，2、7，3、6，4、5行，两者之间有交叉，每行也从空心圆圈标示的那个数开始沿折线方向顺次取数，走到顶（底）端时折向同侧的底（顶）端继续，依这个次序填入方阵各行，即得幻方。由此可见，在阳图中，相邻奇偶列并列2数之和均为65；在阴图中，相邻奇偶列并列2数之和交叉出现64、66（在行、列两个方向均如此）。应该说，无论阳图、阴图，设计得都十分精巧。

7. 9阶幻方

杨辉称9阶幻方为“九九图”，仅一幅，如图1-9所示。分析这个9阶幻方的构造，可以看出它同构造6阶幻方的方法是相似的，即把1—81排成9行9列（表1-2）之后，可以把9行的和数所形成的等差级数按“洛书”3阶幻方的构成法组成一个3阶幻方，如图1-10所示。然后用表1-2中一行9个数组成3×3的方阵代替这个幻方中的一个元素，行中1、6、8；2、4、9和3、5、7（其和都相等）各成方阵中一行，这样在行的方向上9个数之和必然相等，只要适当调整它们在列上的分布，使每列和2条主对角线上 的9个数之和也相等，就大功告成了。杨辉的这个9阶幻方中，1—9这9个数字刚好都位于每个3×3方阵的底行中央，正好是一个“洛书”3阶幻方，这是需要值得注意的。

31	76	13	36	81	18	29	74	11
22	40	58	27	45	63	20	38	56
67	4	49	72	9	54	65	2	47
30	75	12	32	77	14	34	79	16
21	39	57	23	41	59	25	43	61
66	3	48	68	5	50	70	7	52
35	80	17	28	73	10	33	78	15
26	44	62	19	37	55	24	42	60
71	8	53	64	1	46	69	6	51

图1-9　杨辉的9阶幻方

360	405	342
351	369	387
396	333	378

图1-10　表1-2中9个和数构成的3阶幻方

表 1-2

行＼列	9	8	7	6	5	4	3	2	1	和
1	73	64	55	46	37	28	19	10	1	333
2	74	65	56	47	38	29	20	11	2	342
3	75	66	57	48	39	30	21	12	3	351
4	76	67	58	49	40	31	22	13	4	360
5	77	68	59	50	41	32	23	14	5	369
6	78	69	60	51	42	33	24	15	6	378
7	79	70	61	52	43	34	25	16	7	387
8	80	71	62	53	44	35	26	17	8	396
9	81	72	63	54	45	36	27	18	9	405
和	693	612	531	450	369	288	207	126	45	3321

此外，我们还要注意这个幻方有以下奇特的性质。

（1）把它分成 9 个 3×3 的小方阵的话，每个也都是幻方；这 9 个 3 阶幻方的幻和构成首项为 111、公差为 3 的等差数列，又可以形成一个 3 阶幻方。

（2）幻方中以 41 为中心，任意对称位置上的 2 个数之和都是 82。这样，除了中央的 3×3 方阵是一个 3 阶幻方外，对向外扩展的 5×5、7×7、9×9 方阵，若分别取中央数 41、四角数（49、65、33、17；40、38、42、44；31、11、51、71）和 4 边的中央数（9、25、73、57；45、43、37、39；81、61、1、21）又可以形成 3 个 3 阶幻方。具有这种性质的幻方叫作对称幻方，我们后面还将进一步介绍。

8. 10 阶幻方

这是杨辉给出的最高阶幻方，他称之为“百子图”，仅一幅，如图 1-11(a)所示。但不知什么原因，“百子图”仅行列方向符合幻方常数 505，对角线方向上的 10 个数之和，一为 540，一为 470，并不符合幻方的定义。杨辉 10 阶幻方的这一问题被清初的张潮发现，在《心斋杂俎》卷下中指出，并给出了一个正确的 10 阶幻方，称为“更定百子图”，如图 1-11(b)所示。

杨辉的“百子图”虽然只是“半幻方”，但它有许多令人叫绝的特点。

（1）它是“田格一律化”的，即其中任意 2×2 小方阵（包括由首行、末行或首列、末列所组成的 2×2 方阵）中的 4 个数之和都是 202，如 82，79，18，23；61，80，31，30；97，5，4，96；35，26，74，67。

1	20	21	40	41	60	61	80	81	100
99	82	79	62	59	42	39	22	19	2
3	18	23	38	43	58	63	78	83	98
97	84	77	64	57	44	37	24	17	4
5	16	25	36	45	56	65	76	85	96
95	86	75	66	55	46	35	26	15	6
14	7	34	27	54	47	74	67	94	87
88	93	68	73	48	53	28	33	8	13
12	9	32	29	52	49	72	69	92	89
91	90	71	70	51	50	31	30	11	10

(a)“百子图”

60	5	96	70	82	19	30	97	4	42
66	43	1	74	11	90	54	89	69	8
46	18	56	29	87	68	21	34	62	84
32	75	100	74	63	14	53	27	77	17
22	61	38	39	52	51	57	15	91	79
31	95	13	64	50	49	67	86	10	40
83	35	44	45	2	36	71	24	72	93
16	99	59	23	33	85	9	28	55	98
73	26	6	94	88	12	65	80	58	3
76	48	92	20	37	81	78	25	7	41

(b)“更定百子图”

图 1-11　10 阶幻方

（2）以方阵中心为对称中心的任意大小正方形或任意大小矩形 4 角上的 4 个数之和也都是 202，如 38，63，73，28；64，37，27，74；18，93，83，8。

（3）以方阵中心横轴或中心纵轴上的任一交点为对称中心的任意大小正方形或任意大小矩形 4 角上的 4 个数之和也都是 202，如 20，82，81，19；97，14，44，47；62，39，36，65。

（4）“百子图”主对角线上 10 个数之和虽然不是幻方常数 505，但是正反两组各 10 个 V 形曲对角线（曲对角线定义见下节）上 10 个数之和却是幻方常数 505。例如，95，7，68，29，51，50，72，33，94，6；88，9，71，40，59，42，61，30，92，13；14，86，25，64，43，58，37，76，15，87。尤其令人称奇的是，如果把这种 V 形曲对角线的张开角度变小，那么只要仍维持对称而且落在方阵之内，则其上 10 个数和也等于 505，如 1，18，25，27，52，49，74，76，83，100；91，93，75，64，59，42，37，26，8，10。

（5）对于横向的 V 形曲对角线，它们不满足幻方常数，但规律性地交替出现 465 和 545。但我们惊奇地发现，同纵向的 V 形曲对角线类似，如果把 V 形的开口角度变小，则仍然满足幻方常数，如 1，79，43，37，85，15，74，48，32，91；100，22，58，64，16，86，27，53，69，10。

那么杨辉是怎样构成如此神奇的“百子图”的呢？

根据“百子图”的结构，李俨认为它是把 1—100 按从小到大或从大到小的次序排成 2 列，然后从标空心圆圈的数开始各按规律顺序取 10 个数填入 10×10 方阵中形成的，如图 1-12 所示。为了清楚，这个图分成 3 个部分，左侧部分表示 1—6 行的取数顺序，右侧上方部分表示 7—9 三行的取数顺序，右侧下方部分表示第 10 行的取数顺序。另有一种分析方法认为，杨辉仍然是先把 1—100 按从小到大或从大到小两种次序交替地排成 10 行 10 列，如表 1-3 所示。在这个表中，每行 10 个数之和均等于 505，已满足幻方的要求。然后把所有奇数行的 1 列、10 列，2 列、9 列，3 列、8 列，4 列、7 列，5 列、6 列元素两两对换，形成表 1-4。在这个表中，奇数列 10 个数之和等于 510，比幻方常数大 5；偶数列 10 个数之

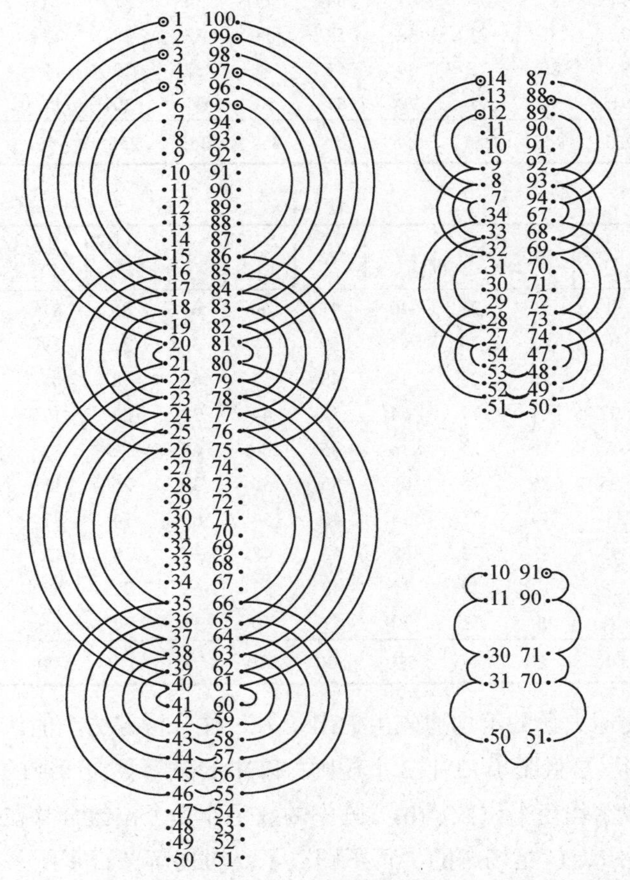

图 1-12　李俨对“百子图”形成方法的分析

和为 500，比幻方常数小 5。我们注意到，奇数列和相邻偶数列 7—9 三行中 3 个数之和正好各差 5，把它们两两对换，就成为杨辉的"百子图"了。这种猜测也比较合情合理。

表 1-3

列/行	10	9	8	7	6	5	4	3	2	1	和
1	100	81	80	61	60	41	40	21	20	1	505
2	99	82	79	62	59	42	39	22	19	2	
3	98	83	78	63	58	43	38	23	18	3	
4	97	84	77	64	57	44	37	24	17	4	
5	96	85	76	65	56	45	36	25	16	5	
6	95	86	75	66	55	46	35	26	15	6	
7	94	87	74	67	54	47	34	27	14	7	
8	93	88	73	68	53	48	33	28	13	8	
9	92	89	72	69	52	49	32	29	12	9	
10	91	90	71	70	51	50	31	30	11	10	
和	955	855	755	655	555	455	355	255	155	55	5050

表 1-4

列/行	10	9	8	7	6	5	4	3	2	1	和
1	1	20	21	40	41	60	61	80	81	100	505
2	99	82	79	62	59	42	39	22	19	2	
3	3	18	23	38	43	58	63	78	83	98	
4	97	84	77	64	57	44	37	24	17	4	
5	5	16	25	36	45	56	65	76	85	96	
6	95	86	75	66	55	46	35	26	15	6	
7	7	14	27	34	47	54	67	74	87	94	
8	93	88	73	68	53	48	33	28	13	8	
9	9	12	29	32	49	52	69	72	89	92	
10	91	90	71	70	51	50	31	30	11	10	
和	500	510	500	510	500	510	500	510	500	510	5050

兰州交通大学的黄均迪先生提出了另一种分析方法。他认为，杨辉的"百子图"是将图 1-13 中 2 个规则方阵中的数字叠加而成的，即把(a)方阵中的数字作为十位数、(b)方阵中的数字作为个位数合并在一个方阵中，然后加 1，就是杨辉的"百子图"了。对杨辉"百子图"构造法的这种分析似乎更加直观和鲜明，也很有特色。

0	1	2	3	4	5	6	7	8	9
9	8	7	6	5	4	3	2	1	0
0	1	2	3	4	5	6	7	8	9
9	8	7	6	5	4	3	2	1	0
0	1	2	3	4	5	6	7	8	9
9	8	7	6	5	4	3	2	1	0
1	0	3	2	5	4	7	6	9	8
8	9	6	7	4	5	2	3	0	1
1	0	3	2	5	4	7	6	9	8
9	8	7	6	5	4	3	2	1	0

(a)

0	9	0	9	0	9	0	9	0	9
8	1	8	1	8	1	8	1	8	1
2	7	2	7	2	7	2	7	2	7
6	3	6	3	6	3	6	3	6	3
4	5	4	5	4	5	4	5	4	5
4	5	4	5	4	5	4	5	4	5
3	6	3	6	3	6	3	6	3	6
7	2	7	2	7	2	7	2	7	2
1	8	1	8	1	8	1	8	1	8
0	9	0	9	0	9	0	9	0	9

(b)

图 1-13 黄均迪对“百子图”形成方法的分析

1.3 杨辉4阶幻方中的奥秘

对杨辉开发的这些幻方，大家除了承认它们是世界上最早的幻方以外，对这些幻方本身所包含的奥秘探索得还很不够。以 4 阶幻方为例，学术界过去重视的是阿拉伯幻方和丢勒幻方（见后文），陆续发现与公布了它们的一些奇特性质。事实上，不管是阿拉伯的 4 阶幻方也罢，丢勒（A. Dürer，1471—1528）的 4 阶幻方也罢，都是杨辉 4 阶幻方的变种，从中发现的奇特性质都源于杨辉 4 阶幻方。为此，我们这里对杨辉 4 阶幻方做进一步的考察。

（1）杨辉 4 阶幻方的生成方法是最简单的。如前所述，其 4 阶阴图是将 1—16 顺序从上到下、自右至左填入 4×4 的方阵，然后对角交换 4 个顶端的数字和中央 2×2 方阵中的数字［图 1-2(c)］即得，并不需要繁复的编排和算法。它的阳图则是将阴图逆时针转 90°，然后 1 列、2 列互换，3 列、4 列互换而成，也非常简单。

（2）杨辉 4 阶幻方，阳图也罢，阴图也罢，都非常对称和匀称，是十分和谐、美丽的方阵。为了讨论和比较幻方的对称性与匀称性，我们在这里以 4 阶幻方为例，在行、列、主对角线之外再定义以下几种线段，但这种定义可推广至任意 n 阶幻方。

① 折对角线（broken diagonal）：由与主对角线平行、折断的几段对角线所组成，如图 1-14 所示。图中有阴影方块组成所定义的线段（下同）。

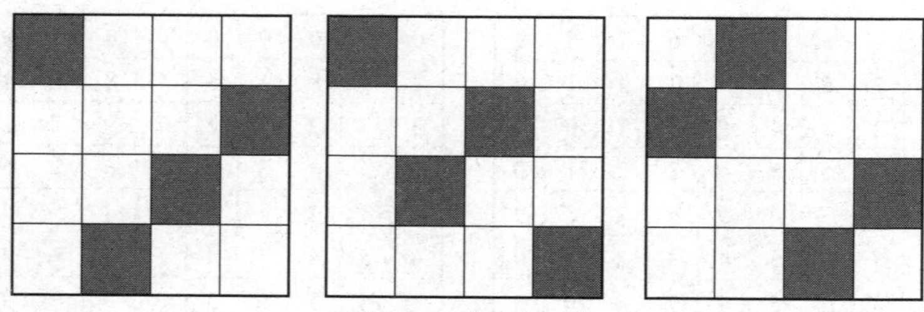

图 1-14　折对角线

② 曲对角线（bent diagonal）：由 2 条主对角线的各一半组成，位于方阵的上半部或下半部、左半部或右半部，如图 1-15 所示。形状好似对角线走到一半突然改变方向弯曲到另一侧而成，故名。

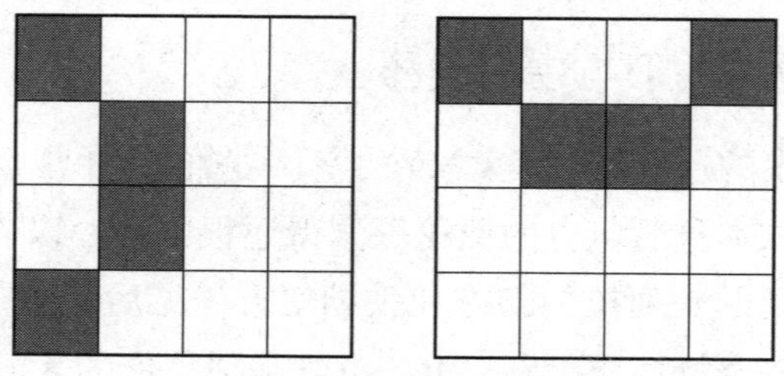

图 1-15　曲对角线

③ 折行（broken row）：同折对角线类似，由若干平行于水平线的线段所组成，这些线段跨越所有的列，并且呈现出某种对称性。设以 a_{ij} 表示 i 行 j 列上的一个元素，则以下 4 个元素均组成折行，如图 1-16 所示。形状好比一行被折断成 n 段。

$a_{m1}a_{m2}a_{n3}a_{n4}$；$a_{m1}\ a_{n2}a_{m3}a_{n4}$；$a_{m1}a_{n2}a_{n3}a_{m4}$

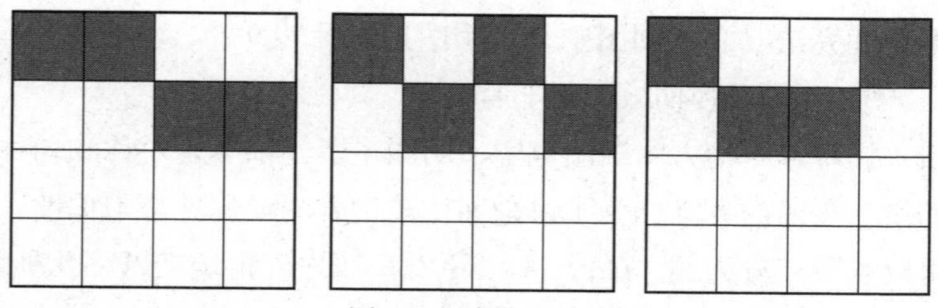

图 1-16　折行示例

④ 折列（broken column）：同折行类似，由若干平行于垂直线的线段组成，这些线段跨越所有的行，且呈现出某种对称性，如图 1-17 所示。

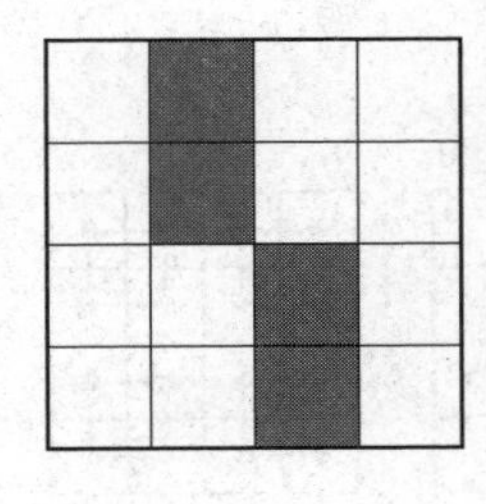
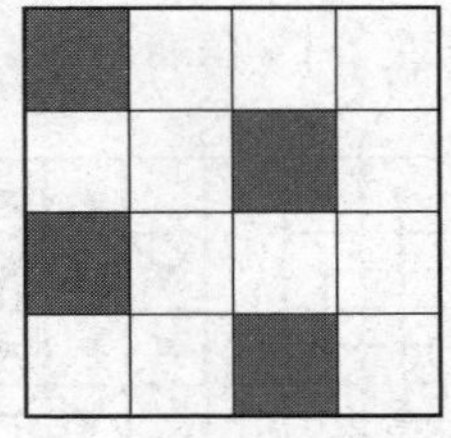
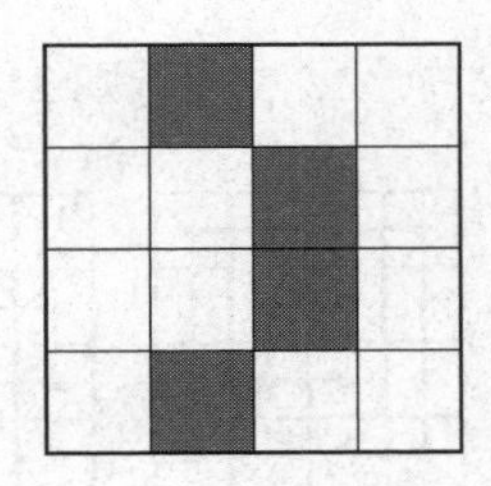

图 1-17　折列示例

⑤ 曲行（bent row）：同曲对角线类似，由同处左半侧或右半侧的任意相邻两条半行（half-row）组成。如图 1-18(a)所示，形状好比一行走到中点，突然变向，弯曲到另一方向。

⑥ 曲列（bent column）：同曲行类似，由同处上半部或下半部的任意两条相邻半列（half-column）组成，如图 1-18(b)所示。其中，图 1-18(a)既可看作曲行，又可看作曲列。

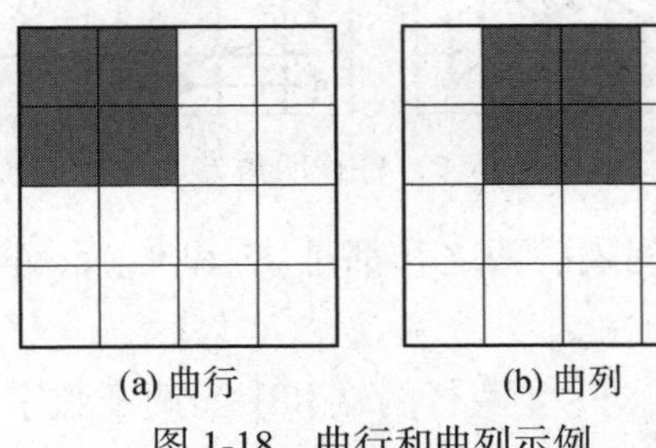

(a) 曲行　　(b) 曲列

图 1-18　曲行和曲列示例

曲对角线（行、列）名称的来由是因为它们原先似乎是一条对角线（行、列），但在中点被弯曲到另一方向去了。

⑦ 四角方（corners square）：由方阵中任意大小、任意位置上的规则四边形的 4 顶角元素所组成，其中的规则四边形包括正方形、矩形、菱形、平行四边形，如图 1-19 所示。在 4 阶幻方的情况下，曲和折对角线、行、列显然也都形成四角方。但由于我们后面要讨论高阶幻方，所以还要保留它们的定义，而且在既是曲（折）对角线（行、列），又是四角方的情况下，我们把它归入前者。

有了以上定义，讨论幻方对称性就方便了。

可以看出，杨辉 4 阶幻方包含多方面的对称性，以阴图为例，在水平方向上有以下对称性。

① 每行 4 个数字相邻两两之和都是 13 和 21，1、4 两行 13 在左，

21 在右，2、3 两行则 21 在左，13 在右。

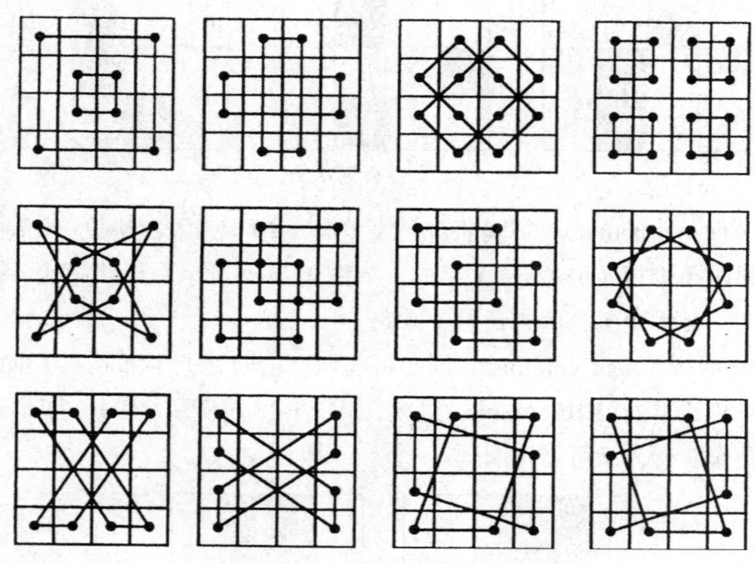

图 1-19　各种四角方

② 每行 4 个数字间隔两两之和都是 25 和 9，1、4 两行和 2、3 两行的次序正相反。

③ 每行 4 个数字，1、4 两行两端和中间两个数字之和分别是 20 和 14，成互补之势；2、3 两行两端和中间两个数字之和分别是 16 和 18，也成互补之势。

在垂直方向上，有以下几种对称性。

① 每列 4 个数字相邻两两之和都是 18 和 16，1、4 两列 18 在上，16 在下，2、3 两列则 16 在上，18 在下。

② 每列 4 个数字间隔两两之和都是 19 和 15，1、4 两列和 2、3 两列次序也正相反。

③ 每列 4 个数字 1、4 两列两端和中间两个数字之和分别是 5 和 29，成互补之势；2、3 两列两端和中间两个数字之和分别是 21 和 13，也成互补之势。

由于有以上的多种对称性，因此杨辉 4 阶幻方除了满足幻方的基本条件，即行、列、主对角线上 4 元素之和是幻方常数 34 之外，还有许多折对角线、折行、折列、曲行、曲列和四角方上 4 元素之和也是幻方常数 34。我们把阴图符合这条件的 4 元素组全部列出如下

行：（4，9，5，16），（14，7，11，2），（15，6，10，3），（1，12，8，13）

列：（4，14，15，1），（9，7，6，12），（5，11，10，8），（16，2，3，13）

对角线：（4，7，10，13），（16，11，6，1）

折行：（15，9，8，2），（14，12，5，3），（15，6，11，2），（14，7，10，3）（15，7，10，2），（14，6，11，3），（4，12，5，13），（1，9，8，16）

折列：（9，7，10，8），（4，2，15，13），（5，11，6，12），（5，7，10，12）（9，11，6，8），（16，14，3，1）

折对角线：（5，2，15，12），（9，14，3，8），（16，7，10，1），（4，11，6，13）

曲行（列）：（4，9，7，14），（5，16，11，2），（15，6，1，12），（10，3，8，13）

四角方：（7，11，6，10），（4，16，1，13），（4，5，15，10），（9，16，6，3），（14，11，1，8），（7，2，12，13），（9，5，12，8），（14，2，15，3），（4，9，15，6），（14，7，1，12），（5，16，10，3），（11，2，8，13），（4，5，14，11），（9，16，7，2），（15，10，1，8），（6，3，12，13），（4，9，8，13），（5，16，1，12），（16，2，15，1），（4，14，3，13），（7，11，15，1），（11，10，1，12），（16，2，6，10），（7，11，3，13），（4，14，6，10），（4，9，11，10），（5，16，7，6），（7，6，8，13）

以上总共为 60 组。我们知道，1—16 这 16 个数中，4 个数之和为 34 的一共有 86 组。这样，这 86 组可能的组合中，约有 70%是呈现有规律分布的，可见杨辉 4 阶幻方阴图的对称性和匀称性是多么好。

（3）杨辉 4 阶幻方中数字分布的对称性和均匀性不但表现在数字和方面，还进一步表现在数字的平方和及立方和方面。幻方的这一现象最早是在第二次世界大战结束后不久，处于盟军占领状态下的一个德国学者墨斯纳（A. Moessner）发现的。1947 年，他在 *Scripta Mathematica*

12	13	1	8
6	3	15	10
7	2	14	11
9	16	4	5

图 1-20　默斯纳的"神奇幻方"

季刊上发表了一篇名为"一个神奇幻方"（A Curious Magic Square）的文章，声称自己构造出了一个"神奇幻方"，上、下两半和左、右两半数字的平方和都相等，两条对角线上数字的立方和也相等。默斯纳的幻方如图 1-20 所示。我们仔细分析一下他的幻方，就可以发现它其实是杨辉 4 阶幻方（阴图）的一个变形。

把杨辉 4 阶幻方的第 2 列变为第 1 列、第 4 列变为第 2 列、第 1 列变为第 3 列、第 3 列变为第 4 列，再上下调个头，就是默斯纳的幻方。因此默斯纳发现的现象，杨辉 4 阶幻方是基本具有的。具体来说，杨辉 4 阶幻方 1、4 两行上的数字的平方和相等

$4^2+9^2+5^2+16^2=1^2+12^2+8^2+13^2=378$

2、3 两行上的数字的平方和也相等

$14^2+7^2+11^2+2^2=15^2+6^2+10^2+3^2=370$

因此，幻方上半部和下半部 8 个数的平方和相等，等于 748。

1、4 两列上数字的平方和也相等

$4^2+14^2+15^2+1^2=16^2+2^2+3^2+13^2=438$

2、3 两列上数字的平方和也相等

$9^2+7^2+6^2+12^2=5^2+11^2+10^2+8^2=310$

因此，幻方左半部和右半部 8 个数的平方和也相等，也等于 748。

两条对角线上的 8 个数及非对角线上的 8 个数的平方和也等于 748

$4^2+7^2+10^2+13^2+16^2+11^2+6^2+1^2=9^2+5^2+2^2+3^2+8^2+12^2+15^2+14^2=748$

其立方和也相等，等于 9248

$4^3+7^3+10^3+13^3+16^3+11^3+6^3+1^3=9^3+5^3+2^3+3^3+8^3+12^3+15^3+14^3=9248$

由于默斯纳的幻方是杨辉幻方的变形，因此默斯纳的幻方也具有上述性质。但应该承认，变换后的默斯纳的幻方确实有过人之处，即它的两条对角线上的数字的平方和及立方和也都相等

$12^2+3^2+14^2+5^2=8^2+15^2+2^2+9^2=374$

$12^3+3^3+14^3+5^3=8^3+15^3+2^3+9^3=4624$

以上性质是杨辉 4 阶幻方所不具备的。而且巧合的是，对角线上 4 个

数的立方和 4624 本身还是一个平方数：$4624=68^2$。无论默斯纳是不是根据杨辉 4 阶幻方构成的他的幻方，我们都应该对德国学者在艰难情况下坚持探索的精神表示钦佩。需要指出的是，默斯纳不但在幻方研究中有所发现，在数学的其他领域也有很多研究成果。这一阶段，他在 *Scripta Mathematica* 上发表了一系列文章。可惜，我们除了知道他是“数学迷”之外，对他的其他情况一无所知。

（4）杨辉 4 阶幻方中还隐藏着一个十分奇妙的性质。为此，我们要把幻方中的数都减去 1，使它变成 0—15，然后用 0000—1111 的四位二进制数代替。提出这一方法的是国际商业机器公司（IBM 公司），沃森研究中心的研究人员柯林斯（M. Collins）。这样变换后的杨辉 4 阶幻方阴图如图 1-21 所示。考察这个幻方后，我们就会惊奇地发现，这个幻方中的数是对中心成对称互补的，如 1111 对 0000、1010 对 0101，如此等等。由于二进制与八卦有密不可分的联系，而八卦又在中国古代文人中有巨大影响，因此我们有理由猜测杨辉 4 阶幻方的这个奇特性质也许不是偶然的巧合。由于有这样的对称性，幻方每行、每列和 2 条主对角线上都各有 8 个 0 和 8 个 1。图 1-19 所示各四角方 4 个顶点上也各有 8 个 0 和 8 个 1，呈现出十分精确的对称性和平衡性。

0011	1000	0100	1111
1101	0110	1010	0001
1110	0101	1001	0010
0000	1011	0111	1100

图 1-21 杨辉 4 阶幻方的二进制形式

以上讨论是针对杨辉 4 阶幻方的阴图进行的，但所列各种奇妙特性对阳图同样适用，唯一的区别是：阳图中构成幻方常数的行、列、对角线、折行、折列、折对角线、曲行和四角方的总数是 46 个，比阴图少 14 个（读者可自行验证一下）。也许这个数量上的差别正是杨辉称此为阴图而彼为阳图的原因。因为大家承认，就人类而言，女性比男性更匀称、更美丽。著名女作家冰心先生曾说过，世界上若没有女人，这世界至少要失去十分之五的真，十分之六的善，十分之七的美。这两个四阶幻方的其他特性都一样，但构成幻方常数的直线和四角方一多一少，说明其匀称性和美观程度稍有差异，于是把更匀称、更美观的那个赋予阴性，象征女性，也就很自然了。当然，这只是笔者的猜测，有兴趣的读者不妨做进一步的探索。

如笔者所见，对杨辉幻方的阴阳两图进行过探讨的，有中国科技史专家何丙郁先生。他在《从科技史观点谈易数》一文中提到，杨辉幻方之所以分阳图和阴图，是由于阳图右上角的数字从奇数改为偶数，故称阴图，以符合易数中阴阳两仪的用义。何先生的这个观点用于杨辉的 4 阶、5 阶、7 阶、8 阶幻方还说得过去，用于 6 阶幻方就不行了，因为杨辉 6 阶幻方的阴阳两图的右上角都是偶数。

国外学者对幻方的美学特性有没有进行过探讨呢？笔者在 IBM 公司的研究员皮寇弗（C. A. Pickover）主编的书《图案——分形、艺术和自然》（*The Pattern Book—Fractals，Art，and Nature*）中看到两个莫尔纳（V.Molnar 和 F.Molnar）的一篇文章 *Hommag NO. Dürer* 正是以“优美度”（aesthetic measure）理论为基础对幻方进行讨论的。“优美度”是 20 世纪上半叶美国最有影响的数学家之一伯克霍夫（G. D. Birkhoff, 1884—1944）提出来的。伯克霍夫在微分方程和动力学系统的研究中成绩卓著，在世界范围内享有崇高声誉，1925 年出任美国数学会主席，1937 年出任美国科学促进会主席，是美国科学院院士。他十分重视应用数学，曾致力于将数学用于美学甚至伦理学。在将数学用于美学方面，他于 1933 年出版了专著《优美度》（*Aesthetic Measure*）。在书中，他提出世界上任意同类的事物，不管是自然形成的，还是人造的，诸如多边形、各种装饰品、瓶瓶罐罐，甚至谐波、音乐、诗的韵律……都可以定义两个量，一个是“序”（order，O），另一个是“复杂度”（complexity，C）。这两者的比就确定了该事物的“优美度”（M），也就是

$$M=\frac{O}{C}$$

换句话说，事物的“优美度”正比于它的序，反比于它的复杂度；或者说，事物越有序、越简单，它就越优美；反之，越杂乱无章、越复杂的事物，就越不美观。伯克霍夫的这一理论虽然引起了很多争议，但在艺术家、音乐家、心理学家中有很大影响。莫尔纳的文章在丢勒幻方（详见 1.5 节）中依次画出连接 1 和 2、2 和 3…的连线，形成一个图案，如图 1-22 所示。这个图案显然是非常简洁有序的，因而是优美的。作为对比，莫尔纳又在 256 个由 1—16 形成的不同的非幻方方阵中做出同样的连线，结果如图 1-23 所示。图中没有一个图形是有序

的，都非常复杂，显得乱七八糟，因而不能给人以美感。莫尔纳由此得出结论：丢勒幻方中蕴含着无比的美，难怪他们把文章标题定为“向丢勒致敬”。

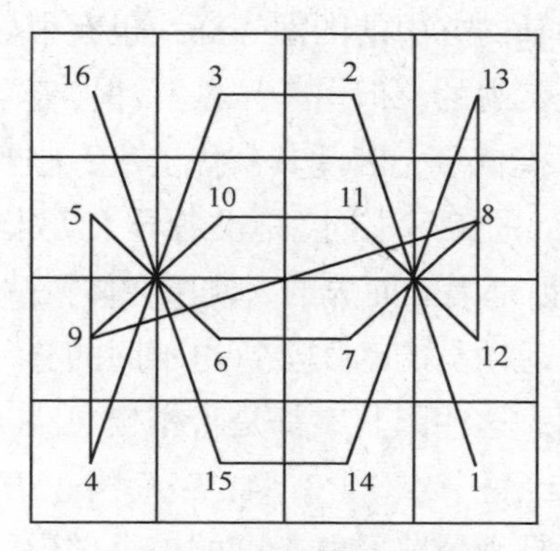

图 1-22　丢勒幻方中的图案

图 1-23　非幻方方阵中的图案

莫尔纳用“优美度”对幻方和非幻方进行比较，那么我们能不能用“优美度”对同类幻方进行比较呢？我们做了如下尝试：在杨辉 4 阶幻方的阳图和阴图中依次连接 1—16，结果如图 1-24(a)和图 1-24(b)所示。显然，这 2 个图案同丢勒幻方中的图案一样，也有很好的对称性，也比较有序而不杂乱，是很美观的。但由于“秩”和“复杂度”本身都是模糊概念，O 和 C 是两个模糊量，因此其“优美度”很难准确定量，孰大孰小非常难说。由于各人的偏好不同、标准各异，真要对这 2 个图案的“优美度”赋值的话，恐怕是因人而异的，就像在体操、跳水等体育项目中，不同的裁判员对一个运动员的动作会打出不同的分一样。有没有什么绝对标准呢？笔者想到，这些图其实都是哈密顿通路（详见第 14 章），也就是从节点 1 出发，经过节点 2，3，4，…而终止于节点 16 的路径。那么，路径的长短显然是衡量路径复杂度的一个“硬”指标。设相邻节点间的距离为 a，则可以算出，杨辉 4 阶幻方阳图中图案的路径长度为 $40.78a$，而阴图中图案的路径长度为 $34.53a$。因此，就这项指标而言，杨辉 4 阶幻方的阴图优于阳图，这个结论和笔者前面得出的结论一致。应该指出，丢勒幻方中图案的路径长度为 $29.5a$，又小于杨辉 4 阶幻方阴图，就此而论，既是数学家又是美术家的丢勒所设计的幻方确实高人一等。

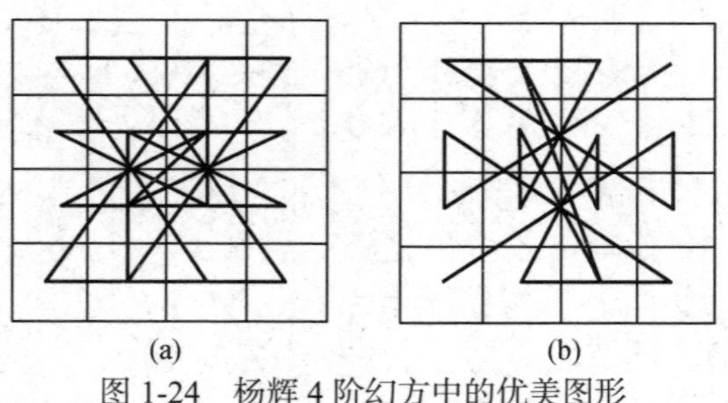

图 1-24　杨辉 4 阶幻方中的优美图形

1.4　出土文物中的阿拉伯幻方

在今陕西省西安市东北 3 公里处，有一个元代安西王府的遗址。安西王的名字是忙哥剌，是元世祖忽必烈的第三个儿子，后被加封为秦王，因此他的王府建于长安。据史书记载，安西王府始建于 1273 年前后，距今已有 700 多年的历史。历经战乱与沧桑，安西王府早已荡然无存。文物工作队在发掘安西王府遗址时，找到几块铁片，上面有奇怪的文字符号，见图 1-25。经过专家鉴定，铁片上的文字符号属于古代的阿拉伯数字系统，同阿拉伯数学家阿尔·卡西在 1427 年所著的《算术之钥》一书中所用的数字符号完全一样。由此把这个铁片上的符号翻译过来，人们惊奇地发现这原来是一个 6 阶幻方，如图 1-26 所示。这个 6 阶幻方的幻方常数是 111。进一步的研究又揭示，这个幻方很不平常，它是由一个 4 阶的泛对角线幻方，在每个方格的数字上都加 10，组成中央的 4×4 方阵，然后在四周镶一圈所形成的（关于泛对角线幻方和镶边法，本书后面还将详细讨论）。而如果将中央的 4×4 方阵中的各个数字都减去 10，恢复成如图 1-27 所示的标准 4 阶幻方（即从 1 开始由 n^2 个连续自然数组成的幻方），并对它进行分析，我们可以发现以下几个特点。

٢٨	٤	٣	٣١	٣٥	١٠
٣٦	١٨	٢١	٢٤	١١	١
٧	٢٣	١٢	١٧	٢٢	٣٠
٨	١٣	٢٦	١٩	١٦	٢٩
٥	٢٠	١٥	١٤	٢٥	٣٢
٢٧	٣٣	٣٤	٦	٢	٩

图 1-25　安西王府遗址中出土的阿拉伯幻方

28	4	3	31	35	10
36	18	21	24	11	1
7	23	12	17	22	30
8	13	26	19	16	29
5	20	15	14	25	32
27	33	34	6	2	9

图 1-26　铁片上的 6 阶幻方

8	11	14	1
13	2	7	12
3	16	9	6
10	5	4	15

图 1-27　出土文物中复原的阿拉伯 4 阶幻方

（1）同杨辉 4 阶幻方（阴图和阳图）相比较，它的每一列是杨辉 4 阶幻方的 2×2 一角。

（2）阿拉伯幻方中可以构成一线或一方的幻方常数共计 52 个，少于杨辉 4 阶幻方的阴图而多于阳图。

（3）如果把阿拉伯幻方中的各个数字也都减去 1 并用 4 位二进制表示，再将幻方沿逆时针方向旋转 45°，会形成如图 1-28 所示的布局。设想其中央垂直方向有一面镜子，则其左右恰互为镜像，如图 1-28 所示。

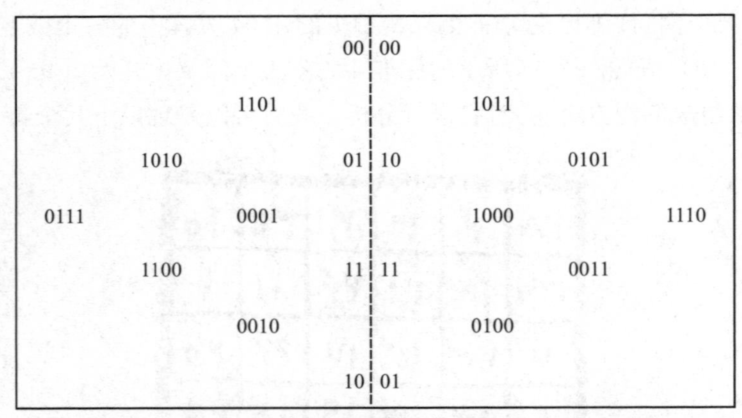

图 1-28　阿拉伯幻方沿逆时针方向旋转 45°的二进制形式

（4）阿拉伯幻方的上半部和下半部、左半侧和右半侧 8 个数字的平方和也都等于 748；但是它的对角线上的 8 个数字的平方和、立方和同非对角线上的 8 个数字的平方和、立方和是不相等的。

由此可见，这个阿拉伯幻方也是十分神奇的，但与杨辉的幻方相比还稍逊一筹。

这件文物现存于陕西历史博物馆。读者若有机会去那里参观，千万不要错过这件展品。据考证，这些铁板幻方的来历如下：成吉思汗的孙子蒙哥派旭烈兀西征时，曾命他将当时著名的中亚科学家纳速拉丁带回中国。但旭烈兀并没有把纳速拉丁送回，而是带他继续西征巴格达，改派了精通天文的札马鲁丁到中原替安西王推算历法。这些铁板幻方大概就是由札马鲁丁带来的。

1.5 欧洲的“幻方热”和名画《忧伤》中的幻方

前面曾经提到，幻方传入欧洲已是 15 世纪的事，当时正是欧洲文化和思想发展经历变革的重要时期——文艺复兴时期，科学、文学和艺术发展空前繁荣。因此，奇妙的幻方一经传到欧洲，立即就引起普遍的重视和关注，人们竞相研究，谈论幻方一时成为风尚。著名的数学家阿格里帕（C. Agrippa）费尽脑汁，构成了 3 阶、4 阶、5 阶、6 阶、7 阶、8 阶、9 阶的幻方，把它们分别命名为土星、木星、火星、太阳、金星、水星和月亮。图 1-29 就是阿格里帕在其 1534 年出版的《玄奥的哲学》（*de Occulta Philosophia*）一书中给出的被命名为“木星”的 4 阶幻方和被命名为“火星”的 5 阶幻方。我们仔细看一下就会发现，阿格里帕的 4 阶幻方就是把杨辉的 4 阶幻方阴图沿顺时针方向旋转 90°形成的；5 阶幻方是用连续摆数法构成的，并无特别的奇妙之处。但同中国一样，幻方当时在欧洲也被神秘化了，因此在阿格里帕的幻方四周都有代表西方保护神的魔符及相关的星座标记。例如，在 5 阶幻方的周围的保护神是格拉菲尔（Graphiel）和巴扎贝尔（Barzabel），相应的星座为天蝎座（Scorpio）和白羊座（Aries）。

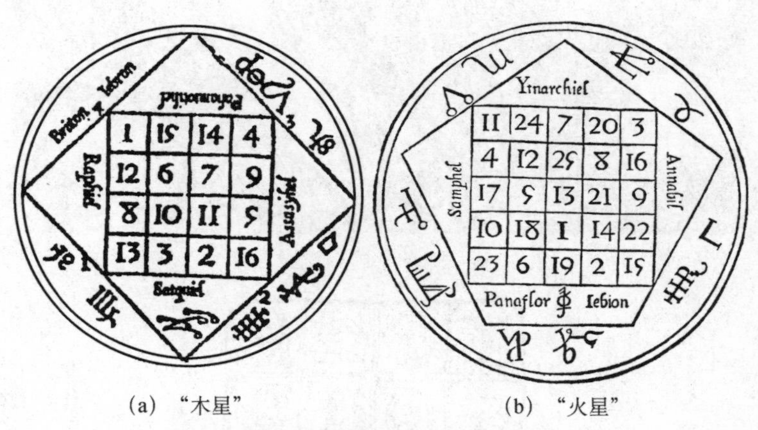

（a）“木星”　　（b）“火星”

图 1-29　阿格里帕的 4 阶和 5 阶幻方

图片来源：(a)为 *The Encyclopedia of Symbols* (Continuum, 1994), (b)为 *The Encyclopedia of Secret Knowledge* (Rider Books, 1995)

而比阿格里帕更早展现幻方的是德国的画家和文艺理论家丢勒，他在 1514 年创作的铜版雕刻画《忧伤》（*Melancholia*）现藏于大英博物馆［图 1-30(a)］。

(a) 丢勒的名画《忧伤》

(b)《忧伤》中的幻方（放大图）

图 1-30 名画《忧伤》及其中的幻方

画中右后方墙上挂有一个 4 阶幻方［图 1-30(b)］，左侧有一个多面体，左下方还有一个球体，此外还有一些作图和制作工具。后世的学者们认为，这幅画的主题是反映人们对没有足够的知识和智慧去洞察自然界奥秘的“忧伤”，而画的本身也包含着许多的奥秘，如图中的幻方、多面体、球及球上面的怪兽。几百年来，众多学者纷纷著文试图解开其中的奥秘，但至今没有被大家认为满意的解释。例如，1999 年 11 月的国际数学史杂志 *Historia Mathematica* 上还有德国学者探讨多面体谜底的论文。我们这里只说说那个幻方。

仔细分析一下，我们可以看出：

（1）丢勒幻方是将杨辉 4 阶幻方阴图旋转 90°，使行变为列，然后 2、3 两列对换而形成的。

（2）丢勒幻方中能使线和方阵构成幻方常数的组合数也有 60 对，与杨辉 4 阶幻方的阴图持平。

（3）由于丢勒幻方是将杨辉 4 阶幻方阴图的行列互换而形成的，因此它的 1、4 行，2、3 行，1、4 列，2、3 列上 4 个数字的平方和也都是相等的，1、3 象限，2、4 象限中 2 个小方阵中 4 个数字的平方和也都是相等的，从而幻方的上半部和下半部、左半侧和右半侧、2 条对角线和非对角线 8 个数字的平方和都是相等的，等于 748；2 条对角线和非对角线各 8 个数字的立方和也是相等的，等于 9248。这一条和杨辉 4 阶幻方一致。

（4）如果把丢勒幻方中的各个数字都减去 1 并以 4 位二进制表示，则如果把幻方沿顺时针方向旋转 45°，形成如图 1-31 布局，可以发现对中央垂线，其左右两半是互为镜像的。例如，第二排左边为 0100，右边则为 0010，十分对称。如果将幻方沿逆时针方向旋转 45°，形成如图 1-32 所示的布局，则对中央垂直线，其左右两半是镜像互补对称的。例如，第二排的左边是 0001，而右边是 0111（0001 的镜像是 1000，其补为 0111）。

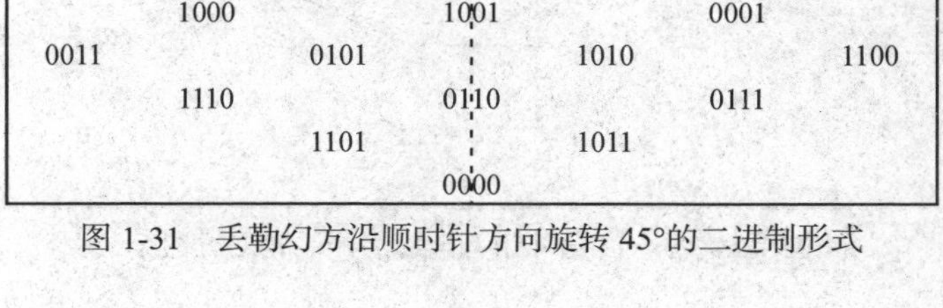

1111
0100 0010
1000 1001 0001
0011 0101 1010 1100
1110 0110 0111
1101 1011
0000

图 1-31　丢勒幻方沿顺时针方向旋转 45°的二进制形式

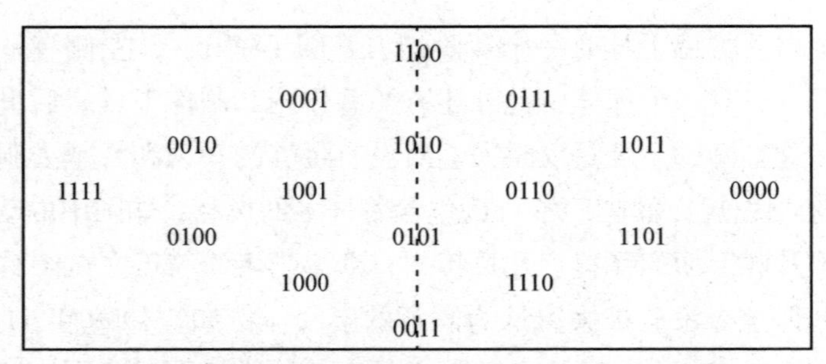

图 1-32　丢勒幻方沿逆时针方向旋转 45°的二进制形式

《数的奇迹》(*Wonders of Numbers*)一书中介绍到，丢勒幻方的上述特性是来自威斯康星州首府麦迪逊的作者同事柯林斯(M. Collins)发现的。

(5)柯林斯还发现了丢勒幻方(减 1 以后)的另一个奇特之处，即如果把幻方中的奇数和偶数分别连接起来，那么就会形成如图 1-33 所示形状的几个交叉的六边形，呈现出明显的对称性。而如果把 0—1—2—3，4—5—6—7，8—9—10—11，12—13—14—15 也分别连接起来，也会形成十分对称的图案，如图 1-34 所示。

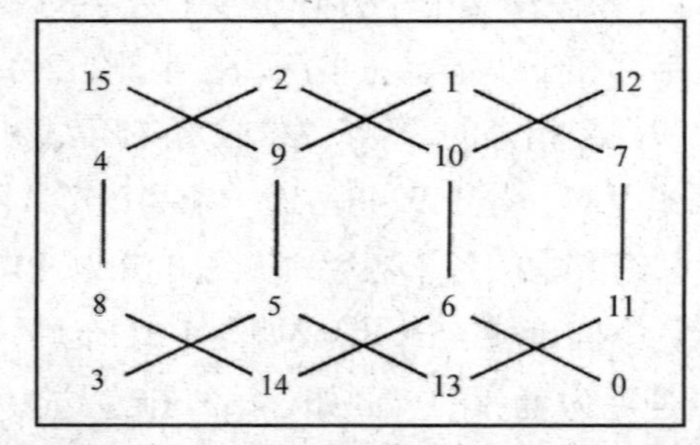

图 1-33　丢勒幻方中奇、偶数分别互连形成图案

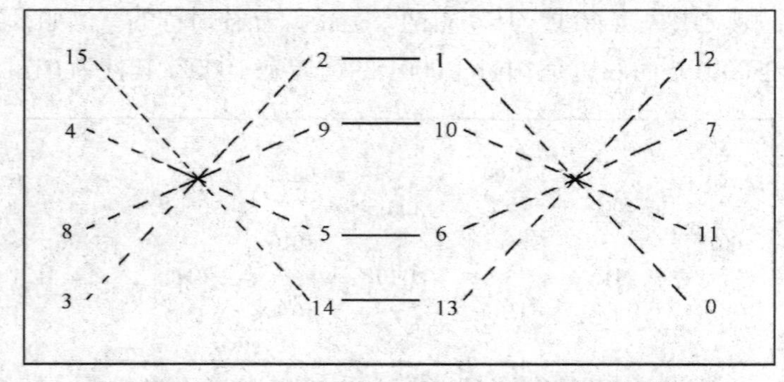

图 1-34　0—15 分 4 组互连以后的丢勒幻方图案

（6）除了以上奇特性质外，丢勒幻方的另一个令人不解之谜是：幻方最下边一行中间的两个数字 15 和 14 合在一起，正是丢勒创作这幅画的年份——1514 年。这是丢勒的巧妙安排还是偶然巧合，恐怕就不得而知了。

1.6 富兰克林的神奇幻方

中国人发明的幻方传入欧洲后，经由欧洲殖民者又传入美洲大陆，同样让那里的人如醉如痴。其中，富兰克林（B. Franklin，1706—1790）是最痴迷的一位，也是在构造高阶幻方上做出特殊贡献的一位。富兰克林是英国移民的后裔，从小就当印刷工，但出于对自然的热爱、对科学的热爱，勤奋好学，他成为美国建国前后著名的政治家、外交家、作家、科学家和发明家，是美国独立战争的重要领导人，《独立宣言》和《美利坚合众国宪法》的起草人之一，曾多次出使伦敦，与英国政府谈判。此外，他冒着生命危险，在雷雨天气中进行了著名的"费城实验"，证实了雷电实质，为电学的建立做了诸多贡献，并有大量的发明创造。富兰克林自愧"没有学好数学"，但却构造出许多神奇的幻方，令人叹服。据说当选国会议员以后，他在闲暇时间里就一心琢磨幻方。我们在这里只简单介绍一下富兰克林开发的一个 8 阶幻方和一个 16 阶幻方，足可表明他在这方面的天才。

富兰克林的 8 阶幻方如图 1-35 所示。我们仔细分析一下就会发现，它虽然不是完全幻方（对角线上的 8 个数之和并非 260），但设计得十分精巧，呈现出极大的对称性和匀称性。因此，除了 8 行 8 列 8 数之和是幻方常数 260 之外，还有如我们前面所定义的，有许多折（曲）对角线、折（曲）行、折（曲）列上 8 个数之和是 260，许多的规则四边形的 4 个顶点上 4 个数之和是幻方常数之半 130，而 2 个对称的这样的四边形的 8 个顶点上的 8 个数之和又形成幻方常数。这个幻方的对称性可以通过表 1-5 和表 1-6 来反映。

52	61	4	13	20	29	36	45
14	3	62	51	46	35	30	19
53	60	5	12	21	28	37	44
11	6	59	54	43	38	27	22
55	58	7	10	23	26	39	42
9	8	57	56	41	40	25	24
50	63	2	15	18	31	34	47
16	1	64	49	48	33	32	17

图 1-35 富兰克林的 8 阶幻方

表1-5　富兰克林8阶幻方的横向对称性

组	1				2				3				4				5				6				7			
数字和 / 行	1、2列	3、4列	5、6列	7、8列	1、3列	2、4列	5、7列	6、8列	1、4列	2、3列	5、8列	6、7列	1、5列	4、8列	2、6列	3、7列	1、6列	3、8列	2、5列	4、7列	1、7列	4、6列	2、8列	3、5列	1、8列	3、6列	2、7列	4、5列
1	113	17	49	81	56	74	56	74	65	65	65	65	72	58	90	40	81	49	81	49	88	42	106	24	97	33	97	33
2	17	113	81	49	76	54	76	54					60	70	38	92	49	81	49	81	44	86	22	108	33	97	33	97
3					58	72	58	72					74	56	88	42					90	40	104	26				
4					70	60	70	60					54	76	44	86					38	92	28	102				
5	（单数行同1，				62	68	62	68	（同上方）				78	52	84	46	（单数行同1，				94	36	100	30	（单数行同1，			
6	双数行同2）				66	64	66	64					50	80	48	82	双数行同2）				34	96	32	98	双数行同2）			
7					52	78	52	78					68	62	94	36					84	46	110	20				
8					80	50	80	50					64	66	34	96					48	82	18	112				

表1-6 富兰克林8阶幻方的纵向对称性

组 / 数字和 / 行	1				2				3				4				5				6				7			
	1、2行	3、4行	5、6行	7、8行	1、3行	2、4行	5、7行	6、8行	1、4行	2、3行	5、8行	6、7行	1、5行	2、6行	3、7行	4、8行	1、6行	3、8行	2、5行	4、7行	1、7行	2、8行	4、6行	3、5行	1、8行	3、6行	2、7行	4、5行
1	66	64	64	66	105	25	105	25	63	67	71	59	107	23	103	27	61	69	69	61	102	30	20	108	68	62	64	66
2	64	66	66	64	121	9	121	9	67	63	59	71	119	11	123	7	69	61	61	69	124	4	14	118	62	68	66	64
3					9	121	9	121					11	119	7	123					6	126	116	12				
4					25	105	25	105					23	107	27	103					28	100	110	22				
5	（单数列同1，				41	89	41	89	（单数列同1，				43	87	39	91	（单数列同1，				38	94	84	44	（单数列同1，			
6	双数列同2）				57	73	57	73	双数列同2）				55	75	59	71	双数列同2）				60	68	78	54	双数列同2）			
7					73	57	73	57					75	55	71	59					70	62	52	76				
8					89	41	89	41					87	43	91	39					92	36	46	86				

现在，我们先考察一下富兰克林8阶幻方在横向的对称性。

我们从表1-5中可以看出，在幻方的横向任取2列，总能找到相应2列，其两两之和为幻方常数之半130，剩下4列的两两之和也为幻方常数之半130。这样的对称组共有7个。在每个这样的对称组中任取一行前4列（指表中排在前面的4列，而非幻方中的前4列，下同）和任意另一行中其他4列均可构成满足幻方常数的折行，如第1组中的（53，60，5，12，23，26，39，42），第4组中的（14，8，57，51，46，40，25，19），第6组中的（11，63，2，54，18，38，27，47）……这样的折行共有7×8×7=392。

我们再看第2组。在这一组中，每行的1、3两列和5、7两列的数字和是相等的，2、4两列和6、8两列的数字和也是相等的。这样，对于这个组，除了上述所有组共有的构成折行的方法外，还有以下方法，即任取一行的最前两列和最后两列，同任意另一行的其他4列，也可构成满足幻方常数的折行，如（14，6，62，54，43，35，27，19）。这样的折行共有8×7=56。

再看第1组、第5组和第7组，其单数行的两两之和及双数行的两两之和都是对应相等的，而单、双数行之间的两两之和又交叉相等，如第1组单数行1、2两列之和同双数行3、4两列之和相同，都是113，而单数行3、4两列之和则同双数行1、2两列之和相同，都是17。5、6两列同7、8两列之间也有类似情况。这样，对于这3个组，除了可以以各组共有方法构成满足幻方常数的折行外，还可以用以下方法构成折行：任取单（或双）数行中的前两列和任意单（或双）数行中的后随两列及任意单数行中的再后面两列和任意单数行中的最后两列，或者是任意双数行中的再后面两列和任意双数行中的最后两列，均可构成满足幻方常数的折行，如第1组中的（52，61，5，12，23，26，34，47），第5组中的（53，3，7，15，46，28，34，42），第7组中的（16，60，57，10，23，40，37，17）。这样的折行共有3×8×8×4×4=3072。

再看第3组，这一组中每行的1、4两列，2、3两列，5、8两列，6、7两列的两两之和都是65。因此，分别在任意某一行上取1、4两列，2、3两列，5、8两列和6、7两列均可构成满足幻方常数的折行，如（52，60，5，13，23，31，34，42），（50，58，7，15，21，26，39，44）等。这样的折行共有8×8×8×8=4096个，扣去前面已提到的1、4两列和2、3两列在同一行，5、8两列和6、7两列在同一行的情况56种，此组新产生折行4040个。

大家看，由横向对称性，富兰克林 8 阶幻方能形成的折行是多么多。由纵向对称性形成折列的情况请读者根据表 1-6 自行进行发掘，其中只有第 6 对称组和其他组稍有不同，不能把一列分成两半、和为相等的 130，而只能分为 132 和 128 的两半（一半多 2，另一半少 2），但仍然可以组成许多满足幻方常数的折列。

由于富兰克林 8 阶幻方在纵向和横向上的这些对称性，除了大量折行、折列以外，在幻方任意位置上取 2×2 的小方阵，其 4 个数之和均为 130；4 个顶角的数之和也是 130；最奇特的是，如果我们在这个方阵中画出所有的对角线，那么我们可以看到它的 4 条“曲对角线”（即位于上半部的 V 形、位于下半部的倒 V 形、位于左半部的>形和位于右半部的<形）上的 8 个数之和都是 260，而所有和这 4 个不同方向的 V 形相并行的 V 形上的 8 个数之和也都是 260，包括在对角线长度不足以覆盖 4 个方格时，用折对角线方式补足。在图 1-36 的(a)—(d)中分别用不同深浅的阴影表示 4 个不同方向的 V 形曲对角线和与它平行的 V 形对角线。以图 1-36(a)为例，图中除了完整的 5 个 V 形外，还有 3 个以折对角线方式补足的 V 形，即（16，61，62，12，21，35，36，17），（50，1，4，51，46，29，32，47）和（9，63，64，13，20，33，34，24），共计 8 个，与此类似的其他方向的 3 组 V 形也各有 8 个，因此共有 32 个。

富兰克林曾经自豪而神秘地宣称，他的 8 阶幻方中包含着“5 个神奇的特点”，但是并没有明确地说出这 5 个特点。这成为后人探索的目标。我们前面对它做了比较细致的分析，但也未必穷尽了富兰克林埋藏在其中的 5 个奥妙，有兴趣的读者不妨继续深挖。

52	61	4	13	20	29	36	45
14	3	62	51	46	35	30	19
53	60	5	12	21	28	37	44
11	6	59	54	43	38	27	22
55	58	7	10	23	26	39	42
9	8	55	56	41	40	25	24
50	63	2	15	18	31	34	47
16	1	64	49	48	33	32	17

(a)

52	61	4	13	20	29	36	45
14	3	62	51	46	35	30	19
53	60	5	12	21	28	37	44
11	6	59	54	43	38	27	22
55	58	7	10	23	26	39	42
9	8	55	56	41	40	25	24
50	63	2	15	18	31	34	47
16	1	64	49	48	33	32	17

(b)

52	61	4	13	20	29	36	45
14	3	62	51	46	35	30	19
53	60	5	12	21	28	37	44
11	6	59	54	43	38	27	22
55	58	7	10	23	26	39	42
9	8	55	56	41	40	25	24
50	63	2	15	18	31	34	47
16	1	64	49	48	33	32	17

(c)

52	61	4	13	20	29	36	45
14	3	62	51	46	35	30	19
53	60	5	12	21	28	37	44
11	6	59	54	43	38	27	22
55	58	7	10	23	26	39	42
9	8	57	56	41	40	25	24
50	63	2	15	18	31	34	47
16	1	64	49	48	33	32	17

(d)

图 1-36　富兰克林 8 阶幻方中满足幻方常数的 V 形图案

富兰克林还构成了与上述 8 阶幻方有类似特性的 16 阶幻方，见图 1-37。它也不是完全幻方，因为 2 条主对角线上的 16 个数之和不等

200	217	232	249	8	25	40	57	72	89	104	121	136	153	168	185
58	39	26	7	250	231	218	199	186	167	154	135	122	103	90	71
198	219	230	251	6	27	38	59	70	91	102	123	134	155	166	187
60	37	28	5	252	229	220	197	188	165	156	133	124	101	92	69
201	216	233	248	9	24	41	56	73	88	105	120	137	152	169	184
55	42	23	10	247	234	215	202	183	170	151	138	119	106	87	74
203	214	235	246	11	22	43	54	75	86	107	118	139	150	171	182
53	44	21	12	245	236	213	204	181	172	149	140	117	108	85	76
205	212	237	244	13	20	45	52	77	84	109	116	141	148	173	180
51	46	19	14	243	238	211	206	179	174	147	142	115	110	83	78
207	210	239	242	15	18	47	50	79	82	111	114	143	146	175	178
49	48	17	16	241	240	209	208	177	176	145	144	113	112	81	80
196	221	228	253	4	29	36	61	68	93	100	125	132	157	164	189
62	35	30	3	254	227	222	195	190	163	158	131	126	99	94	67
194	223	226	255	2	31	34	63	66	95	98	127	130	159	162	191
64	33	32	1	256	225	224	193	192	161	160	129	128	97	96	65

图 1-37　富兰克林的 16 阶幻方

于幻方常数 2056，而分别是 2064（大 8）和 2048（小 8）。但这一“牺牲”同样带来了它的许多对称特性：任意半行半列 8 个数之和均为幻方常数之半；在幻方任意位置上任取 4×4 方阵，其 16 个数之和等于 2056；4 条 V 形曲对角线及与之平行的 V 形图案上的 16 个数之和均等于 2056……而如果我们把幻方中的数从 1 到 256 用直线连起来，那么我们可以惊奇地发现它形成了 2 个完全对称的图案，如图 1-38 所示。如果换一种方式，单单把奇数（从 1 到 255）或偶数（从 2 到 256）连起来，它们也是很有规则的图案，读者可以自己做一下。

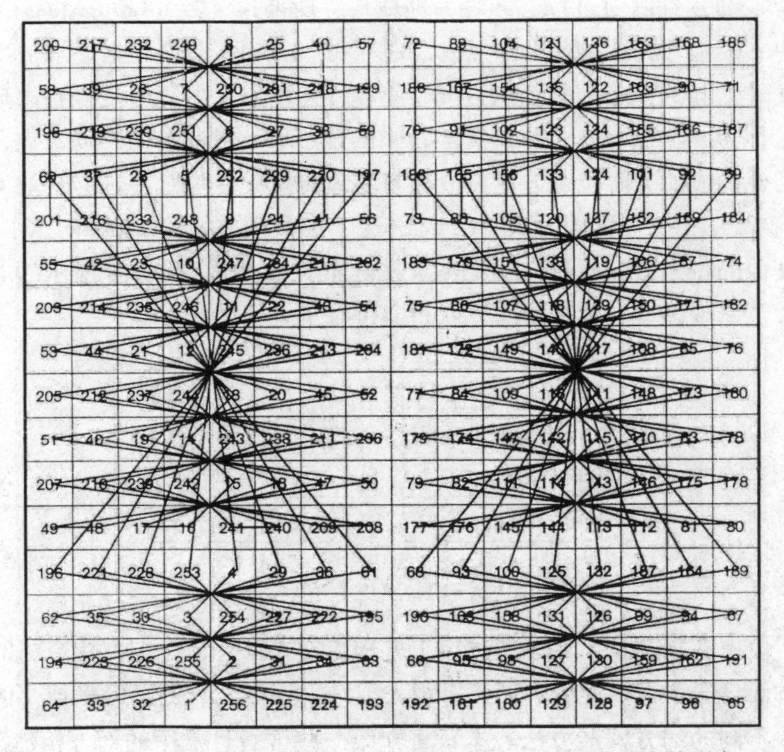

图 1-38　把富兰克林 16 阶幻方中的数顺序相连所形成的奇特图案

02 怎样构造幻方

在对于幻方的研究中，首要的问题当然是如何构造幻方。从理论上来说，幻方可以通过拉丁方轻易地获得。所谓拉丁方（latin square）是在由 n 个记号构成的集合 $A=\{a_1, a_2, \cdots, a_n\}$ 中，每个记号各取 n 次，共 n^2 个，排列成 n 行 n 列的方阵，使各行各列上 A 的每个记号各出现一次，称为 n 阶拉丁方。如果集合 A 中的记号取 n 进制数中的 n 个数，那么由此构成的 n 阶拉丁方就可以很容易地转换成 n 阶幻方。例如，对 4 阶的情况，先用四进制中的 0、1、2、3 这 4 个数构成如图 2-1(a)的拉丁方，把其中的每个数变成相应的十进制数再加 1，就变成图 2-1(b)所示的 4 阶幻方了。许多复杂的高阶幻方就是通过拉丁方构成的。

21	33	00	12
02	10	23	31
13	01	32	20
30	22	11	03

(a)

10	16	1	7
3	5	12	14
8	2	15	9
13	11	6	4

(b)

图2-1　由 n 阶拉丁方生成 n 阶幻方

值得高兴的是，除了通过拉丁方构成幻方以外，在幻方构造法的研究方面已经取得了很大进展，有很大成绩。迄今，人们已经发现了许多巧妙不同的幻方构造方法。本章将介绍一些著名且常用的幻方构造法。首先，我们来介绍适用于构造奇数阶幻方的方法。

2.1　连续摆数法（暹罗法）

连续摆数法（continuous numbering method）是一个比较古老的方法，是谁发现的已无从考证，但可以肯定它是亚洲人的功劳，因为欧洲人知道这个方法是 1687 年由法国驻泰国大使洛贝利（de La Loubère）从泰国带回法国而传播开的。这是有案可查、不容置疑的。因此这个方法在西方又被叫作“暹罗法”（Siamese method）。

连续摆数法适用于奇数阶幻方的构造。其法则如下：

把 1 放在中间一列最上面的方格中，从它开始，按对角线方向（如按从左下到右上的方向）顺次把由小到大的各个数放入各个方格中，如果碰到顶，则折向底；如果到达右侧，则转向左侧，如果进行中轮到的方格中已有数或到达右上角，则退至前一格的下方。

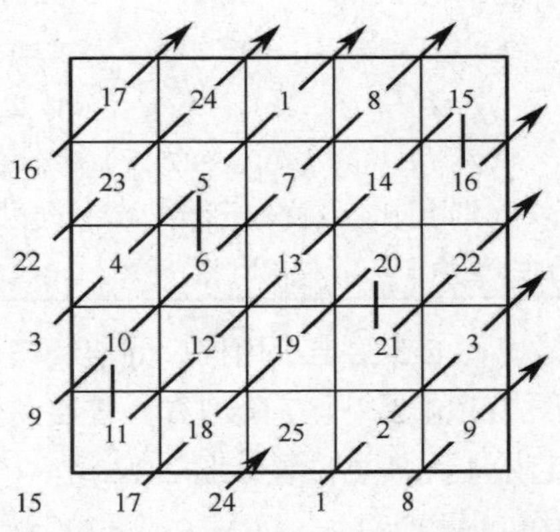

图 2-2 用连续摆数法构造 5 阶幻方示例

按照这个法则建立的 5 阶幻方的示例如图 2-2 所示。

这个方法可以推广到一般情况，即起始数 1 不一定非摆在第一行中间，下一个数也不一定非摆在上一个数的右上方格，而摆在如上一个数的左下方格的位置，即使图 2-2 中箭头的方向相反或者一次跨过 2 行或 2 列等。为此我们定义一个“普通向量”（ordinary vector）(x, y)，表示在正常走步（normal move）情况下的偏置量。定义一个“中断向量”（break vector）(u, v) 表示发生冲突时的偏置量，即异常走步（break move）。在上述标准摆数法中，普通向量是（1，−1），中断向量是（0，1），表示右上方方格和直接下方方格。为了使推广的连续摆数法能生成幻方，显然必须使每个异常走步能在空格中完成。但这一条件有时无法满足，因此这一方法的推广是受到限制的而不是任意的。为了考察哪些奇数阶幻方可以用怎样推广的连续摆数法实现，只要考察下面这一组“和差值”的绝对值就可以了，它们依次是$|u+v|$，$|(u-x)+(v-y)|$，$|u-v|$，$|(u-x)-(v-y)|$（或者$|u+y-x-v|$）。17 世纪的法国数学家拉·海尔（P. de la Hire，1640—1718，我们后面还将看到他发明的另一个幻方构造法）详细地研究了连续摆数法的推广问题。并且，他发现，如果这组“和差值”的绝对值（下面我们用 Sumdiffs 标记这个集合）相对于阶数 n 都是素数，则构成的幻方还一定是泛对角线幻方，即完美幻方。表 2-1 给出某些特定普通向量、中

断向量和 Sumdiffs 值所适用的幻方。

表 2-1　连续摆数法的推广

普通向量	中断向量	Sumdiffs	适用幻方	是否完美幻方
（1，−1）	（0，1）	（1，3）	$2k+1$	否
（1，−1）	（0，2）	（0，2）	$6k\pm1$	否
（2，1）	（1，−2）	（1，2，3，4）	$6k\pm1$	否
（2，1）	（1，−1）	（0，1，2，3）	$6k\pm1$	是
（2，1）	（1，0）	（0，1，2）	$2k+1$	否
（2，1）	（1，2）	（0，1，2，3）	$6k\pm1$	否

图 2-3 给出了用推广的连续摆数法所构成的 2 个奇数阶幻方。其中图 2-3(b)是一个 7 阶幻方，普通向量和中断向量和标准摆数法一样，但起始 1 在任意位置；图 2-3(a)是一个 5 阶幻方，其普通向量为（2，1），中断向量为（1，−1），Sumdiffs 为（0，1，2，3），其中的数对 5 都是素数，因此构成一个泛对角线幻方。

8	17	1	15	24
11	25	9	18	2
19	3	12	21	10
22	6	20	4	13
5	14	23	7	16

(a)

32	41	43	3	12	21	23
40	49	2	11	20	22	31
48	1	10	19	28	30	39
7	9	18	27	29	38	47
8	17	26	35	37	46	6
16	25	34	36	45	5	14
24	33	42	44	4	13	15

(b)

图 2-3　用推广的连续摆数法形成的幻方

2.2　阶梯法（楼梯法）

阶梯法（terraces method）也叫楼梯法（staircase method），是法国数学家巴赫特（B. de Méziriac）创造的。这个方法把 n 阶方阵从四周向外扩展成阶梯状，然后把 1—n^2 个自然数顺阶梯方向先码放好，再把方阵以外部分平移到方阵以内其对边部分中去，即构成幻方。这个方法十分简单、巧妙，适用于所有奇数阶幻方。图 2-4 和图 2-5 表示了如何用阶梯法构成 5 阶幻方。图 2-4 中顶边以上的 4、5、10 三个数在图 2-5 中被移入底边上方相应的 3 个原先为空的方格中，其余 3 侧照此处理。

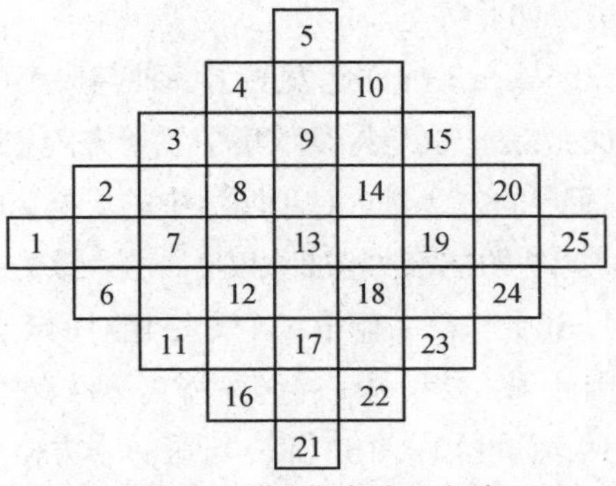

图 2-4　带 5 个台阶的方阵

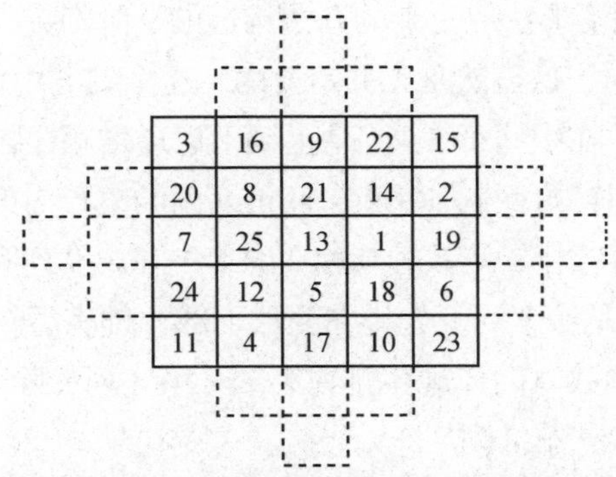

图 2-5　把方阵外的数移至对边空格构成幻方

2.3　奇偶数分开的菱形法

当代数学家康韦（J.H.Conway）发明了一种将奇数集中在方阵中央，将偶数分布在四角的方法来构成奇数阶幻方，称之为“菱形法”（lozenge method）。如图 2-6 所示，首先将奇数沿菱形的各平行边顺序排列好，然后将偶数沿这些边的延长线的方向顺序填入空格，回到这条边的起点时（设

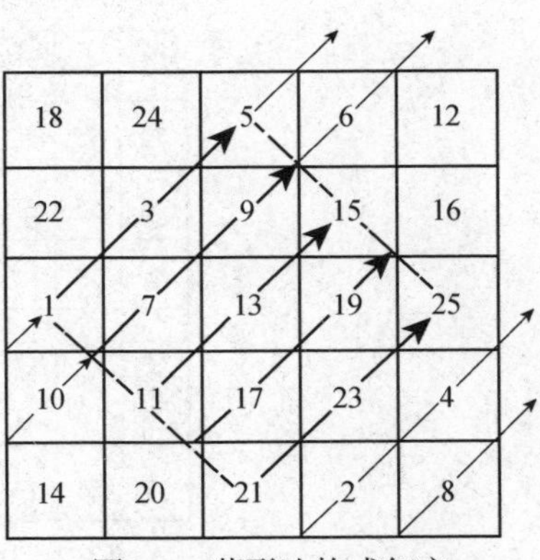

图 2-6　菱形法构成幻方

想把平面的方阵卷成圆柱），转移到下一条边，如此循环往返，就可构成幻方。图 2-6 中，奇数 1、3、5 这条边上填入 2、4，而 7、9 这条边上则填入了 6、8、10，如此等等。

意大利人瓦卡（Vacca）独立地发明了一种与康韦的菱形法十分相似的构造奇数阶幻方的方法，也是将奇数集中置于方阵中央，但偶数的安置法与菱形法不同。瓦卡的方法是：对于四角中的方格，取与该方格相对的两个远端菱形内部方格中的奇数相加除以 2，填入该方格中。以图 2-6 左上角 3 个方格为例，其中与第一行第二个方格相对的菱形内部 2 个方格中的数是 23 与 25，因此填入 24。第一行第一个空格相对的菱形内部两个方格中的数是 17 和 19，因此填入 18。第二行第一个方格相对的 2 个方格是 21 和 23，因此填入 22。余类推。其结果与菱形法完全一致，可谓殊途同归。图 2-7 是用菱形法或瓦卡的办法构造的 9 阶幻方，菱形中奇数的摆放方向与上述不同，这显然是无关紧要的。这个幻方中数的分布极有规律：尾数为 1 的集中在中间第 5 列，从上到下以递增顺序排列；尾数为奇数 3、5、7、9 的以同样顺序排列在第 6～第 9 列的菱形内部，排满后分别转到第 1～第 4 列继续排。尾数为 0 和 2 的集中在第 9 列和第 1 列（除菱形内部数以外），也是从上到下先排在菱形下部，排满后转到菱形上部；尾数为 4、6、8 的偶数以同样规律排在第 2～第 4 列（除菱形内部数以外），排满后转到第 6～第 8 列。

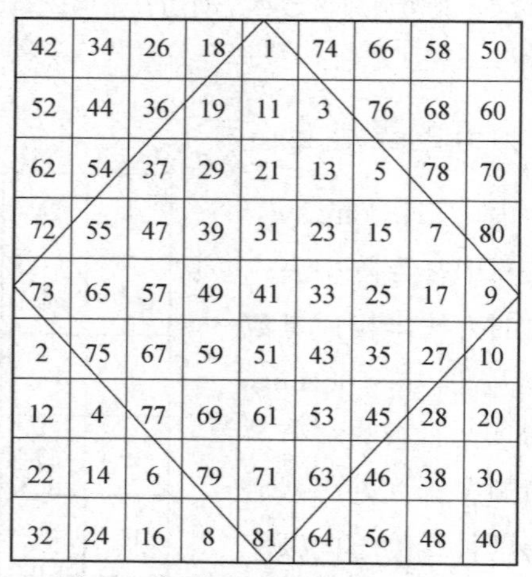

42	34	26	18	1	74	66	58	50
52	44	36	19	11	3	76	68	60
62	54	37	29	21	13	5	78	70
72	55	47	39	31	23	15	7	80
73	65	57	49	41	33	25	17	9
2	75	67	59	51	43	35	27	10
12	4	77	69	61	53	45	28	20
22	14	6	79	71	63	46	38	30
32	24	16	8	81	64	56	48	40

图 2-7　用菱形法构成的 9 阶幻方

下面介绍偶数阶幻方的一些构造方法。但偶数有双偶数和单偶数之分。所谓双偶数是 $n=2\cdot 2m$ 形式的偶数，即 4 的倍数；单偶数是指 $n=2(2m+1)$形式的偶数，即是 2 的倍数但不是 4 的倍数。我们先介绍几个构造双偶数阶幻方的方法。

2.4 对称法

对于双偶数阶幻方，即 $n=2\cdot 2m$ 形式的幻方，有一个相当巧妙且简便的构造方法，叫作“对称法”(symmetrical method)。我们以 8 阶为例说明对称法，见图 2-8。因为是双偶数阶，我们可以先把它分为上、下、左、右 4 个小方阵，这里是 4 个 4×4 的方阵。首先在左上角方阵中布点：每行每列任取一半（这里是两个）方格，打上“○”号；然后将其向其余 3 个方阵映像，使每个小方阵中都各有一半方格被“○”占据，如图 2-8(a)所示。

○	2	○	4	5	○	7	○
9	○	11	○	○	14	○	16
17	○	19	○	○	22	○	24
○	26	○	28	29	○	31	○
○	34	○	36	37	○	39	○
41	○	43	○	○	46	○	48
49	○	51	○	○	54	○	56
○	58	○	60	61	○	63	○

(a)

64	2	62	4	5	59	7	57
9	55	11	53	52	14	50	16
17	47	19	45	44	22	42	24
40	26	38	28	29	35	31	33
32	34	30	36	37	27	39	25
41	23	43	21	20	46	18	48
49	15	51	13	12	54	10	56
8	58	6	60	61	3	63	1

(b)

图 2-8 用对称法构造双偶数阶幻方

现在从左上角方格开始，按从左到右、从上到下的次序将 1—64 的值填写在方阵中，但遇到布了“○”的方格，填写被封锁，即不填，跳过。这样，只有未布点的一半方格被填了数。这个过程结束以后，从右下角开始，用同刚才相反的方向再一次向方阵中填数，这次是填布了点的方格，已有数的方格被封锁不填。由于布点方法的对称性，第二遍填数正好用上第一遍填数中被跳过的数，使整个方阵填入的正是 1—64，而且形成一个幻方。

显然，改变一下开始时布的点，即可获得另一个不同的幻方。

2.5　对角线法

构造双偶数阶幻方还有一种有趣而简单的方法叫作“对角线法”（diagonal method）。这种方法首先按从左到右、从上到下的次序把 $1—n^2$ 填入 n 阶方阵中，然后按一定规则交换对角线上的元素，即可形成幻方。例如，对于 4 阶的情况，只要把 2 条主对角线上的元素按中心对称原则互相交换就行，见图 2-9。

对于 8 阶的情况，除了要按同样方法交换 2 条主对角线上的元素外，还要交换 2 条折对角线上的元素，方法是：先把处于同一直线上的半条折对角线上的元素整个掉个头，即原来是左上的变成右下，原来是右下的变成左上；原来是右上的变成左下，原来是左下的变成右上。然后把同一折对角线上下两部分互相交换位置，就得到了 8 阶幻方。如图 2-10 所示的 8 阶幻方，原先就是按从左到右、从上到下的顺次填入 1—64 的数字方阵，然后按上述方法交换 2 条主对角线和 2 条折对角线上的数字而形成的。

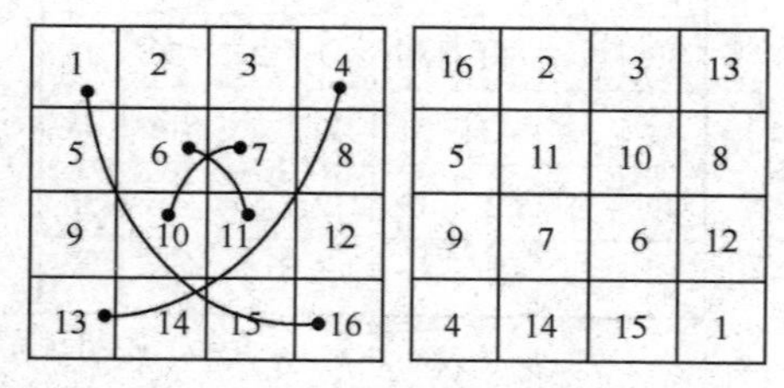

图2-9　用对角线法构成4阶幻方

64	2	3	61	60	6	7	57
9	55	54	12	13	51	50	16
17	47	46	20	21	43	42	24
40	26	27	37	36	30	31	33
32	34	35	29	28	38	39	25
41	23	22	44	45	19	18	48
49	15	14	52	53	11	10	56
8	58	59	5	4	62	63	1

图 2-10　用对角线法构成 8 阶幻方

对角线法还有更简便易行的方法：先把方阵分成若干 4×4 的小方阵，在每个小方阵中都画上 2 条主对角线，然后按从上到下、自左至右的次序在方阵中填入 $1—n^2$，但只填对角线不穿越的方格，凡有对角线通过的方格则跳过，其次按自下而上、自右至左的相反方向重复这一过程，但这次只填对角线穿越的方格，而跳过对角线不经过的方格（这些方格中已经有数字）。这样形成的必是幻方。图 2-11 中给出了用这个方法形成 8 阶幻方的过程。显然，对角线法是对称法的特例，即对称法若按对角线布点就是对角线法。

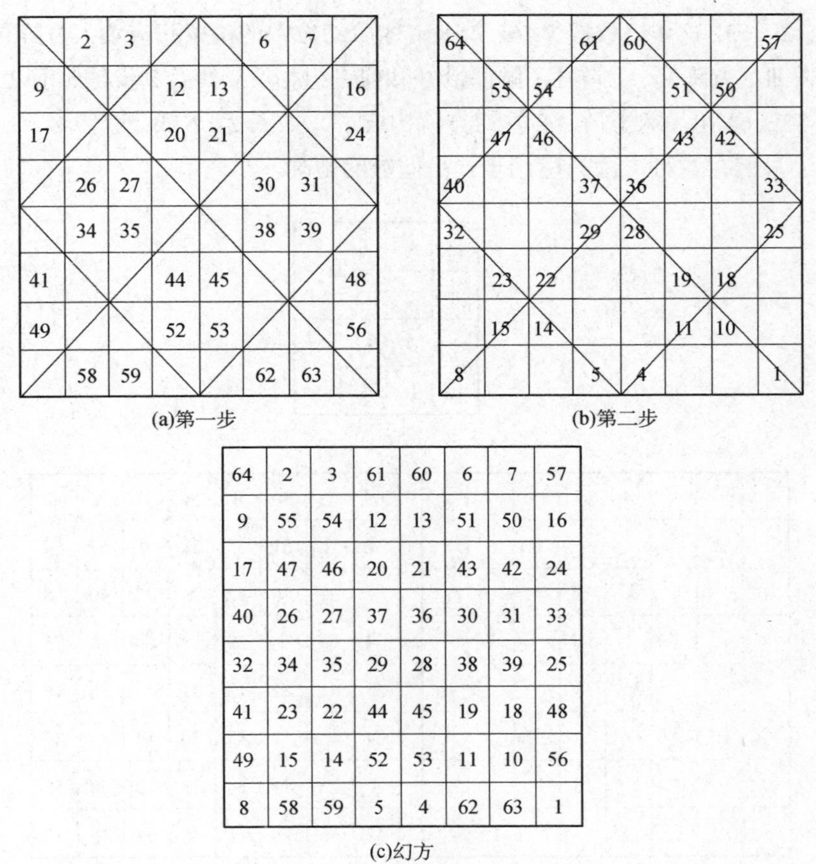

(a)第一步　　(b)第二步

64	2	3	61	60	6	7	57
9	55	54	12	13	51	50	16
17	47	46	20	21	43	42	24
40	26	27	37	36	30	31	33
32	34	35	29	28	38	39	25
41	23	22	44	45	19	18	48
49	15	14	52	53	11	10	56
8	58	59	5	4	62	63	1

(c)幻方

图 2-11　对角线法的另一实现方法

2.6　比例放大法

适用于构造双偶数阶幻方的方法还有中世纪古代印度数学家弗茹（Thakkura Pherū）发明的比例放大法（这个名称是笔者起的）。弗茹是古代印度研究幻方的第一人，其有关著作出版于 1315 年。

弗茹的方法是基于已知的 n 阶幻方构造出 $2n$ 阶幻方来，过程如下。设已知 4 阶幻方如图 2-12(a)所示，则先画出一个 8 阶空方阵，并把它一分为四，我们把左上角、右上角、左下角、右下角分别叫作方阵Ⅰ、方阵Ⅱ、方阵Ⅲ、方阵Ⅳ。第一步，把 1—4、5—8、9—12、13—16 这 4 组数按 1、2、3、4 在 4 阶幻方中的位置分别填入方阵Ⅰ、方阵Ⅱ、方阵Ⅲ、方阵Ⅳ，如图 2-12(b)所示。第二步，把接下去的 17—20，21—24，25—

28，29—32 这 4 组数按 5、6、7、8 在 4 阶幻方中的位置相应填入方阵Ⅳ、方阵Ⅲ、方阵Ⅱ、方阵Ⅰ，顺序恰好和前一组相反。其后 2 步仿照前 2 步把 33—64 再填入方阵，8 阶幻方就构成了，如图 2-12(c)所示。

显然，这种方法只适用于 n 是偶数的情况。

15	9	6	4
8	2	13	11
1	7	12	14
10	16	3	5

(a)

			4				8
	2				6		
1				5			
		3				7	
			12				16
	10				14		
9				13			
		11				15	

(b)

63	33	30	4	59	37	26	8
32	2	61	35	28	6	57	39
1	31	36	62	5	27	40	58
34	64	3	29	38	60	7	25
55	41	22	12	51	45	18	16
24	10	53	43	20	14	49	47
9	23	44	54	13	19	48	50
42	56	11	21	46	52	15	17

(c)

图 2-12　用比例放大法依据 4 阶幻方构成 8 阶幻方

2.7　斯特雷奇法

说来奇怪，在幻方构造法的研究中，奇数阶幻方和双偶数阶幻方的构造法早就有了很多成果，而对单偶数阶幻方，即阶数 $n=2(2m+1)$形式的幻方，人们长期没能找到一个有效的构造方法。直到 1918 年，数学家斯特雷奇（R. Strachey）经过不懈努力，才发明了构造单偶数阶幻方的一般方法。这个方法是这样的：把 $n=2(2m+1)$阶的方阵先均分成 4 个同样的小方阵 A、B、C、D。先按前述连续摆数法在 A、B、C、D 中构成 4 个奇数阶幻方，其中 A 用数字 1—a^2，B 用数字（a^2+1）—$2a^2$，C 用数字（$2a^2+1$）—$3a^2$，D 用数字（$3a^2+1$）—$4a^2$，而 $a=\dfrac{n}{2}$。这样形成的总方阵在列的方向上已经满足幻方条件，见图 2-13(a)，但行的方向和对角线是不满足的，需要进行调整。怎样调整呢？先在 A 的中间一行上从左侧的第二列起取 m 个方格，在其他行上则从左侧第一列起取 m 个方格，把这些方格中的数字同 D 中相应方格中的数字对调；然后在 C 中从最右一列起在各行中取 $m-1$ 个方格，把这些方格中的数字同 B 中相应方格中的数字对换。经过这样的调整以后，大方阵就变成幻方了。道理很简单：经过这样变换的 A、B、C、D 4 个小方阵可以看成是由 1—a^2 组成的 a 阶幻方，然后在其上用 0、a^2、$2a^2$、$3a^2$ 这 4 个数字，每个数字重复 a^2 次的一个特殊的 n 阶幻方叠加在一起所形成的，所以仍为幻方。图 2-13(c)对此给予了形象的说明。图 2-13(c)的 A、B、C、D 4 个小方阵中原先都是放入 1—9 的 3 阶幻方，然后在 A 的每个单元中加 0，在 B 的每个单元中加 9（$=3^2$），在 C 的每个单元中加 18（$=2\times3^2$），在 D 的每个单元中加 27（$=3\times3^2$），再按斯特雷奇的法则把 A 中的 3 个 0 和 D 中的 3 个 27 对调，就形成图 2-13(b)的 6 阶幻方了。图 2-14 是用这个方法构成 10 阶幻方的示意图，其中需要交换的数字下方标了一道横线。在 6 阶情况下，A 中有 3 个数要同 D 交换；C、B 保持不变；在 10 阶情况下，A 中有 10 个数要同 D 交换，C 中有 5 个数要同 B 交换。

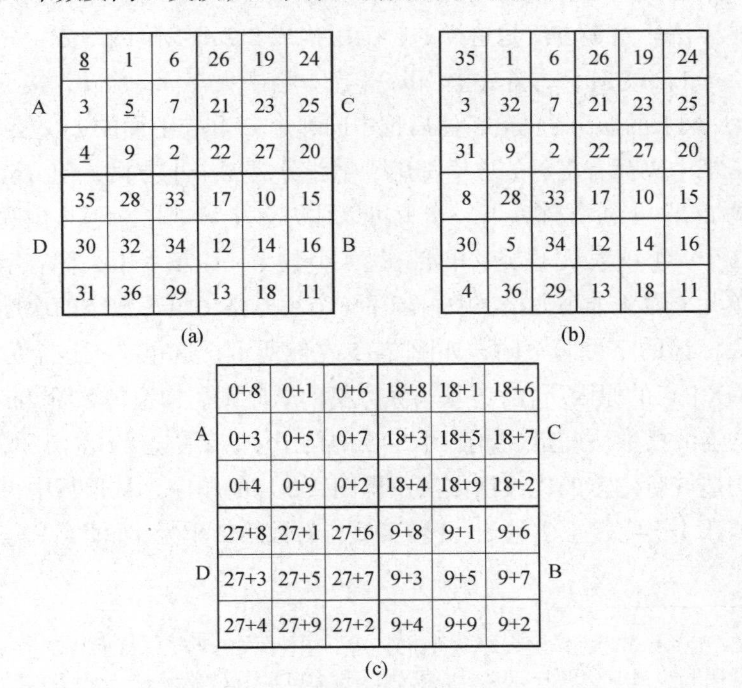

	8	1	6	26	19	24	
A	3	5	7	21	23	25	C
	4	9	2	22	27	20	
	35	28	33	17	10	15	
D	30	32	34	12	14	16	B
	31	36	29	13	18	11	

(a)

35	1	6	26	19	24
3	32	7	21	23	25
31	9	2	22	27	20
8	28	33	17	10	15
30	5	34	12	14	16
4	36	29	13	18	11

(b)

	0+8	0+1	0+6	18+8	18+1	18+6	
A	0+3	0+5	0+7	18+3	18+5	18+7	C
	0+4	0+9	0+2	18+4	18+9	18+2	
	27+8	27+1	27+6	9+8	9+1	9+6	
D	27+3	27+5	27+7	9+3	9+5	9+7	B
	27+4	27+9	27+2	9+4	9+9	9+2	

(c)

图 2-13　构造单偶阶幻方的斯特雷奇法

	17	24	1	8	15	67	74	51	58	65	
	23	5	7	14	16	73	55	57	64	66	
A	4	6	13	20	22	54	56	63	70	72	C
	10	12	19	21	3	60	62	69	71	53	
	11	18	25	2	9	61	68	75	52	59	
	92	99	76	83	90	42	49	26	33	40	
	98	80	82	89	91	48	30	32	39	41	
D	79	81	88	95	97	29	31	38	45	47	B
	85	87	94	96	78	35	37	44	46	28	
	86	93	100	77	84	36	43	50	27	34	

(a)

92	99	1	8	15	67	74	51	58	40
98	80	7	14	16	73	55	57	64	41
4	81	88	20	22	54	56	63	70	47
85	87	19	21	3	60	62	69	71	28
86	93	25	2	9	61	68	75	52	34
17	24	76	83	90	42	49	26	33	65
23	5	82	89	91	48	30	32	39	66
79	6	13	95	97	29	31	38	45	72
10	12	94	96	78	35	37	44	46	53
11	18	100	77	84	36	43	50	27	59

(b)

图 2-14　10 阶幻方的构成

由此可见，在用斯特雷奇法时，阶数越高，需要交换的元素越多，但规则是始终不变的，而且相当简单。

2.8　LUX 法

在斯特雷奇之后，剑桥大学的康韦①也发明了一种构造奇偶数阶幻方的巧妙方法。这个方法是这样的，为了构成 $2(2m+1)$阶的幻方，先构成一个$(2m+1)$的方阵，方阵中上面 $m+1$ 行方格中央都标一个 L，接下去一行标 U，余下的 $m-1$ 行标 X。然后把中间那个 U 和它上面的 L 交换一下。接下去把中央标有字母的方格都用十字线分成 4 个小方格，使方阵变成所需的 $2(2m+1)$阶方阵，下一步就可以往方阵中填数了。怎么填呢？规则有 3 个：①填数从 1 顺序开始，每 4 个数为一组填入中央标有字母的一个单元（即 4 个小方格）中；②往 4 个小方格中填写数字的次序视方格中央标记的字母而不同，如图 2-15 左侧所示，这也是把这个方法叫作“LUX 法”的原因所在；③填写大方格的顺序则用构造单数阶 $2m+1$ 阶幻方的连续摆数法确定，如在图 2-15 的例子中，要构造的是 10 阶幻方，则用构造 5 阶幻方的连续摆数法（即图 2-2）的顺序，从顶行中央单元开始填数 1—4，接下去的 5—8 转至底行右数第 2 单元，如此等等。LUX

① 这是一位多才多艺的数学家，有多方面的创造，笔者在《图灵和 ACM 图灵奖——纪念计算机诞生 70 周年（1966—2015）》（第五版）和《IEEE 计算机先驱奖——计算机科学与技术中的发明史（1980—2014）》两本书中都曾提到过他。

是光学中的照明单位，也是国际上一个化妆品的品牌（我国叫作“力士”牌），因此 LUX 法给人以深刻印象。

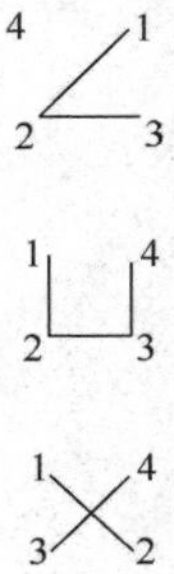

68	65	96	93	4	1	32	29	60	57
66	67	94	95	2	3	30	31	58	59
92	89	20	17	28	25	56	53	64	61
90	91	18	19	26	27	54	55	62	63
16	13	24	21	49	52	80	77	88	85
14	15	22	23	50	51	78	79	86	87
37	40	45	48	76	73	81	84	9	12
38	39	46	47	74	75	82	83	10	11
41	44	69	72	97	100	5	8	33	36
43	42	71	70	99	98	7	6	35	34

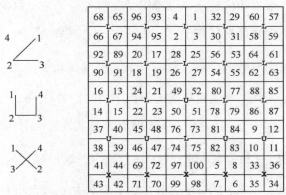

图 2-15　用 LUX 法构成奇偶数阶幻方的方法

2.9　拉·海尔法（基方、根方合成法）

拉·海尔是 17 世纪的法国数学家，前面我们介绍过他推广连续摆数法用于构造奇数阶幻方。这里介绍他发明的基方、根方合成法更可用于构造任意阶幻方，只是根据阶的情况，基方和根方的构造法有所不同而已。我们先介绍用拉·海尔法构造奇数阶幻方的法则。为了构造奇数 n 阶幻方，先在 n 阶的基方（primary square）中顺着第一主对角线放入 1—n，这些数叫作“基数”（cardinal number）。顺着第二主对角线全部放数 $\left[\frac{n}{2}\right]+1$ 。$\left[\frac{n}{2}\right]$ 表示 n 被 2 除以后取其整数部分，所以实际上第二主对角线各方格中放的是基数 1—n 的中数。基方中的其他所有方格也都放基数。怎么放呢？要使各个次对角线（即折对角线）上也分别是顺序的 1—n。由于第二主对角线上已全部放上 $\left[\frac{n}{2}\right]+1$ ，这样，其余方格哪个放哪个数自然就确定了。

在 n 阶的根方（root square）中，沿着第二主对角线的方向顺次放入 0，n，$2n$，$3n$，$4n$，…，这些数叫作“根数”（root number），一般表达式为 $n(p-1)$，其中 p 为基数，即从 1 到 n。沿着第一主对角线，所有方格中均放入 $n\cdot\left[\frac{n}{2}\right]$，$\left[\frac{n}{2}\right]$ 意义同上。根方的其他所有方格也都放根数，放法与基方类似，也是使各折对角线都形成 0，n，$2n$，$3n$，…的序列。

由基方和根方的构造法可以看出，在基方中，每行每列及一条主对角线上的数字恰好都是基数 1，2，3，…，n，其和为$\frac{1}{2}n(n+1)$。另一条主对角线上均为基数的中数，共有 n 个，所以其和也是$\frac{1}{2}n(n+1)$。在根方中，每行每列及 1 条主对角线上的数字均为根数 0，n，$2n$，$3n$，…，$(n-1)n$，其和为$\frac{1}{2}n^2(n-1)$，另一条主对角线上全是这个等差级数的中项，共有 n 个，所以其和也是$\frac{1}{2}n^2(n-1)$。这样，把基方和根方中对应方格中的数相加，填入一个空的 n 阶方阵中，各行各列及两条主对角线上数字之和 S 势必仍维持相等，且

$$S=\frac{1}{2}n(n+1)+\frac{1}{2}n^2(n-1)=\frac{1}{2}n(n^2+1)$$

这个数恰好等于幻方常数。另外，由于基数在基方中的分布及根数在根方中的分布方法，正好使各方格对应相加后获得的数覆盖 1—n^2，无一重复，无一遗漏，即正好构成一个 n 阶幻方。

用拉·海尔法构造 5 阶幻方如图 2-16 所示。

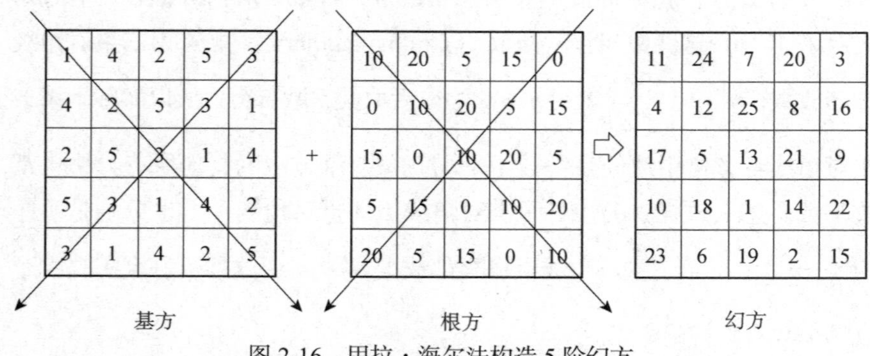

图 2-16 用拉·海尔法构造 5 阶幻方

用拉·海尔法构造偶数阶幻方时，基方中也全部填入基数，根方中也全部填入根数，是一样的；但填法有所不同。以构造 6 阶幻方为例，如图 2-17 所示，在基方中沿 2 条主对角线方向都放基数 1，2，3，4，5，6，但方向一个是从上往下的，另一个是从下往上的。其他方格怎么填

呢？以对称的第 1 列和第 6 列为例，其四角分别是两个 1 和两个 6。这样，在每列空下的 4 个方格中分别填入 3 个 6 和 1 个 1（或者 3 个 1 和 1 个 6），使这两列上都是 3 个 6，3 个 1，填法任意，唯一的限制是这 2 列对应方格中的数字正好互补，即第 1 列某个方格中如果是 1，则第六列对应方格中应该是 6，反则反是。

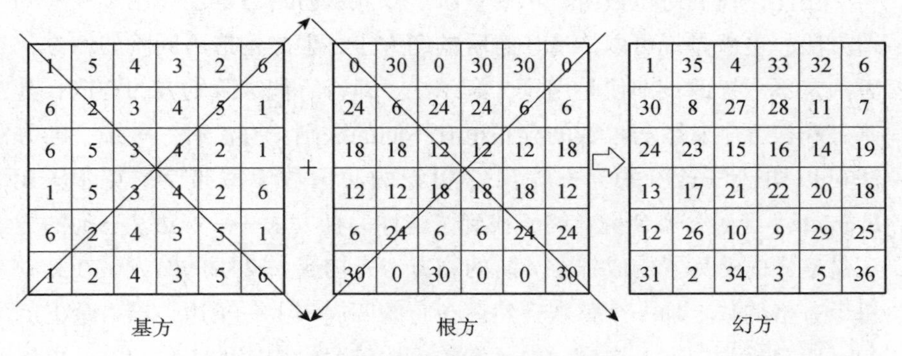

图 2-17　用拉·海尔法构造 6 阶幻方

对基方的 2、5 两列和 3、4 两列按同样方法处理，即在 2、5 两列中各填入 3 个 2，3 个 5；在 3、4 两列中各填入 3 个 3，3 个 4，对应方格均互补。

在根方的两条主对角线上顺次填入根数，而且方向都是从上到下，根方的其他空格中用与基方类似的方法填入根数，但要按行的方向处理，即第 1 行和第 6 行中各是 3 个 0，3 个 30，对应方格互补。2、5 两行，3、4 两行类似。然后把基方和根方相加就成为幻方，见图 2-17。

由此可见，用拉·海尔法构造偶数阶幻方时，基方中基数和根方中根数的布法虽然和奇数阶幻方有所不同，但基方常数仍为 $\frac{1}{2}n(n+1)$，根方常数仍为 $\frac{1}{2}n^2(n-1)$，把基方和根方对应空格中的数字相加起来时，仍然覆盖 $1—n^2$，无一遗漏，无一重复，从而形成常数为 $\frac{1}{2}n(n^2+1)$ 的幻方。

拉·海尔法的优点是通用于任意阶幻方的构造，只要记住对奇数阶和偶数阶幻方,构造基方和根方时基数与根数的布局方法有所不同即可。此外，在符合法则的前提下，适当调整基数和根数在基方与根方中的布局，就可获得一批幻方。

2.10 镶边法

至此，我们对奇数阶、单偶数阶、双偶数阶幻方都已介绍了一些构造方法，也就是说可以构造任意阶的幻方了，但是构造不同阶的幻方，方法是不一样的；即使是用拉·海尔法，对奇、偶数阶幻方的构造，其基方和根方中基数与根数的分布也有不同的法则。有没有一种统一的方法可以构造任意阶的幻方呢？17 世纪的法国数学家弗兰尼克尔（B. Frénicle）经过苦心研究，终于找到了这样一种方法——镶边法。他的方法是这样的：为了构成任意 n 阶的幻方，先构成 n–2 阶的幻方，在其中每个方格的数上加一个整数，然后在它的四周镶上一条边，填入余下的数字使之成为幻方。这样，由已知的、比较容易构成的 3 阶幻方，可以顺次构成 5 阶、7 阶、9 阶……幻方；从 4 阶幻方出发，可以顺次构成 6 阶、8 阶、10 阶……幻方。

镶边法需要解决两个关键问题。一个是对原始幻方各方格中的数加一个多大的整数？另一个是余下的数如何分布到外层的方格中去？

46	1	2	3	42	41	40
45	35	13	14	32	31	5
44	34	28	21	26	16	6
7	17	23	25	27	33	43
12	20	24	29	22	30	38
11	19	37	36	18	15	39
10	49	48	47	8	9	4

图 2-18　用镶边法构造 7 阶幻方

对第一个问题的回答比较简单。如果要构造的是 n 阶幻方，那么在原始的 n–2 阶幻方中，各方格的数都加整数 $2(n-1)$。例如，对于如图 2-18 所示的用镶边法构造 7 阶幻方的情况来说，中间的原始 5 阶幻方中本该是数 1—25，现在都加 $2(7-1)=12$，变成 13—37。这样，这个 5 阶幻方的幻方常数成为 $\frac{1}{2}n(n^2+1)+2n\,(n+1)=125$ 。

对于第二个问题，中间$(n-2)$阶方阵中的数确定以后，周边方格中的数也就确定了。它们是 1—$2(n-1)$

及与之互补的 n^2—(n^2-2n+3)。对于 n=7 的情况，是 1—12 和 49—38。这些数要按如下法则分配到周边的 $4(n-1)$个方格中去：使内层 $(n-2)$阶幻方每行每列和两条主对角线两端各是一对互补的数，从而使这些方向上的数字和恰为幻方常数 $\frac{1}{2}n(n^2+1)$；同时还要注意，互补数对的分布要使外层行列上数字之和也等于幻方常数。这一般可以通过试探法经过少数几次调整达到。数学家特拉弗斯（J.Travers）曾经总结出安排外层数字的一些规则，但这些规则都非常烦琐复杂，我们在这里就不做介绍了。

显然，用镶边法一圈加一圈形成的任意阶幻方，如果逐层地剥掉外圈，留下来的方阵仍然是一个个幻方，但数字不是从 1 开始的。

应该指出的是，数学书上目前把构造幻方的镶边法归功于弗兰尼克尔。但笔者认为，镶边法实际上是在弗兰尼克尔之前发明的，是由亚洲人发明的。其证据是：我们在第一章中介绍的从元代安西王府遗址中发掘出来的铸铁片上的 6 阶幻方，如果仔细研究一下，就不难发现它是一个地地道道的镶边幻方。而安西王是 13 世纪末期的历史人物，幻方所用符号则是古阿拉伯数字系统，可见亚洲人早在弗兰尼克尔之前就会用镶边法构造幻方了。这一观点现在也得到西方学者的认可，如 2000 年出版的《非西方数学史》（*The History of Non-Western Mathematics*）就提到，阿拉伯人在 10 世纪前后即已掌握了镶边法（见该书第 160 页）。

2.11 相乘法

这里再介绍一个任意阶幻方的构造方法，它是 20 世纪 90 年代才开发出来的，发明者是阿德勒（A. Adler）。这个方法利用两个低阶幻方“相乘”产生一个高阶幻方。例如，我们有一个 3 阶幻方 A 和一个 4 阶幻方 B（图 2-19），那么就可以用以下办法把它们“相乘”来获得一个 12 阶的幻方 C=A · B：首先画一个空的 4×4 方阵，然后在 B 中找到 1 所处的位置，在这里是左上角，于是就在这个空的方阵的左上角把 A 复制进来。再找到 2 在 B 中的位置，在空方阵的这个位置把 A 的所有元素加 9 后复制进来。如此往下进行，一般而言，对于 x 在 B 中所处的位置，在空方阵该位置拷贝 A 时，A 的各元素都要加 $9(x-1)$。这个过程结束后，空方阵就成为一个 12 阶幻方。显然，组成它的 16 个 3 阶方阵都是 3 阶幻方。

8	1	6
3	5	7
4	9	2

A

1	15	14	4
12	6	7	9
8	10	11	5
13	3	2	16

B

8	1	6	134	127	132	125	118	123	35	28	33
3	5	7	129	131	133	120	122	124	30	32	34
4	9	2	130	135	128	121	126	119	31	36	29
107	100	105	53	46	51	62	55	60	80	73	78
102	104	106	48	50	52	57	59	61	75	77	79
103	108	101	49	54	47	58	63	56	76	81	74
71	64	69	89	82	87	98	91	96	44	37	42
66	68	70	84	86	88	93	95	97	39	41	43
67	72	65	85	90	83	94	99	92	40	45	38
116	109	114	26	19	24	17	10	15	143	136	141
111	113	115	21	23	25	12	14	16	138	140	142
112	117	110	22	27	20	13	18	11	139	144	137

图 2-19　通过将 2 个低阶（3 阶和 4 阶）幻方“相乘”获得一个高阶（12 阶）幻方

阿德勒证明，这个方法可以循环使用，即利用这个方法将 2 个低阶幻方相乘获得一个高阶幻方后，可以将它再和一个低阶幻方相乘以获得更高阶的幻方，而且这种相乘运算是满足结合律（associative law）的，即（A · B）· C=A ·（B · C）。但这个方法不满足交换律，即 B · A≠A · B。然而如果 A 或 B 之一是“平凡幻方”（trivial magic square）1，即只包含数 1 的一阶幻方，那么有 A · 1 = 1 · A=A。

我们把用这个办法产生的幻方 C=A ·B 叫作“合成幻方”(composite magic square)。如果 C 不是用这种办法产生的，那么它就叫作“质幻方”（prime magic square）。

这个办法也可用于一个已知幻方的“自乘”。图 2-20 就是通过将“洛书” 3 阶幻方自乘而获得的 9 阶幻方。

31	36	29	76	81	74	13	18	11
30	32	34	75	77	79	12	14	16
35	28	33	80	73	78	17	10	15
22	27	20	40	45	38	58	63	56
21	23	25	39	41	43	57	59	61
26	19	24	44	37	42	62	55	60
67	72	65	4	9	2	49	54	47
66	68	70	3	5	7	48	50	52
71	64	69	8	1	6	53	46	51

图 2-20 3 阶幻方“自乘”获得 9 阶幻方

2.12 幻方模式

以上我们介绍的形形色色的幻方构造法，都是用来构造正规幻方的，也就是说幻方中的数是从 1 开始的连续数。如果不要求正规幻方，可以用非连续数列，那么应该怎样构造呢？这时，人们往往利用幻方模式（magic square pattern）[或称幻方模板（magic square temple）] 构造，也就是根据幻方中行、列、对角线上的数字和相等的条件，为方阵中的所有单元列出变量式，然后用一组确定的值代替这些变量就可以获得一个幻方，换一组值就又可以获得一个幻方。人们已经为几乎所有阶的幻方都设计了许多模板，都十分精巧。下面我们举一个 4 阶泛对角线幻方的模板作为示例，后面还将看到一些特殊的模板。

在图 2-21 所示的 4 阶泛对角线幻方的模板中，$X=x+y+z+u$，因此实际上变量只有 5 个，即 x，y，z，u，t。它的巧妙之处在于，第一行的 4 个元素只和 x，y，z，u 有关，第二行加进了 t，第三行又没有 t，但都和 x，y，z，u，X 有关，第四行才和 x，y，z，u，X，t 都有关，非常有规律。仔细验证一下后发现，各行、各列、2 条主对角线及 4 条折对角线上的 4 个元素之和都等于 X，因此用任意的 x，y，z，u，t 组合代入，都可以获得一个泛对角线幻方，而且其幻和只和 x，y，z，u 有关，和 t 无关。

x	y	z	u
$z-t$	$u+t$	$x-t$	$y+t$
$\frac{1}{2}X-z$	$\frac{1}{2}X-u$	$\frac{1}{2}X-x$	$\frac{1}{2}X-y$
$\frac{1}{2}X-x+t$	$\frac{1}{2}X-y-t$	$\frac{1}{2}X-z+t$	$\frac{1}{2}X-u-t$

图 2-21　一个 4 阶泛对角线幻方的模板

3 阶幻方的模板以 19 世纪的法国数学家卢卡斯（E. Lucas，1842—1891）给出的一个最精巧，如图 2-22 所示。在这个模板中，确立一组 a、b、c 的值就可以获得一个 3 阶幻方，其幻方常数为 $3a$。

$a+b$	$a-b-c$	$a+c$
$a-b+c$	a	$a+b-c$
$a-c$	$a+b+c$	$a-b$

图 2-22　卢卡斯建立的 3 阶幻方模板

03 幻方数量知多少

人类在探索科学奥秘的过程中，有一种“寻根问底”的倾向。对于幻方，人们也是想把各阶幻方的所有可能形式全都找出来。这样，首先就要弄清楚任意 n 阶幻方总共有多少个可能的形式？这就是数学家和数学爱好者在研究幻方中力求解决的第二个问题。本章就来介绍有关这个问题的一些情况。

3.1 3 阶幻方的数量

对于最简单的 3 阶幻方，这个问题是容易回答的。因为 3 阶幻方的幻方常数是 15，而从 1—9 中取 3 个数使其和等于 15 只有以下 8 种可能，即

$$1+5+9=15$$
$$1+6+8=15$$
$$2+4+9=15$$
$$2+5+8=15$$
$$2+6+7=15$$
$$3+4+8=15$$
$$3+5+7=15$$
$$4+5+6=15$$

在这 8 个等式中，奇数 1、3、7、9 各出现 2 次，偶数 2、4、6、8 各出现 3 次，奇数 5 出现 4 次。这样，为了构成 3 阶幻方，显然只能将 5 置于中间方格，将 2、4、6、8 分置于四角，而 1、3、7、9 只能放在靠边的 4 个中央方格中了。因此，3 阶幻方只有 1 个基本形式，通过将方阵旋转与反射，可得 8 种变形，但它们其实都是同构的（isomorphic）。

3.2 4阶幻方的数量

对于4阶幻方，由于不算复杂，可以用穷举法来获得其所有可能的形式。实际上，弗兰尼克尔早在1693年就已得出4阶幻方总共有880个基本形式了，通过方阵的旋转与反射，总共可有7040个不同形式的结论。这个结论是完全正确的，没有异议的。

对于4阶幻方的数量，杜德尼（H.E.Dudeney）详细地研究了它的分类和每类幻方可能有的数量。在把幻方分为简单、半纳西克（Nasik）、关联（对称）、Nasik（泛对角线）四大类的基础上，杜德尼又进一步根据互补数字对的分布情况，把4阶幻方细分为12类，如图3-1所示。杜德尼给出的各类4阶幻方的数量如下

Nasik幻方（Ⅰ型）		48
关联幻方（Ⅲ型，同时也是半Nasik的）		48
半Nasik幻方（Ⅱ型）		48
	（Ⅳ型）	96
	（Ⅴ型）	96
	（Ⅵ型）	96
简单幻方	（Ⅵ型）	208
	（Ⅶ型）	56
	（Ⅷ型）	56
	（Ⅸ型）	56
	（Ⅹ型）	56
	（Ⅺ型）	8
	（Ⅻ型）	8
总计		880

由此可见，4阶的基本幻方有880个，通过旋转与反射，总共可有7040个幻方。

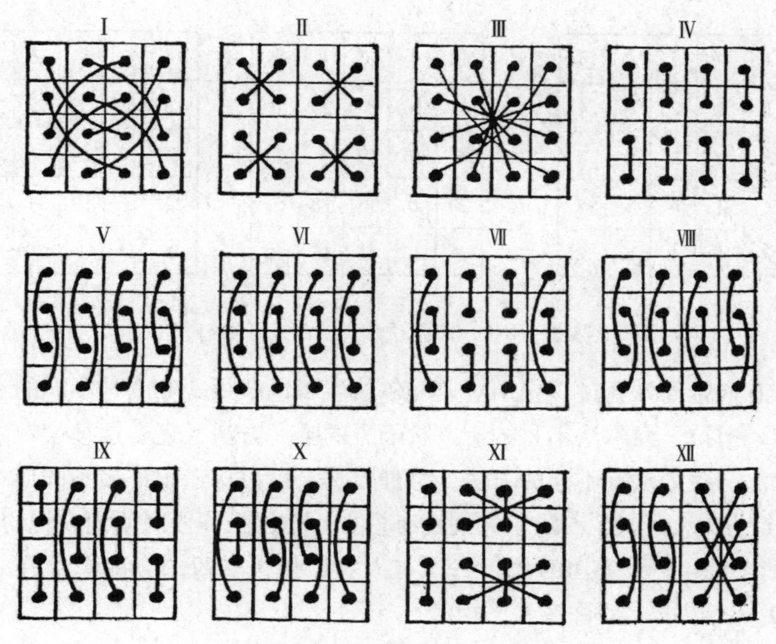

图3-1　4阶幻方的12种子类型

3.3　5阶幻方的数量

由于3阶、4阶幻方的数量没有经过太大困难就获得了，所以人们曾经期望5阶幻方的数量问题也能比较容易地解决。但事与愿违，在千百年的长时间内，无人能给出5阶幻方的确切数量。

当然，用某一种方法构造5阶幻方时能生成多少种不同形式的幻方是可以计算出来的。例如，用拉·海尔法，我们在前面介绍了在基方中如何布基数，在根方中如何布根数。其实，这仅是用拉·海尔法获得幻方的一种可能的布法。用类似方法，但改变一下基数在基方中的布局，同时相应调整根数在根方中的布局，只要使基方中各行各列及对角线上的数字之和维持为基方常数 $\frac{1}{2}n(n+1)$，使根方中各行各列及对角线上数字之和维持为根方常数 $\frac{1}{2}n^2(n-1)$，并使行、列上基数与根数的分布符合所述法则，则将基方和根方相加后均可获得幻方。例如，图3-2就是与图2-14不同的、用拉·海尔法构造5阶幻方的另一种可能。

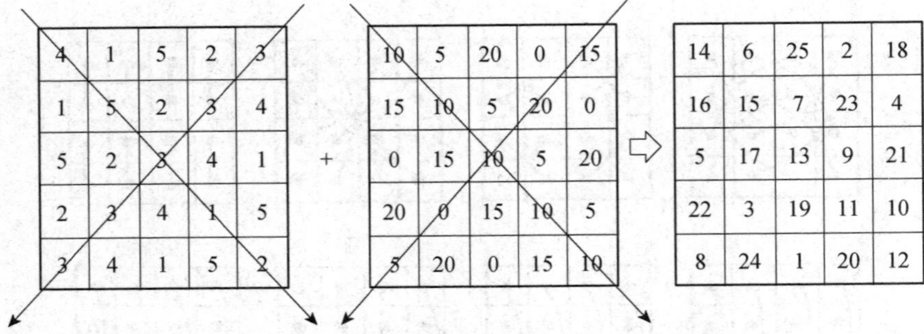

图3-2　用拉·海尔法构造另一个5阶幻方

有人曾经计算过，仅用拉·海尔法就可以获得57600种不同的5阶幻方。但拉·海尔法不是构造5阶幻方的唯一方法，还有连续摆数法、楼梯法、菱形法等不同的方法，每种方法又可以构造出许多不同形式的5阶幻方来。因此，5阶幻方到底有多少，在很长一段时间内众说纷纭，谁也说不出一个确切的数目来。有人曾经估计5阶幻方的总数在1亿3000万个以上，但许多人不相信。

这个问题最终是由计算机做出回答的。1973年，施罗佩尔（R. Schroeppel）开发了一个程序，在PDP-10计算机上运行了100小时后得出结论，5阶幻方的基本形式有275305224个，即2亿7500多万个，比早先的估计大一倍多。

至今未能有人确切地回答5阶以上的幻方数量。计算机发展到今天功能如此强大，但在回答这一问题上也无能为力。对6阶幻方，皮恩（K. Pinn）和维茨考夫斯基（C. Wieczerkowski）利用蒙特卡洛模拟与统计学方法，也只能获得一个估计数字，其数量在1.7743×10^{19}和1.7766×10^{19}之间。我们在后面介绍泛对角线幻方时，将介绍英国的奥伦肖（K.Ollerenshaw）和布里（D. Brée）在20世纪末解决了“最完美幻方”如何通过对“可逆方”的变换加以生成及获得了8阶、12阶、16阶、32阶这类幻方的精确数量，从而被《数学世界》（*World of Mathematics*）誉为“标志着人类首次完成了对5阶以上一类幻方的彻底清理”，其原因就在这里（详见4.2节）。笔者曾看到一本数学书上给出7阶幻方的精确数量为363916800种，但未加任何说明，不知是否可靠。

04 “幻中之幻”

到这里为止，我们的讨论总的来讲是针对普通幻方进行的。所谓普通幻方或简单幻方（simple magic square），就是满足幻方的基本条件，即各行、各列、2 条主对角线上数字和相等的幻方。实际上还有更加复杂的幻方。所谓更加复杂，是指除了满足幻方的上述基本条件外，还有进一步的特点，更加神奇，可称之为“幻中之幻”。这样的幻方，我们在前面已经碰到一些，如用菱形法构成的幻方，所有奇数集中在方阵中央，所有偶数分布在 4 个角，这就够奇特的了。本章将专门介绍一些这样的幻方。

4.1 对称幻方

对称幻方（symmetrical magic square）也叫关联幻方（associative magic square），是指方阵中凡是对中心处于对称位置的 2 个元素之和全都相等且等于（n^2+1）的幻方。显然，要构成这样的幻方就更不容易了。我们前面介绍过的一些幻方就是对称幻方：“洛书”的 3 阶幻方，杨辉的 4 阶幻方（阴图、阳图）、5 阶幻方（阴图）、7 阶幻方（阴图）、8 阶幻方（阴图）、9 阶幻方，丢勒的 4 阶幻方。由于这种幻方的特殊构造，其对称性、匀称性更加突出，我们前面介绍这些幻方时已经仔细分析过了，此处不再赘述。

值得注意的是，单偶数阶幻方，即阶 $n=2(2m+1)$形式的幻方，如 6 阶、10 阶，是不可能构成对称幻方的。

4.2 泛对角线幻方

泛对角线幻方（pan-diagonal magic square 或 diabolical magic square）是不但 2 条主对角线上的数字和与各行、各列上的数字和都相等，而且在任意折对角线上的数字和也都相等的一类幻方。我们在前面曾经提到，从安西王府遗址出土的阿拉伯幻方的中央的方阵经复原后成为一个标准4阶幻方，这个4阶幻方就是一个泛对角线幻方。在图1-27中，它的6条折对角线［即（8，12，9，5），（11，13，6，4），（1，13，16，4），（14，12，3，5），（10，11，7，6），（15，14，2，3）］的数字和都是幻方常数34。这样的4阶泛对角线幻方是11—12世纪时住在古代印度西海岸距孟买约150公里处的纳西克（Nasik）发现的，所以西方又把这种幻方叫作“Nasik幻方”。

这种幻方在主对角线与所有折对角线上的数字和都相等，由此就造成了它特有的一个性质——把同样的这种幻方在平面上上下左右铺展开来的话，那么可以随心所欲地在任意位置划定一个同样大的方阵，必定也是一个泛对角线幻方。或者说，以这种方式从一个（比如说4阶）泛对角线幻方出发，可以立即派生出15个不同的泛对角线幻方来。一般而言，任意 n 阶泛对角线幻方可以派生出的泛对角线幻方数量是（n^2-1）个。但能形成泛对角线幻方的最小可能的阶是4，因为3阶幻方的基本形态只有一个，是不满足泛对角线幻方条件的。同样地，所有单偶数阶幻方也不可能是泛对角线幻方。普朗克（C.Planck）早在1919年就证明了这个命题。他的证明方法十分简单：在任意偶数阶 $2m$ 的方阵中，以 2×2 的小方阵为单位，对4个不同位置的方格画上不同的花纹，如图4-1所示。现在假定在这个方阵中填入最前面的 $(2m)^2$ 个自然数使之成为泛对角线幻方，则幻方常数 $S=m(4m^2+1)$。再设所有画上剖面线的方格中的数的和为 A，所有空白方格中的数的和为 B，所有打上叉的方格中的数的和为 C，则将1，3，5，…所有奇数行中的数相加，可得 $A+B=mS$；类似地，将1，3，5，…所有奇数列中的数相加，可得 $A+C=mS$；如果间隔着取对角线，将所有其中的数相加，可得 $B+C=mS$。由此三式可得 $A=B=C=\frac{1}{2}mS=2m^4+\frac{1}{2}m^2$。由于 A、B、C 必定都是正整数，可知 m 不可能是奇数，因为 m 若为奇数，则 $\frac{1}{2}m^2$ 这一项不可能是整数了。这就证明了单偶数阶幻方不可能是泛对角线幻方。普朗克承认，这样的证明并不严谨，但足够令人满意了。

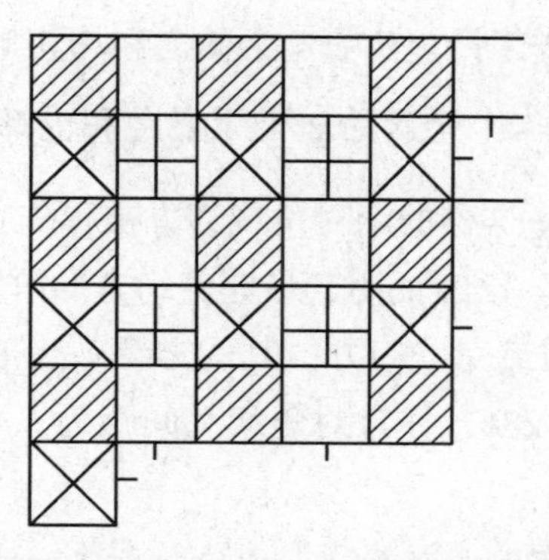

图4-1　单偶数阶幻方不可能是泛对角线幻方的证明

普朗克的证明发表在美国芝加哥出版的刊物《一元论者》（*The Monist*）上。也许是由于这个刊物比较罕见（我们在国内只查到北京大学图书馆有收藏），虽然讨论幻方的许多专著、文章中都提到普朗克已经解决了这个问题，但是我国几代学者有一段时间仍致力于研究这个问题，并在 21 世纪初用与普朗克基本相同的方法解决了这个问题，相关的学术论文发表在某著名高校的学报上。笔者希望我们能从中吸取教训，在科学研究中充分重视信息的作用，充分掌握已有材料，避免重复做前人或外国人已经做过的工作。

由于泛对角线幻方具有这样一些特异的性能，人们又把它称作“完美幻方”（perfect magic square）。

在泛对角线幻方中，又有 2 类值得注意的特殊幻方。一类特殊的泛对角线幻方是它既是泛对角线幻方，又是对称幻方。研究证明，这样的幻方最少是 5 阶，图 4-2 就是一个 5 阶的泛对角线、对称幻方。

1	15	22	18	9
23	19	6	5	12
10	2	13	24	16
14	21	20	7	3
17	8	4	11	25

图4-2　一个5阶的泛对角线、对称幻方

另一类特殊的泛对角线幻方具有下列特征：在幻方任意位置上截取一个 2×2 的小方阵(包括跨边界的截取，即一半在幻方第 1 行或第 1 列，另一半在幻方末行或末列），其中 4 个数之和均相等，等于 $2(n^2-1)$。而在对角线上，间距为 $\frac{n}{2}$ 个元素的 2 个元素之和也都相等，等于(n^2-1)，包括折对角线也如此。这样的泛对角线幻方被称作“最完美幻方”（most perfect magic square）。已经证明，最完美幻方的阶数一定是 4 的倍数。图 4-3 是一个 12 阶的最完美幻方，其幻方常数为 858，任意 2×2 小方阵中的 4 个数之和为 286，任意对角线上间距为 6 个元素的 2 个元素之和均为 143。

64	92	81	94	48	77	67	63	50	61	83	78
31	99	14	97	47	114	28	128	45	130	12	113
24	132	41	134	8	117	27	103	10	101	43	118
23	107	6	105	39	122	20	136	37	138	4	121
16	140	33	142	0	125	19	111	2	109	35	126
75	55	58	53	91	70	72	84	89	86	56	69
76	80	93	82	60	65	79	51	62	49	95	66
115	15	98	13	131	30	112	44	129	46	96	29
116	40	133	42	100	25	119	11	102	9	135	26
123	7	106	5	139	22	120	36	137	38	104	21
124	32	141	34	108	17	127	3	110	1	143	18
71	59	54	57	87	74	68	88	85	90	52	73

图4-3　一个12阶的最完美幻方（数从0起）

英国的 2 位业余数学爱好者奥伦肖（这是一位年近九旬的老妇人，长期从事大学管理工作）和布里（他是研究工商管理和心理学的）经过潜心研究，发现了通过“可逆方”（reversible square）构造最完美幻方的方法。所谓 n 阶的可逆方是由 0，1，2，…，n^2-1 构成的 1 个 $n\times n$ 方阵，如图 4-4(a)所示。它有 2 个特性：①逆转相似性（reverse similarity），即每行、每列的第一个数和最后一个数，第二个数和倒数第二个数，第三个数和倒数第三个数……之和都相等；②方阵中任意位置、任意大小的矩形的两个对顶角上的元素之和相等，如图 4-4(a) 中 0+6=4+2，4+11=7+8，…可逆方一般不是幻方，但奥伦肖和布里证明，任何双偶数阶的可逆方都可以通过特定程序变换为最完美幻方。以 4 阶为例，他们设计的程序如下：首先把图 4-4(a)的可逆方中的 3、4 两列对调成如图 4-4(b)所示的样子。然后把 3、4 两行对调成如图 4-4(c)所示的样子，画出方格线以后，如图 4-4(d)移动其中的 5 个元素：第 1 行的第 2 个元素沿对角线方向移动 2 个单元；第 2 行的第一个元素向右移动 2 个单元；第 2 行的第 2 个元素向下移动 2 个单元，左下角的元素向右移动 2 个单元；右下角的元素往上移动 2 个单元（后 2 个移动图上没有表示出来）。哪个方格中有新元素移进来，原有元素则沿反向移至新元素原来所在的方格。这样移动以后，可逆方就变成了最完美幻方，如图 4-4(e)所示。图中的最完美幻方包含数 0—15，而非 1—16，但这丝毫不影响它作为幻方的特性。

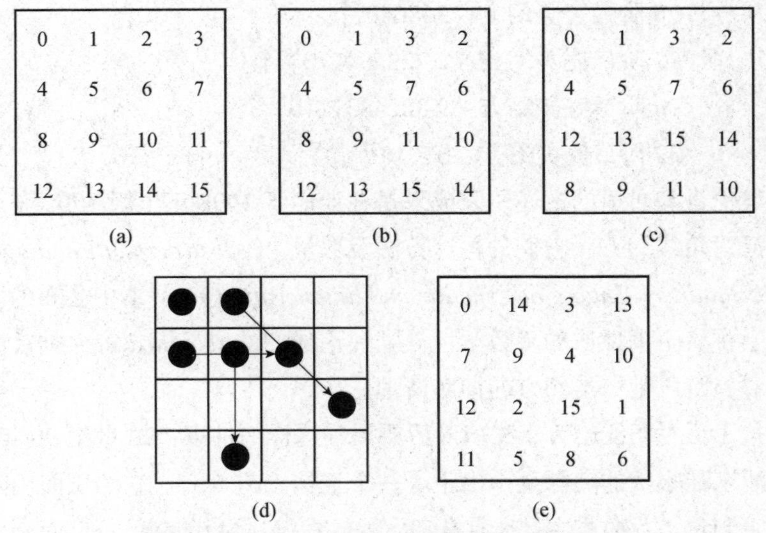

图 4-4　把 4 阶可逆方变成最完美幻方的过程

奥伦肖和布里这一研究的意义不但为如何构造最完美幻方提出了切实可行的方案，而且为解决 n 阶最完美幻方的数量有多少这个难题奠定了基础。这是由于从可逆方变换为最完美幻方是严格一一对应的。这样，要知道 n 阶的最完美幻方有多少个，只要弄清 n 阶的可逆方有多少个就可以了，而后一个问题的解决要容易和简单得多，因为：①可逆方可以分类，且每类的大小是一样的，即每类包含同样数量的可逆方；②每类可逆方中有一个“主方”（principal square），其他可逆方都是由这个主方通过各种变换获得的；③已知每类中本质上不同的（即非同构的）可逆方的数量 Q 精确地等于下式

$$Q = 2^{n-2}\left(\left(\frac{n}{2}\right)!\right)^2$$

式中的“!”是阶乘号。

由于在组合数学中对 n 阶可逆方有多少主方已有可以利用的计算公式，这样，根据公式算出 n 阶可逆方的主方数量，再乘以上面给出的 Q，就可以确切地知道 n 阶可逆方的数量，从而也就知道 n 阶最完美幻方的数量了。最终结果是

4 阶最完美幻方：48 个

8 阶最完美幻方：368640 个

12 阶最完美幻方：2.22953×10^{10} 个

16 阶最完美幻方：9.322433×10^{14} 个

32 阶最完美幻方：6×10^{37} 个

奥伦肖和布里的上述研究成果是在他们于 1998 年出版的专著《最完美的泛对角线幻方：它们的构造方法及数量》（*Most-perfect Pandiagonal Magic Squares：Their Construction and Enumeration*）[①]一书中公布的。具有数学百科全书性质的《数学世界》评论他们的成果标志着人类首次完成了对 5 阶以上一类幻方的彻底清理。

关于泛对角线幻方，我们最后要提到这样一件事：20 世纪 90 年代，上海浦东陆家嘴的陆深墓中出土了一个玉挂（图 4-5）。它的正面用阿拉伯文字刻着“万物非主，唯有真宰，穆罕默德，为其使者”；反面刻着一些古阿拉伯数字，翻译出来就是同图 1-27 一模一样的 1 个 4 阶泛对角线幻方。据史料记载，陆深在明嘉靖（1522—1566）年间曾当过大官，据传他是三国东吴大都督陆逊的后裔。

---

① 该书由位于英国伦敦以东的海港城市绍森德的数学及其应用研究所出版。

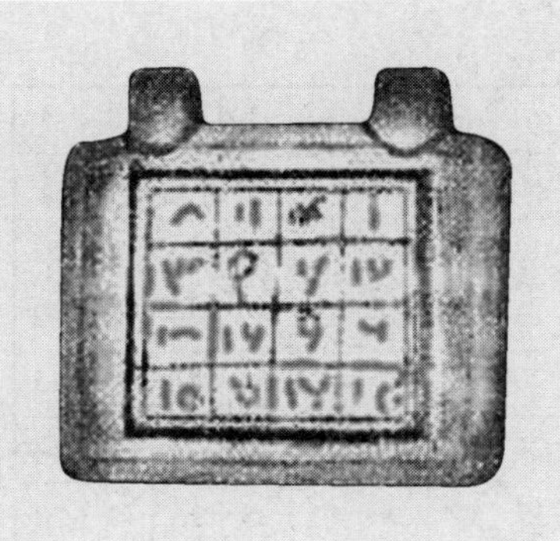

图4-5 陆深墓中出土的玉挂

4.3 棋盘上的幻方

以上介绍的对称幻方和泛对角线幻方是相对于简单幻方而言的，也可以认为是幻方分类。下面再介绍一些别具特色的幻方。在 8×8 的国际象棋棋盘上用某种棋子的棋步构成的幻方就是其中之一。

前面我们讨论幻方的构成方法时介绍过推广的连续摆数法。若普通向量取任意（±1，±2）组合或（±2，±1）组合，且不发生异常走步，那么形成的幻方实际上就是由马步构成的。当然，这种方法只适用于奇数阶幻方，如 5 阶幻方。人们当然希望用马步构成 8 阶（即国际象棋棋盘上）的幻方。多年来，许多人曾致力于实现这一梦想，但至今没有成功，倒是用别的棋子的棋步构成了棋盘幻方。例如，意大利数学家海尔西（I.Ghersi）在 1921 年成功地用国王的棋步构成了如图 4-6 所示的幻方。在这个幻方中，海尔西巧妙地利用了国王既可“横行”又可“直走”，还可以“走斜线”的特点，构成了一个合格的幻方。

在只用马步无法构成棋盘幻方的情况下，人们尝试用马步加其他棋子的棋步共同来构成幻方。这一点，一个不知名的阿拉伯学者早在 11 世纪初就实现了。他用马步、皇后的棋步和象的棋步遍历棋盘方阵，构成了一个泛对角线的完美幻方，如图 4-7 所示。可以看出，其中前 32 步主要用马步，后 32 步交替使用马步和象步，皇后的棋步则主要用在方阵边界处，如 4—5、8—9。应该说，近 1000 年前的人能造出这样的幻方是很不简单的。

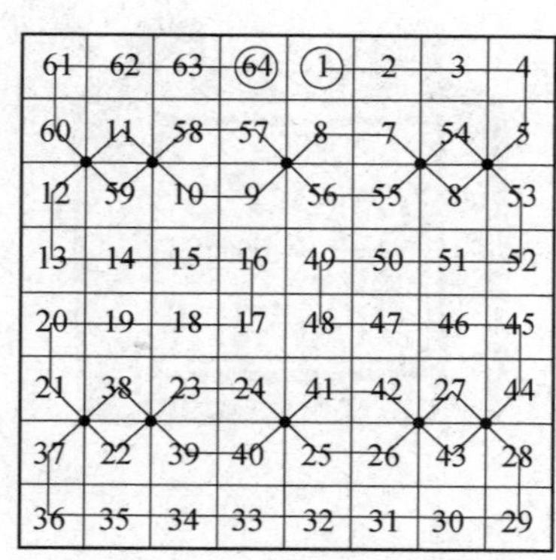

图4-6　由国王的棋步构成的幻方

32	39	60	3	30	37	58	1
59	4	31	40	57	2	29	38
5	62	33	26	7	64	35	28
34	25	6	61	36	27	8	63
24	47	52	11	22	45	50	9
51	12	23	48	49	10	21	46
13	54	41	18	15	56	43	20
42	17	14	53	44	19	16	55

图4-7　阿拉伯人在11世纪发明的混合棋步幻方

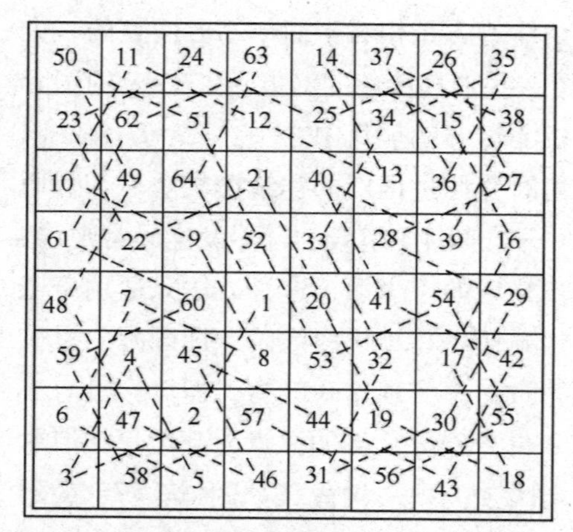

图4-8　斯泼里尼的马步方阵构成“半幻方”

用马步虽然尚未构成完整的幻方，但一些学者已经做出的结果也是相当引人注目的。较好的结果中有一个是斯泼里尼（J.E.Spriny）获得的。他用64个马步构成了一个半幻方，除对角线上的数字和一个为328、一个为192不符合幻方常数外，8行8列的数字和均为260，符合幻方的要求，见图4-8。值得注意的是：①斯泼里尼的这个半幻方，64个马步还构成一个哈密顿回路，即马从64可以跳回起点1；②它的两条对角线上的数字之和的一半也是260；③如把1—64分为1—32和33—64两半，则前32个数与后32个数在方阵中的位置正好是中心对称的（如1与33对称，2与34对称，…）；④每连续4个数相连，或形成菱形，或形成斜置的正方形，极有规律。例如，1—4和5—8在第三象限中分别形成菱形与正方形，9—12和61—64在第二象限中分别形成正方形与菱形，如此等等。

另一个较好的结果是杜德尼获得的，见图4-9。这也是一个马步形成的哈密顿回路，每行、每列的数字之和为 260，但 2 条对角线上的数字之和一个为 264、一个为 256，与幻方常数仅相差 4。杜德尼认为他的结果是最逼近于幻方的马步方阵。

由于连续的 64 个马步无法构成幻方，人们就退而求其次。1905 年，法国数学家赖利（A.Rilly）构成了如图 4-10 所示的一个马步方阵。在这个马步方阵中，马从 1 起走了 31 步后，需另觅起点（从 33 开始）再走 31 步，正好构成一个幻方。

46	55	44	19	58	9	22	7
43	18	47	56	21	6	59	10
54	45	20	41	12	57	8	23
17	42	53	48	5	24	11	60
52	3	32	13	40	61	34	25
31	16	49	4	33	28	37	62
2	51	14	29	64	39	26	35
15	30	1	50	27	36	63	38

图4-9　杜德尼的马步“半幻方”

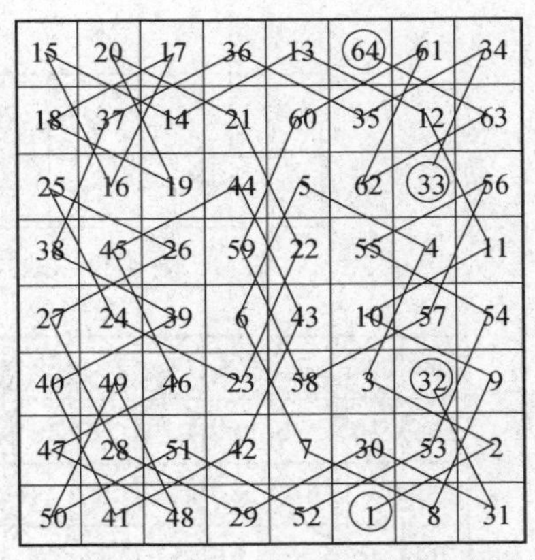

15	20	17	36	13	64	61	34
18	37	14	21	60	35	12	63
25	16	19	44	5	62	33	56
38	45	26	59	22	55	4	11
27	24	39	6	43	10	57	54
40	49	46	23	58	3	32	9
47	28	51	42	7	30	53	2
50	41	48	29	52	1	8	31

图 4-10　2 次起步构成幻方的马步方阵

18 世纪的法国大数学家欧拉（L. Euler，1707—1783）也曾致力于开发马步棋盘幻方。他获得的最好结果也是个半幻方，如图 4-11 所示。除了对角线不符合幻方常数外，每行、每列的 8 个数之和都是 260。值得注意的是，它的 4 个 4×4 小方阵也都是半幻方，每行、每列的 4 个数之和都是 130。

虽然真正棋盘大小的 8 阶马步幻方无法构成，但在“超大型”棋盘上倒是构成了。图 4-12 就是用马步构成的 16×16 阶幻方。它不但是一个货真价实的幻方，即每行、每列、对角线上的 16 个数之和都是 2056，而且还是一个哈密顿回路，即马从 1 出发，遍历整个方阵后，从第 256 个方格（即最后一个方格）还能跳回第一个方格。此外，这个 16×16 的方阵明显可以分为 4 个 8×8 的子方阵，马的跳步基本上在这几个子方阵中进行，每跳 16 步或 32 步才转移到另一个子方阵中再跳，所以把跳步顺序连接起来的图案对水平和垂直两条中轴线都呈现极大的对称性，这从图 4-12 中可以明显地看出来。

1	48	31	50	33	16	63	18
30	51	46	3	62	19	14	35
47	2	49	32	15	34	17	64
52	29	4	45	20	61	36	13
5	44	25	56	9	40	21	60
28	53	8	41	24	57	12	37
43	6	55	26	39	10	59	22
54	27	42	7	58	23	38	11

图 4-11　欧拉开发的马步半幻方

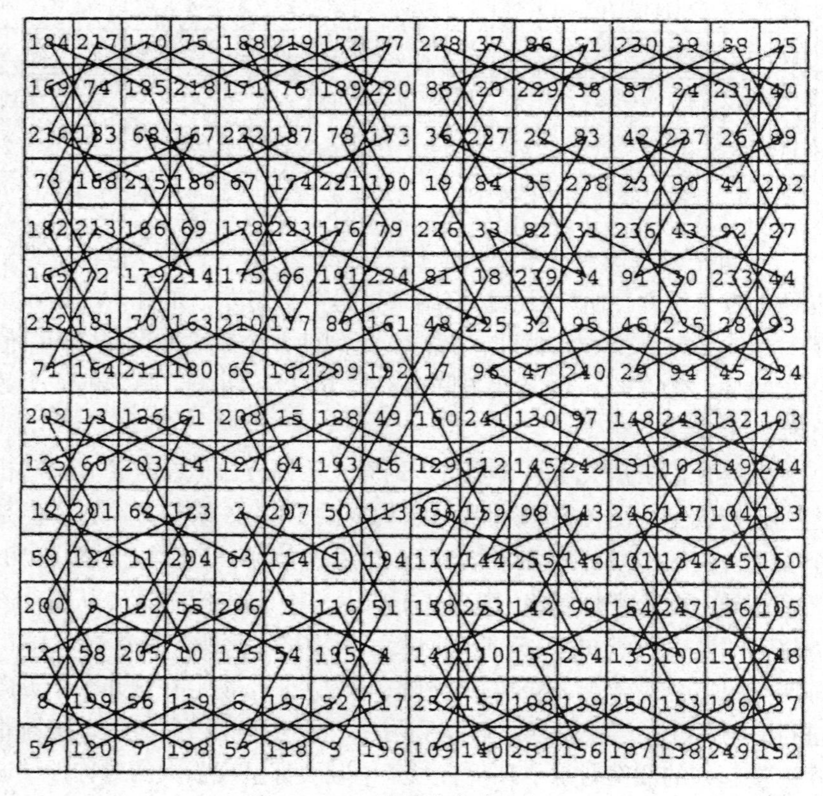

184	217	170	75	188	219	172	77	228	37	86	21	230	39	88	25
169	74	185	218	171	76	189	220	85	20	229	38	87	24	231	40
216	183	68	167	222	187	78	173	36	227	22	83	42	237	26	89
73	168	215	186	67	174	221	190	19	84	35	238	23	90	41	232
182	213	166	69	178	223	176	79	226	33	82	31	236	43	92	27
165	72	179	214	175	66	191	224	81	18	239	34	91	30	233	44
212	181	70	163	210	177	80	161	48	225	32	95	46	235	28	93
71	164	211	180	65	162	209	192	17	96	47	240	29	94	45	234
202	13	126	61	208	15	128	49	160	241	130	97	148	243	132	103
125	60	203	14	127	64	193	16	129	112	145	242	131	102	149	244
12	201	62	123	2	207	50	113	256	159	98	143	246	147	104	133
59	124	11	204	63	114	1	194	111	144	255	146	101	134	245	150
200	9	122	55	206	3	116	51	158	253	142	99	154	247	136	105
121	58	205	10	115	54	195	4	141	110	155	254	135	100	151	248
8	199	56	119	6	197	52	117	252	157	108	139	250	153	106	137
57	120	7	198	53	118	5	196	109	140	251	156	107	138	249	152

图 4-12　16 阶马步完全幻方

4.4 亲子幻方

“亲子幻方”（parent-child magic square）是一种嵌套幻方，即一个阶数较大的幻方里包含着阶数较小的幻方。显然，我们前面讨论过的镶边幻方也可以被看成是亲子幻方。但镶边幻方是从幻方构造方法的角度出发的，而亲子幻方是作为幻方中的一种特殊现象出发的。日本学者寺村（Shūtarō Teramura，1902—1980）在亲子幻方的研究方面最有成果，他在 24 岁时就构造出了 605 个亲子幻方，且各具特色。下面我们介绍其中的两个，见图 4-13。这两个亲子幻方都是 8 阶幻方，幻方常数为 260。图 4-13(a)的中央包含一个 4 阶子幻方；(b)则在上半截的中央包含一个 4 阶子幻方。值得注意的是，两个双亲幻方和子女幻方都是泛对角线幻方，子女幻方的幻方常数都是双亲幻方常数的一半，即 130。

2	29	51	48	1	30	52	47
56	43	5	26	55	44	6	25
15	20	62	33	16	19	61	34
57	38	12	23	58	37	11	24
4	31	49	46	3	32	50	45
54	41	7	28	53	42	8	27
13	18	64	35	14	17	63	36
59	40	10	21	60	39	9	22

(a)

2	29	51	48	1	30	52	47
56	43	5	26	55	44	6	25
13	18	64	35	14	17	63	36
59	40	10	21	60	39	9	22
4	31	49	46	3	32	50	45
54	41	7	28	53	42	8	27
15	20	62	33	16	19	61	34
57	38	12	23	58	37	11	24

(b)

图 4-13 日本学者开发的 2 个亲子幻方

4.5 奇偶数分居的对称镶边幻方

我们前面曾介绍意大利人瓦卡和英国人康韦发明的一种将奇数全部集中在方阵中央而让偶数分布在四角的幻方构成法——菱形法。实际上，10 世纪的阿拉伯数学家奥尔-安泰奇（Alib Ahmad Al-Antaki，？—公元 987）就已经发明过类似的 11 阶幻方，如图 4-14 所示。这个幻方不但把全部奇数集中在方阵中央，让全部偶数分布在四角，还有另外两个令人称奇的特点：①它还是一个非常对称的幻方。这个幻方以 1—121 的中数 61 居于方阵中央方格，其余 60 对和为 122 的 2 个数都分布在要么与中央方格相对称的位置上，要么分布在以中间一行或中间一列为轴相对称的位置上。②这还是一个镶边幻方，其最内层是幻方常数为183的3阶幻方，然后以122的增量向外扩充为幻方常数为305、427、549和671的5阶、7阶、9阶、11阶幻方，构思十分精巧。

36	16	108	110	10	113	8	116	118	2	34
50	48	24	100	107	97	7	102	18	46	72
52	56	60	103	91	89	23	3	58	66	70
96	54	17	47	51	81	83	43	105	68	26
94	13	29	49	59	57	67	73	93	109	28
11	27	35	45	69	61	53	77	87	95	111
92	117	101	85	55	65	63	37	21	5	30
32	80	121	79	71	41	39	75	1	42	90
38	78	64	19	31	33	99	119	62	44	84
82	76	98	22	15	25	115	20	104	74	40
88	106	14	12	112	9	114	6	4	120	86

图 4-14　阿拉伯人在10世纪发明的奇偶镶边11阶幻方

4.6　T形幻方

下面，我们介绍一个奇特幻方，这个幻方的一个故事是和我国人有关的。杜德尼在他的《趣味数学》（*Amusements in Mathematics*）中说到，有一个西方绅士Beauchamp Cholmondely Marjoribanks（以下简称M先生）对幻方很感兴趣，自以为在这方面很有天赋并引以为豪。一次他到中国来旅游，夸夸其谈地向遇到的几个中国人介绍5阶幻方的构造方法，以为自己高深的知识会让这些中国人佩服。不料，这些中国人静静地听完以后却说道："这太容易了，先生，你能不能构造出这样一个5阶幻方——在顶部9个有阴影、形成T字形的方格中只许放1、3、5、7、11、13、17、19、23这9个奇素数？"（图4-15）M先生一听傻了眼，琢磨了半天也构造不出这样一个奇特的幻方来。从此他知道自己的知识其实很有限，也知道不能小看中国人了。亲爱的读者，请你帮M先生解决这个难题吧！（答案见书末）。

图 4-15　西方绅士在中国遇到的幻方难题

05 非正规幻方

以上我们讨论的基本上都是正规幻方，即在 $n \cdot n$ 的方阵中放入 1—n^2 个连续的自然数，各行、各列、2 条对角线上的数字相加的和相等。当然，自然数是可以不从 1 开始的，因为很显然，由 1 开始的连续数所组成的幻方，如果对其中的每个数都加一个相同的整数，则仍为幻方。如果幻方中的数不是连续的自然数，或者并非每行每列及对角线上的数字之和相等，而是之差、之积、之商相等，那么，这样的幻方叫作“非正规幻方”。我们在前面已经见过这样的幻方了。例如，图 4-14 所给出的阿拉伯人所发明的 11 阶幻方本身虽然是正规幻方，但其内层的 3 阶、5 阶、7 阶、9 阶幻方都不是正规幻方。本节我们就来介绍一些与非正规幻方有关的问题。

5.1 普朗克幻方

前面已经证明，单偶阶的正规幻方不可能构成泛对角线幻方或对称幻方。如果要求生成单偶阶的泛对角线幻方或对称幻方，那就只能用非连续数了。普朗克在 1919 年提出了一种用最接近于连续数的非连续数构成单偶的 n 阶对称幻方和泛对角线幻方的简便方法，只要在原先的 1—n^2 的基础上加进 n^2 之后的 3 个自然数就可以了。当然，加进 3 个数之后，在原先的 1—n^2 中要相应减去 3 个数。减去哪 3 个数呢？1 个是中间的 $\frac{1}{2}n^2+2$，另 2 个是任意的偶数，但它们的和必须等于 n^2+4，而最简单的办法是减去与 $\frac{1}{4}n^2+1$ 成倍数关系的 2 个偶数。这样形成的单偶数阶对称幻方，各行、各列、对角线上的数字之和为 $\frac{1}{2}n(n^2+4)$，主对角线上的对称元素之和为 n^2+4。对于泛对角线幻方，折对角线上的数字之和也是$\frac{1}{2}n(n^2+4)$。不但如此，这样的幻方还有一个性质，即每$\left(\frac{1}{2}n\right)^2$个方块中的数字之和都是$\frac{1}{8}n^2(n^2+4)$。

图 5-1 给出用这样的方法构成的 6 阶对称幻方和泛对角线幻方，幻方常数均为 120。其中在 1—36 之间抽走了 10、20、30 这 3 个数，补进了 37、38、39 这 3 个数。这个泛对角线幻方还有一个奇特的性质，即在其中任取 3×3 小方阵，其 9 个数之和均为 180。

28	1	26	21	8	36
3	35	7	25	23	27
34	24	22	9	29	2
38	11	31	18	16	6
13	17	15	33	5	37
4	32	19	14	39	12

(a)对称幻方

28	1	26	36	8	21
3	35	7	27	23	25
34	24	22	2	29	9
4	32	19	12	39	14
13	17	15	37	5	33
38	11	31	6	16	18

(b)泛对角线幻方

图 5-1　普朗克幻方示例

5.2　素数幻方

另一种特殊的幻方最早是由杜德尼在 1900 年提出的，叫作“素数幻方”，即方阵中的数全都是素数的幻方。当然，素数幻方也是一种非连续数幻方。杜德尼自己构成的一个 3 阶素数幻方如图 5-2(a)所示，幻方常数为 111。继杜德尼之后，贝尔格霍尔特（E.Bergholt）和舒特哈姆（C.D.Shuldham）给出了 4 阶素数幻方，如图 5-2(b)所示，幻方常数为 102。在 20 世纪初，1 还被当作素数，所以这 2 个幻方中都包含 1。后来明确 1 不是素数以后，人们重新构造了 3 阶和 4 阶的素数幻方（图 5-3）。其中，3 阶素数幻方是昂德里卡（R. Ondrejka）发明的，这是目前已知的幻方常数最小（177）的 3 阶素数幻方。图中的 4 阶素数幻方是小约翰逊（A.W.Johnson，Jr.）设计的，幻方常数为 120。有意思的是，不管是否把 1 当作素数，能构成的 3 阶素数幻方的幻方常数总是大于 4 阶幻方的。

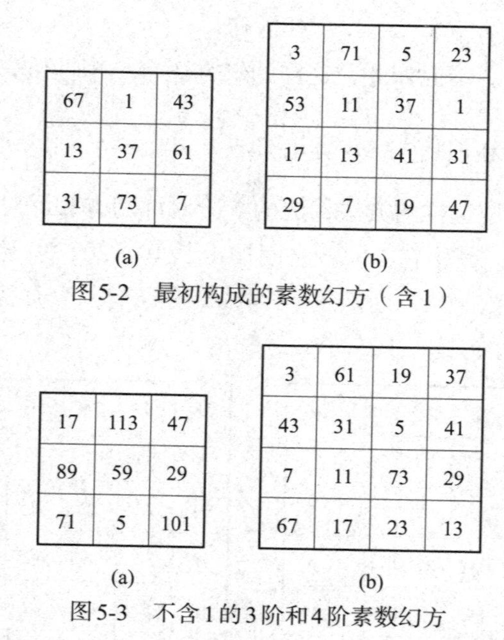

67	1	43
13	37	61
31	73	7

(a)

3	71	5	23
53	11	37	1
17	13	41	31
29	7	19	47

(b)

图5-2　最初构成的素数幻方（含1）

17	113	47
89	59	29
71	5	101

(a)

3	61	19	37
43	31	5	41
7	11	73	29
67	17	23	13

(b)

图5-3　不含1的3阶和4阶素数幻方

在研究素数幻方方面，赛尔斯（H.A.Sayles）和蒙塞伊（J.N.Muncey）是佼佼者，他们构造出了5阶、6阶乃至12阶的素数幻方。其中以12阶的素数幻方最精巧，正好用了素数表中最前面的144个奇素数（包括1）。自此之后，有许多数学家试图用最前面的n^2个奇素数来构成n阶的素数幻方，但都没有成功。最后证明，当$n<12$时，用最前面的n^2个奇素数构成n阶幻方是不可能的。

能不能用形成算术级数的9个素数构成幻方？答案是肯定的，而且人们找到了很多。图5-4是幻方常数最小（3117）的一个3阶素数幻方，公差为210。

1669	199	1249
619	1039	1459
829	1879	409

图5-4　由算术级数构成的3阶素数幻方

小约翰逊在开发素数幻方上有很多贡献，除了前面的4阶素数幻方以外，最引人注目的是一个6阶素数幻方，如图5-5所示。这个幻方在西方引起了很大的重视，被称为“有启示性的幻方”（apocalyptic magic square)。其原因有二：①它不是一个普通幻方，而是一个泛对角线幻方，即“完美幻方”，这对于素数幻方而言是十分难得的。图中有阴影的 6 个方格即组成一折对角线；②这个幻方的幻方常数是 666。而 666 在西方被称为“兽数”(beast number)，是有特殊意义的数。大写的 beast（即 BEAST）在基督教中指反对基督的人。可惜我们对这个幻方的发明人小约翰逊也一无所知。

3	107	5	131	109	311
7	331	193	11	83	41
103	53	71	89	151	199
113	61	97	197	167	31
367	13	173	59	17	37
73	101	127	179	139	47

图 5-5　小约翰逊的 6 阶素数幻方

以上介绍的这些幻方都是“凑”出来的，那么有没有构成素数幻方的通用模板呢？1938 年，贝尔格霍尔特终于找到了构成 4 阶素数幻方的一个一般形式，如图 5-6 所示。

$A-a$	$C+a+c$	$B+b-c$	$D-b$
$D+a-d$	B	C	$A-a+d$
$C-b+d$	A	D	$B+b-d$
$B+b$	$D-a-c$	$A-b+c$	$C+a$

图 5-6　4 阶素数幻方的通用模板

当取 A=13，B=11，C=37，D=41（这 4 个数显然必须取素数），a=10，b=18，c=24，d=−2 时，即得如图 5-2(b)所示的 4 阶素数幻方。若满足 $a=b=d-c=\frac{1}{2}(A-B-C+D)$，则形成的素数幻方还是完美的。若满足 $a+c=d=b-c$ 且 $A+C=B+D$，则素数幻方是对称的。读者不妨根据以上一般形式找几个 4 阶素数幻方出来。由以上条件还可以知道，4 阶素数幻方不可能是既对称又完美的，因为这导致 $A-a=B$，而幻方中不允许有 2 个相同元素。

前面我们提到，用最前面的 n^2 个奇素数是不可能构成 $n<12$ 的 n 阶幻方的。但是有没有可能用素数表中间的连续 n^2 个素数构成幻方呢？这还是有可能的。尼尔逊（H.Nelson）利用 Cray 超级计算机一下就发现了这样的 22 个 3 阶幻方，其中最小的一个如图 5-7 所示。这 9 个 10 位数字的素数实际上形成 a，$a+h$，$a+2h$；$(a+k)$，$(a+k)+h$，$(a+k)+2h$；$(a+2k)$，$(a+2k)+h$，$(a+2k)+2h$ 这样一个数列，其中 a=1480028129，h=12，k=30，恰是连续的 9 个素数。

1480028159	1480028153	1480028201
1480028213	1480028171	1480028129
1480028141	1480028189	1480028183

图 5-7　连续素数组成的幻方

在素数幻方的研究与开发方面，中国学者有很出色的成就，这里我们只介绍其中的 2 个。图 5-8 是一个 4 阶同尾素数幻方，其中的 16 个素数均以 7 结尾，幻和为 39968。

2137	7417	8597	21817
8837	21577	2377	7177
21517	8297	7717	2437
7477	2677	21277	8537

图 5-8　可以“掐头去尾”的素数幻方

把这个幻方中的所有数都“掐头去尾”，即去掉最高位和最低位以后，它仍然是一个素数幻方，幻和为 294。图 5-9 也是一个 4 阶素数幻方，幻和为 5792。这个幻方有什么特别之处呢？

193	457	659	4483
1709	3433	283	367
3343	479	1597	373
547	1423	3253	569

图 5-9　可以做“三级跳”的素数幻方

它可以进行“三级跳”：在其中的各个数上都加 2310，仍为素数幻方，幻和为 15032；在新幻方的各个数上再加 2310，还是素数幻方，幻和为 24272。对普通幻方来说，做任意步长的任意多级跳都是不成问题的，而对于素数幻方来说，设计出能做三级跳、跳了后仍然是素数幻方就绝非易事了。

5.3 合数幻方

这是素数幻方之逆，即方阵全部由合数组成，没有一个素数。显然，如果相邻两个素数的间距大于 9，则任取其中的 9 个连续数必能组成 3 阶合数幻方；如果相邻两个素数的间距大于 16，则任取其间的 16 个连续数必能组成 4 阶合数幻方……在素数表中，间距大于 9 的第一对素数是 113 和 127，因此在其中取 9 个连续数（如 114—122），就可以构成如图 5-10(a)所示的 3 阶合数幻方。在素数表中，间距大于 16 的第一对素数是 523 和 541，因此在其中任取 16 个连续数（如 524—539）就可以构成如图 5-10(b)所示的 4 阶合数幻方。余类推。

121	114	119
116	118	120
117	122	115

(a)

527	532	528	539
537	530	534	525
538	529	533	526
524	535	531	536

(b)

图 5-10 3 阶和 4 阶的合数幻方

杜德尼提出了不用查素数表也可以获得连续的 n^2 个合数以构成合数幻方的方法：首先写出连续数列 2，3，⋯，n^2，n^2+1。然后找出这些数的所有因子（不包括 1 及成倍数关系的因子，如因子中有 2 和 4，则去掉 4）并把它们相乘获得积 p，再把 p 加到上述数列中的每个数上去，即可获得连续的 n^2 个合数 $2+p$，$3+p$，⋯，n^2+p，n^2+1+p 而可用来构成合数幻方。例如，对 $n=3$ 的情况，写出的原始数列是 2，3，⋯，10。这些数的因子有 2，3，5，7，其乘积为 210，因此可构成合数幻方的 9 个连续合数是 212，213，⋯，220，它们实际上是素数表中间距大于 9 的第二对素数 211 和 223 之间的数。当然这个办法对于 n 较小的情况是实用的，当 n 较大时也就不太方便了。

5.4 乘幻方及其他

普通幻方是对加法而言的。18 世纪末有人发现了乘幻方，即行、列、对角线上的数字相乘的积相等。这样，幻方的定义可以扩充如下：

若 n 阶方阵任意直线（行、列、对角线）上的各个数字之值满足以下关系

$$N_n \bullet (N_{n-1} \bullet (N_{n-2} \bullet (\cdots \bullet (N_2 \bullet N_1)\cdots))) = \text{const}$$

则该方阵叫作“幻方”，运算符号可以分别取加、减、乘、除，相应的幻方就叫作“加幻方”（即普通幻方）、“减幻方”、“乘幻方”、“除幻方”。图 5-11 (a)—(d)给出了最简单 3 阶的各类幻方。对于加幻方和乘幻方，由于结合律，运算次序是无关的，所以易于理解。减幻方和除幻方需要做些解释。图 5-11 (d)中的减幻方，幻方常数为 5=2−(3−6)=1−(5−9)=4−(7−8)=2−(1−4)=3−(5−7)=6−(9−8)=2−(5−8)=4−(5−6)；对于除幻方，幻方常数为 6=3÷(9÷18)=1÷(6÷36)=2÷(4÷12)=3÷(1÷2)=9÷(6÷4)=18÷(36÷12)=3÷(6÷12)=2÷(6÷18)。由图 5-11 可见，减幻方可以由加幻方两条对角线上的数字上下交换而获得，除幻方也可以用同样的方法从乘幻方中获得。减幻方的幻方常数乘以阶数（这里是 3）即为加幻方的幻方常数，而除幻方的幻方常数取 n 次方即为乘幻方的幻方常数。这些规则也适用于较高阶的加、减、乘、除幻方。当然，由加幻方生成减幻方和由乘幻方生成除幻方时需要交换的元素要更多一些。我们给出 5 阶的加、减、乘、除幻方的一组实例分别如图 5-12 中的(a)—(d)所示。其中，减幻方和除幻方分别是从加幻方和乘幻方通过把两条对角线上下掉头，居中行、列的上下元素互相交换而形成的。加幻方的常数等于减幻方的常数乘阶数（5），除幻方的常数取 5 次方等于乘幻方的常数。

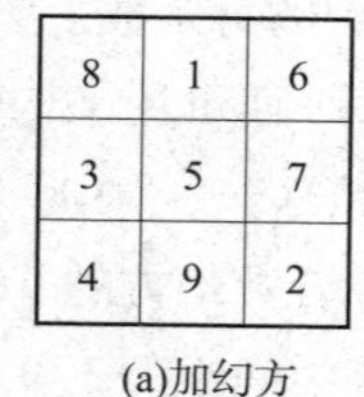

8	1	6
3	5	7
4	9	2

(a)加幻方

2	1	4
3	5	7
6	9	8

(b)减幻方

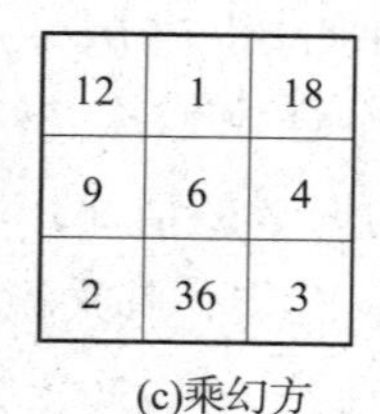

12	1	18
9	6	4
2	36	3

(c)乘幻方

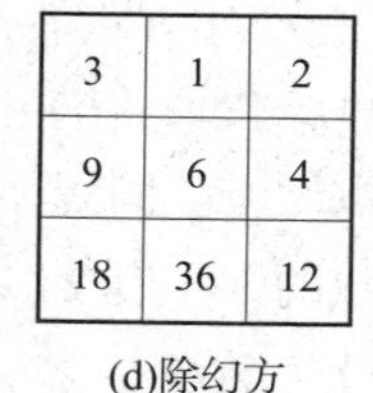

3	1	2
9	6	4
18	36	12

(d)除幻方

图 5-11　3 阶的加、减、乘、除幻方

17	24	1	8	15
23	5	7	14	16
4	6	13	20	22
10	12	19	21	3
11	18	25	2	9

(a)加幻方

9	24	25	8	11
23	21	7	12	16
22	6	13	20	4
10	14	19	5	3
15	18	1	2	17

(b)减幻方

54	648	1	12	144
324	16	6	72	27
8	3	36	432	162
48	18	216	81	4
9	108	1296	2	24

(c)乘幻方

24	648	1296	12	9
324	81	6	18	27
162	3	36	432	8
48	72	216	16	4
144	108	1	2	54

(d)除幻方

图 5-12　5 阶的加、减、乘、除幻方

乘幻方是怎样构成的呢？或者说有没有乘幻方的一般构造方法呢？对于奇数阶乘幻方，这样的构造法是存在的。首先，乘幻方中的数应该是如下方阵中的数

$$
\begin{matrix}
a_0m^0 & a_0m^1 & a_0m^2 & a_0m^3\cdots \\
a_1m^0 & a_1m^1 & a_1m^2 & a_1m^3\cdots \\
a_2m^0 & a_2m^1 & a_2m^2 & a_2m^3\cdots \\
a_3m^0 & a_3m^1 & a_3m^2 & a_3m^3\cdots \\
\vdots & \vdots & \vdots & \vdots
\end{matrix}
$$

选定 a_0，a_1，a_2，a_3，…和 m 的值以后，乘幻方中的数就全部确定了。然后就可以用类似于构造加幻方的连续摆数法把这些数分布到方阵中去。不同的是，摆数时不是按数的大小顺序，而是首先摆上述方阵中第一行的数，然后顺次摆第二行、第三行……的数。图 5-12 中的 5 阶乘幻方就是按这个方法构成的，其中 $a_0=1$，$a_1=3$，$a_2=9$，$a_3=27$，$a_4=81$（即 a_0、a_1、a_2、a_3、a_4 也构成一个公比为 3 的等比级数），$m=2$。顺次摆放第一行、第二行……的过程见图 5-13(a)—(d)，最后如法炮制，把第五行的数放进去，就是图 5-12 中的 5 阶乘幻方了。显然，由于这样取数及这样摆数，每行、每列及两条对角线上的数都包括 a_0，a_1，a_2，…及 m^0，m^1，

m^2，…这样一些因子，因此其乘积必然是相等的。

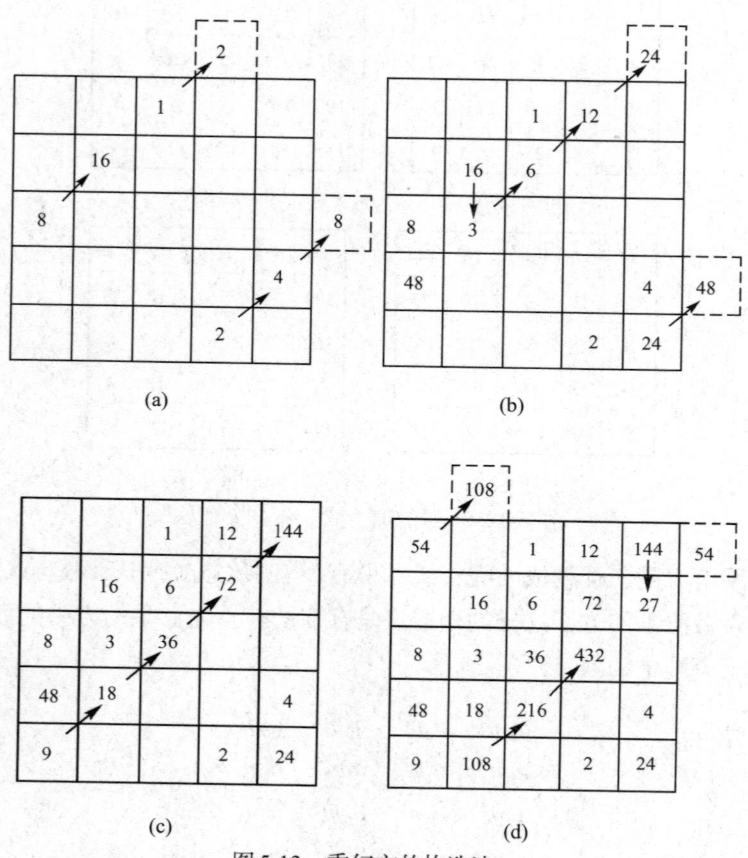

图 5-13　乘幻方的构造法

可以看出，用以上一般方法构成的乘幻方同时也是 1 个特殊的“欧拉方”或“正交拉丁方”。所谓正交拉丁方，就是由 2 个拉丁方叠合在一起且两者的任两个符号组合仅出现 1 次的拉丁方。例如，有以下 2 个拉丁方

$$A=\begin{pmatrix}0&1&2\\1&2&0\\2&0&1\end{pmatrix}\qquad B=\begin{pmatrix}a&b&c\\c&a&b\\b&c&a\end{pmatrix}$$

则可以形成正交拉丁方

$$A \times B = \begin{pmatrix} 0,a & 1,b & 2,c \\ 1,c & 2,a & 0,b \\ 2,b & 0,c & 1,a \end{pmatrix}$$

之所以说乘幻方是一个特殊的正交拉丁方，是由于正交拉丁方只要求每行、每列中有不同元素，而乘幻方还要求两条对角线上也都有不同元素，条件更加苛刻。由此可见，上述乘幻方的构造方法实际上也为奇数阶正交拉丁方的存在提供了一种证明。

06 幻方的变形

既然方阵中数字的特定排列可以形成幻方，变化万千，趣味无穷，那么，其他形式的几何阵列中自然也可以通过对数字的特定排列而形成与幻方有类似性质的有趣图案，就是幻方的变形。变形幻方最早产生于什么年代已不可考，但杨辉的《续古摘奇算法》中在给出一系列幻方的同时，也给出了许多有趣的变形幻方，可见它至少也有好几百年的历史了。这一章，我们就从介绍杨辉的变形幻方开始。

6.1 杨辉的幻圆

杨辉在《续古摘奇算法》中共给出了 6 个变形幻方，基本上都是将数字分布在圆周上形成的，所以可统称为“幻圆”。我们逐一加以介绍。

1. “攒9图”

杨辉的这个幻圆（图 6-1）是将自然数 1—33 分布在 4 个同心圆与 4 条直径的交点上，而将 9 置于中心，“攒 9 图”的名称由此而来。在“攒 9 图”中，4 条直径上 9 个数（包含圆心 9）的和都等于 147，8 条半径上的 4 个数（不包含圆心 9）之和都等于 69。吴文俊院士主编的《中国数学史大系》对杨辉的“攒 9 图”给予了极高评价，认为“它是史无前例的”。实际上，“攒 9 图”还有 1 个奇特性质：它的垂直直径的上半截与它右侧 3 条半径上的 16 个数正好组成 1 个半幻方；而垂直直径的下半截与它左侧 3 条半径上的 16 个数也正好组成 1 个半幻方，即每行、每列的 4 个数之和都是 69，但对角线上的数的和 1 个为 70，1 个为 68。

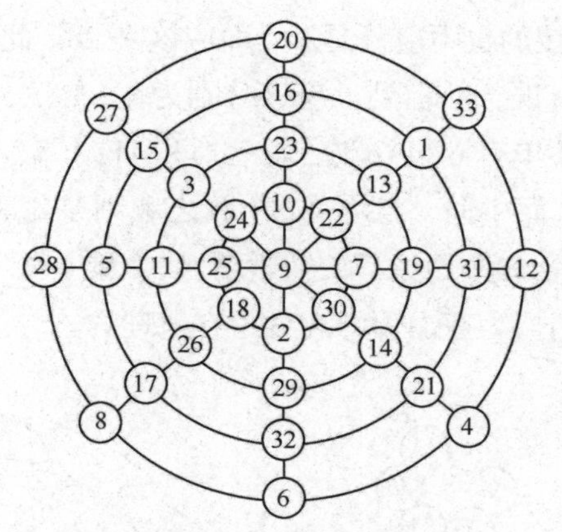

图 6-1　“攒 9 图”

2. “聚 5 图”

杨辉自称在“聚 5 图”（图6-2）中“21 子作 25 子用”，因为周围 4 个圆各有 1 个子与中央圆共有。每个圆的圆周上的 4 个数与中心数之和均为 65。所用数字也是从 1 开始的。实际上，除了图上画出的 5 圆 5 数有幻和 65 之外，还有 2 个没有画出的“虚圆”具有这个性质，即经过外围 4 个圆的圆心和最外侧 4 个小圆的圆，连同中央的 5，5 个数之和也都是 65，即（6，14，17，23，5）（19，18，2，21，5）。

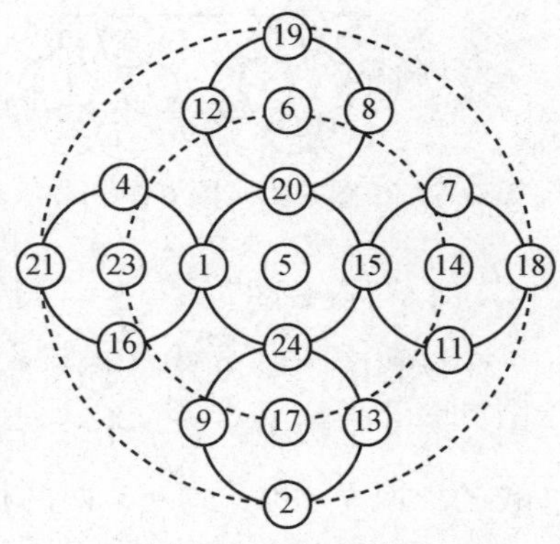

图 6-2　“聚 5 图”

3. “聚 6 图”

“聚 6 图”（图 6-3）在正六边形的 6 个顶点处各有 6 个小圆围成一圈，内中 6 个数之和均为 111，杨辉谓之“六子回环，各一百一十一”。但新加坡学者蓝丽蓉[①]认为，这个“聚 6 图”在传抄、复刻过程中产生了错误，与六边形左右顶角相接的小圆不应该是 31 与 24，而应该是 8 与

① 她是著名华侨领袖陈嘉庚先生的外孙女，原名温丽蓉，因丈夫姓蓝，改名蓝丽蓉（Lam Lay Yong）。

1，与右上顶角相接的也不应该是 7，而应该是 28。此外，左下角左侧 3 个小圆的位置也有误，从上到下应该分别为 4、19、23，这样改正以后的“聚 6 图”就不单有 6 组 6 数之和为幻和 111 了。内层和外层的 6 个数之和也是 111，而中间 2 层各 12 个数之和则是幻和 111 的 2 倍，即 222，如图 6-4 所示。按照杨辉的数学功底，“聚 6 图”理应有如此丰富的内涵，所以我们认为蓝丽蓉的意见是有道理的。

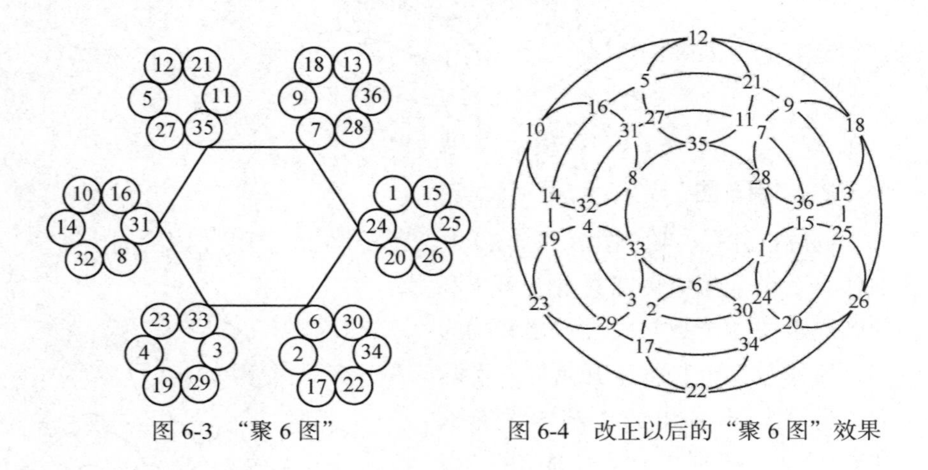

图 6-3　“聚 6 图”　　　图 6-4　改正以后的“聚 6 图”效果

4. “聚 8 图”

杨辉谓“聚 8 图”（图6-5）为“24 子作 32 子用”，因为每个圆的圆周上的 8 个数中各有 2 个数分别与另外 2 个圆共用。同一个圆上的 8 个数之和均为 100。此外，两两相交的 8 个数之和、不相交的数中 4 个圆上最外侧的 8 个数与内侧的 8 个数之和，也都等于 100，如图 6-6 所示。具有等和的 4 个元素组就更多了。例如，每个圆的上下半圆上的 4 个元素；左右半圆上的 4 个元素；中间 2 个圆作平行于水平直径的 4 条水平线，每条直线上的 4 个数；上下 2 个圆作平行于垂直直径的 4 条垂直线，每条直线上的 4 个数；最中心 4 个数及其周围 4 个数；每个圆的上下 4 个数和左右 4 个数。之所以具有如此多的幻和与半幻和组，在于其数的分布极有规律：对水平中轴线对称的任 2 个数之和都是 25，如(8，17)，(9，16)；对图形中心对称的任 2 个数必是相邻奇数或相邻偶数，如(1，3)，(18，20)。

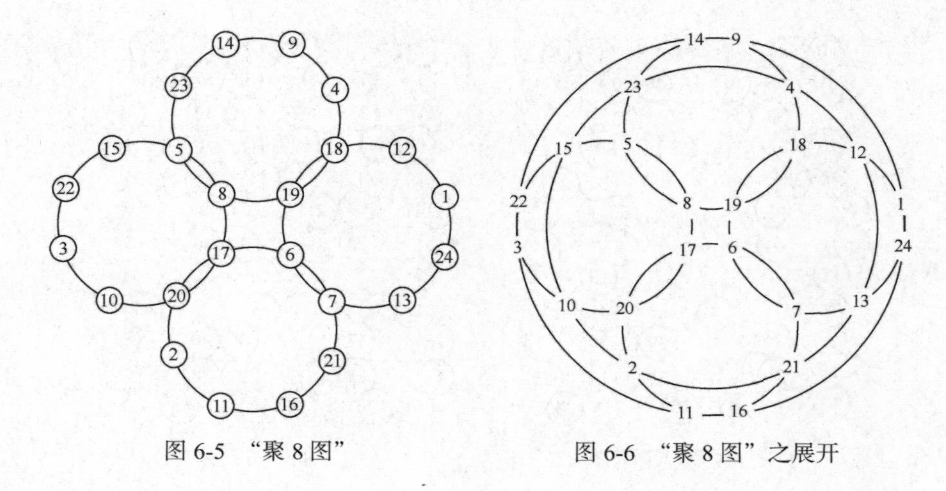

图 6-5 “聚 8 图”　　　　图 6-6 “聚 8 图”之展开

5. “八阵图”

八阵图原是中国古代兵法中的一种布阵方法，杨辉谓他的“八阵图”（图 6-7）“八八六十四子，总积二千八十。以八子为一队，纵横二百六十。以大辅小，而无强弱不齐之数，示均而无偏也”。阵中共有 8 个环，每个环的 8 个数和均为 260，上下 4 个数和左右 4 个数之和均为 130。可以看出，“八阵图”中 1—64 的 32 对互补的数对［即(1，64)，(2，63) 等］正好均匀地分布在 8 个环中，每个环 4 对，而“八阵图”正中的 8 个数正好是由(1，64)，(3，62)，(5，60)，(7，58)4 个互补数对组成，因此其和也为 260。如果把“八阵图”和杨辉的“易数图”（即 8 阶幻方的阴图）相比较，我们就可以看出，“八阵图”的一个环正好对应于“易数图”中的一个 2×4 区域。

6. “连环图”

“连环图”（图 6-8）是把“八阵图”中央的空白也用一个环补上而形成的，所以是九连环，但由于环环相扣，因此形成了 13 个圆环，故杨辉曰“七十二子，总积二千六百二十八，以八子为一队，纵横各二百九十二，多寡相资，邻壁相坚，化一十三队，此见运用之道”。“连环图”中每个环的上、下和左、右 4 个元素之和及相邻 2 个环紧靠在一起的 4 个元素之和均为 146，8 个数之和为 292。至于“连环图”的构成方法，以蓝丽蓉的下述分析最简单、直观：把 1—72 顺序交叉排列成 4 列，如表 6-1 所示，然后横向分成 9 组，每组即对应于 1 个环。

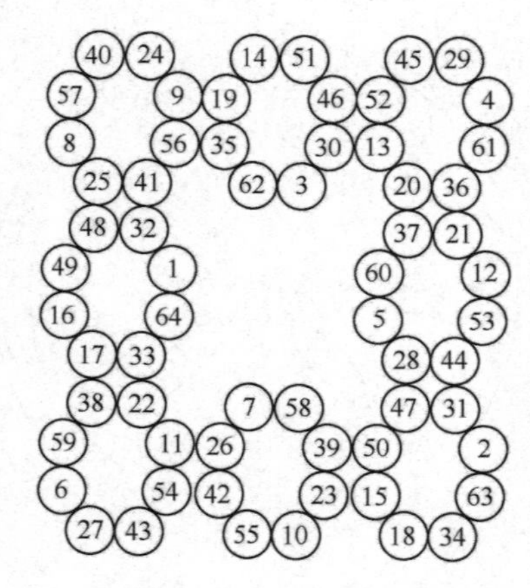

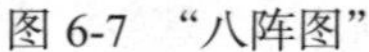
图 6-7 “八阵图”

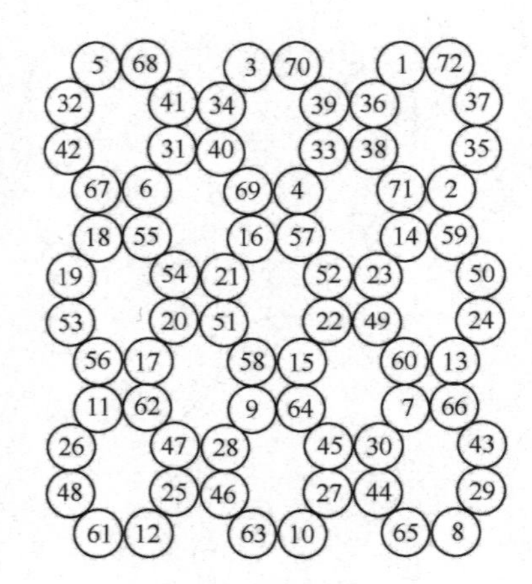

图 6-8 “连环图”

表 6-1

72	37	36	1	62	47	26	11
71	38	35	2	61	48	25	12
70	39	34	3	60	49	24	13
69	40	33	4	59	50	23	14
68	41	32	5	58	51	22	15
67	42	31	6	57	52	21	16
66	43	30	7	56	53	20	17
65	44	29	8	55	54	19	18
64	45	28	9				
63	46	27	10				

6.2 对杨辉变形幻方的发展

杨辉以后又有不少数学家研究幻方和变形幻方，取得了许多成果，其中比较著名的有宋朝的丁易东、明朝的王文素、清朝的张潮和保其寿。本节我们介绍一下他们所开发的一些构思精巧的变形幻方。

稍晚于杨辉的宋朝人丁易东著有《大衍索隐》(3 卷)。明朝人王文素著有《新集通证古今算学宝鉴》，刊印于 1524 年。清朝的张潮(1650—？)著有《心斋杂俎》(2 卷)。我们在前面提到，杨辉的“百子图”仅在行、列方向满足幻方常数，在对角线方向不满足幻方常数。这个缺陷正是张潮发现的，并且他做“更定百子图”，给出了一个正确的 10 阶幻方。前面提到的杨辉的“聚 6 图”在传抄过程中产生的错误也是张潮发现的，并因此又做了“更定聚 6 图”。保其寿是江苏南通人，著有《碧奈山房集》。下面所介绍的变形幻方均出自以上几人的上述著作。

1．“洛书” 49位得“太衍50数图”

丁易东的这个幻圆（图6-9）是对杨辉“攒9图”的发展。同心圆由4个增至6个，因此元素也由33个增至49个，中数25居中心。数的分布严格按照“洛书”3阶幻方的规则“二四为肩，六八为足，左三右七，戴九履一”：尾数为4和2的分居上半圆的左右，尾数为8和6的分居下半圆的左右，尾数为3和7的分居左右半径，尾数为9和1的分居上下半径，且尾数为1、2、3、4的按从小到大的次序由外层至内层填入，尾数为6、7、8、9的则按相反次序顺序填入，余下的8个5的倍数则以25为中心填入最内层，而且如果是5的n倍，则填入尾数为n的数所在的列。例如，15是5的3倍，所以15与3、13、23、33、43处于同一行。这样，这个幻圆所有同心圆上的8个元素之和均为200，加上中心数为225，每条直径上的13个数之和为325，所有对中心对称的2个数之和均为50。因此丁易东自谓此图“以洛书之法，纵横等布”而成，“其位虽四十有九，而对位之数合成五十，周围各二百”，与古语云“大衍之数五十，其用四十有九”暗合，不可谓不巧妙。

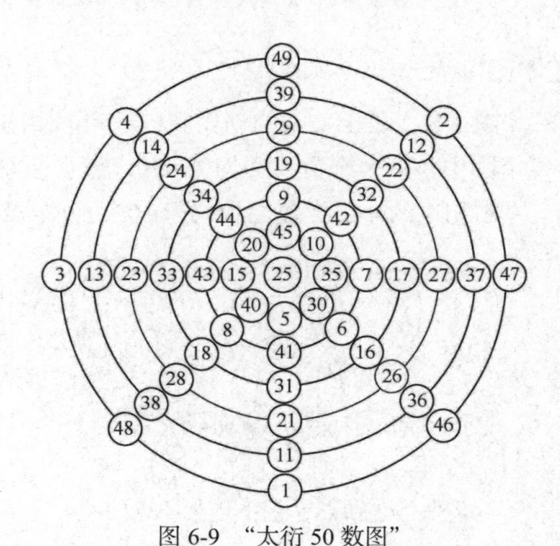

图6-9　“太衍50数图”

2．“九宫八卦图”

丁易东还构造了“九宫八卦图”（图6-10）。这个图与杨辉的“连环图”相似，也是九连环，形成13个圆环，每个环8个数的和都是292。

它的奇特之处是与“洛书”图相呼应：其 1—9 所处位置正好形成“洛书”3 阶幻方，处于每宫的上行左；10—18 则按逆序从九宫开始分别填入每宫的左行上；19—27 又从一宫开始顺序分别填入每宫的左行下；按以上规律填满 72 个数而形成此图。这是很别出心裁的。

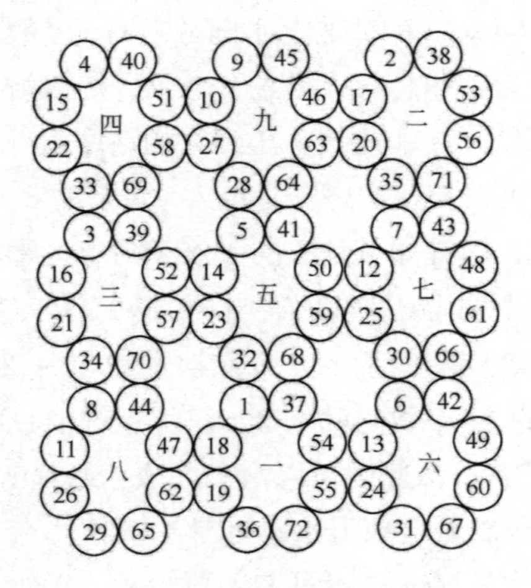

图 6-10 “九宫八卦图”

3. “花王字图”

“花王字图”（图 6-11）是王文素的创作。17 个环环相扣的圆形成一个“王”字，每个圆中包括 8 个数，和均为 420。值得注意的是，所有圆中上下相对、左右相对的 4 组 2 数之和均为 105，分布极其均匀。

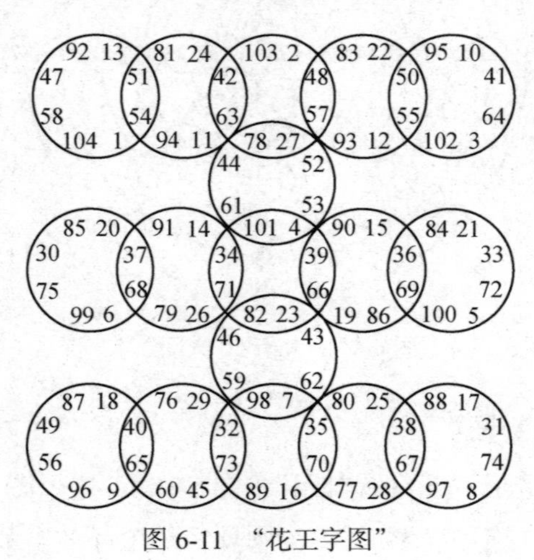

图 6-11 “花王字图”

4. “古珞钱图”

“古珞钱图”（图6-12）也是王文素发明的。25（5×5）个相互交叠的圆形成古珞钱的形状，每个圆中 8 个数之和均为 484。同“花王字图”一样，所有圆中上下相对、左右相对的 4 组 2 数之和均为 121，共计 60 对。

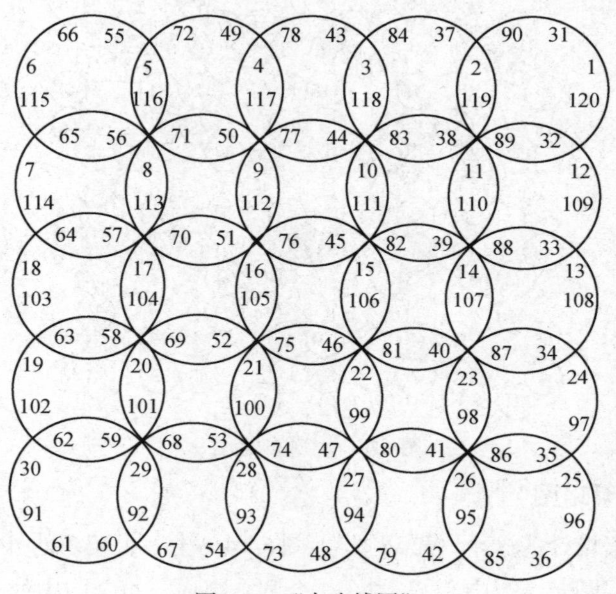

图 6-12 “古珞钱图”

“古珞钱图”中数的分布极其规律：数 1—30 从右上角的圆出发，按水平方向循环往返分布在各圆的右上和左上位置；31—60 仍从右上角的圆出发，但按垂直方向顺序从小到大分布在各圆的上右和下右位置；61—90 则从左下角的圆出发，但以垂直方向循环往返分布在各圆下左和上左位置；最后 91—120 也从左下角圆出发，但以水平方向循环往返分布在各圆左下和右下位置，即成“古珞钱图”。

5. “连环之图”

王文素的这个“连环之图”（图6-13）比丁易东的九连环高一阶，是 16（4×4）环，但由于环环相扣，实际形成了 25 个环，每个环中的 8 个数之和均为 516，其中上下相对的 4 个数之和同左右相对的 4 个数之和又均为 258。

这个图中数的分布也是很有规律的，但它与“古珞钱图”不同，不是水平或垂直走向的，而是按对角线方向走的，读者在右上角找到 1 以后，不难发现其分布规律。

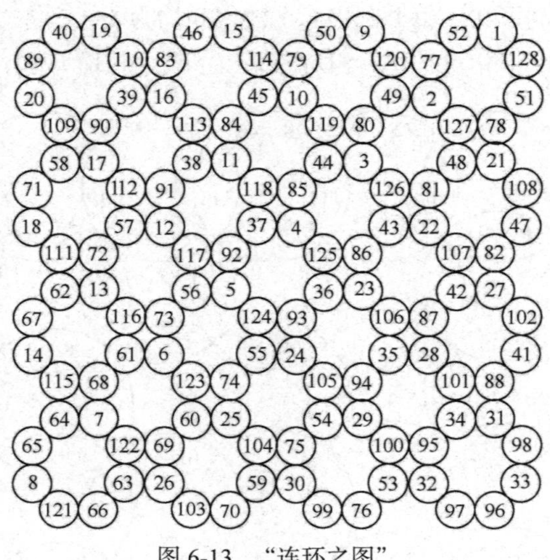

图 6-13　“连环之图”

6. “璎珞图”

王文素设计的这个“璎珞图”（图 6-14）由 6 个相切的外层圆、6 个相交的内层圆及 1 个中心圆（共 13 个圆）组成，每个圆中的 6 个数之和均为 129。

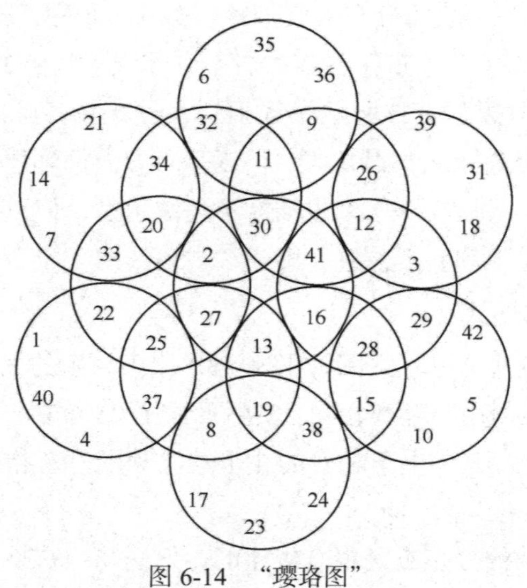

图 6-14　“璎珞图”

7. “揲四图”

张潮推出的变形幻方从比较简单的叁三图到比较复杂的九宫图有 23 幅之多。我们只介绍其中设计得最精巧的几幅。“揲四图”（图6-15）是其中之一。

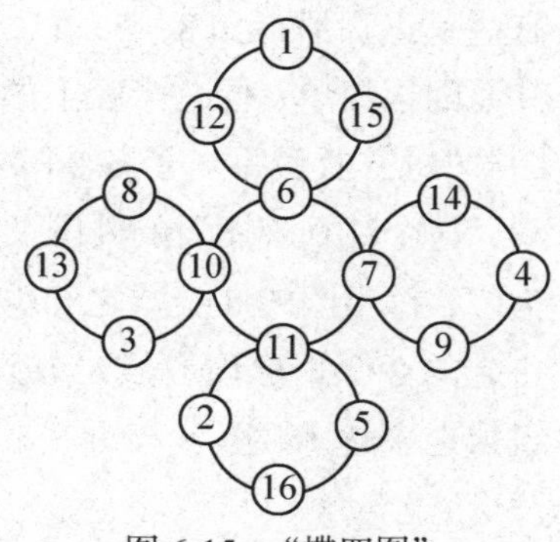

图 6-15 “揲四图”

“揲四图”中有 5 个圆，每个圆上有 4 个数，和均为 34。但由于其巧妙安排，水平与垂直 2 条中轴线上的 4 个数及右斜与左斜的 8 条平行线上的 4 个数之和也均为 34，外围 4 个圆最外侧的 4 个数之和也是 34。因此，张潮自豪地宣称“揲四图”“16 子作 64 子用，角径平径四方四尖中心俱 34 数”。

8. “六合图”

“六合图”（图6-16）中只有 18 个数，分布在同心的 3 个六边形的各个顶点，共有 12 组 6 个数的和为 57，分别为 3 条对角线、3 个六边形的顶点、由任意 2 条相邻对角线所围成的 6 个梯形周边。因此张潮称“六合图”“18 子作 72 子用，围径并每方各 57 数”。

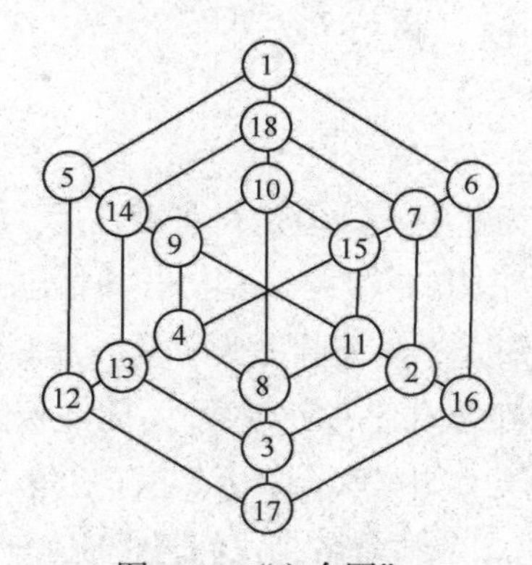

图 6-16 “六合图”

9. “八阵图”

在笔者见到的“八阵图”（图6-17）中，张潮的这个“八阵图”是用子最少的，虽然只有 16 个数，但构成 4 个数的和为 34 的组数多达 36 组，分别为 4 条对角线、任意 2 条半径（不一定相邻）组成的梯形（24 个，如 1，16，9，8；12，5，6，11；…）、内层和外层对顶角顶端 4 数（8 组，有些呈正方形，如 8，5，11，10；有些呈长方形，如 1，12，7，14）。其原因很简单：同一半径上的 2 个数之和均为 17。所以张潮谓此“八阵图”“每方及径每 4 子各 34 数，16 子作 144 子用”。除此之外我们还看到，这个“八阵图”的外围及内围的 8 个数之和均为 68；任意将图一分为二，每半图的 8 个数之和也均为 68；任意 2 条直径形成一大一小套在一起的 2 个矩形顶上的 8 个数之和也均为 68，因此 8 个数之和为 68 的组数也多达 18 组。

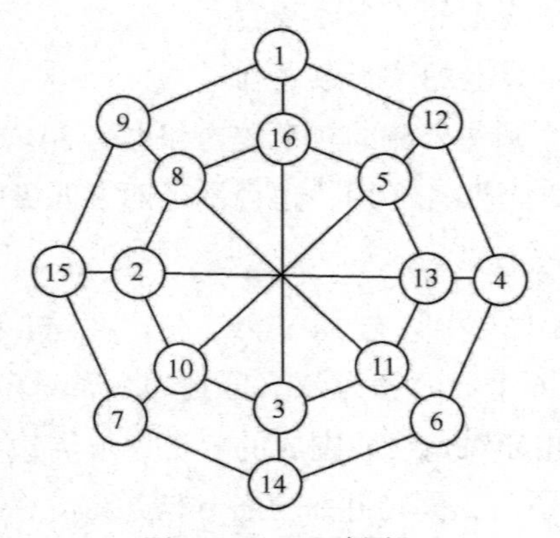

图 6-17 “八阵图”

10. “浑圆图”

保其寿与张潮同为清朝人，但是在张潮之后。他在《碧奈山房集》的自序中说自己看过张潮的《心斋杂俎》，并指出张潮的幻方与变形幻方“所演皆平图，不知立方与浑圆尤为可喜，其源虽权与洛书，其巧实不可思议，当是天地间合有此一种理数”。因此保其寿的变形幻方别具一格，向立体方向发展，如“六合立方”“浑三角”“六合浑圆”等。保其寿未给图 6-18 中的 2 个圆命名，我们暂把它们叫作“浑圆图”。我们先看图 6-18(a)。球面的 3 个正截面上均匀地分布了 1—18 这些数，有 6 个数是两两相交的，即 2 个圆共有的。这 3 个截面把球面等分成 8 块，每块球面边界上的 6 个数之和都是 48，保其寿云“面各 48 数，18 子作 48 子用”即此意。保其寿还指出此图的另一特殊性质——“如以 1 换 18，2 换 17，逐子相易，即成每面 66 数”。

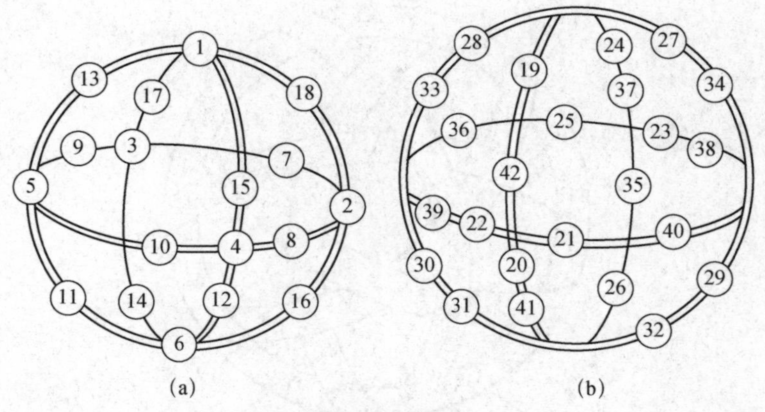

图 6-18 “浑圆图”

如果独立地看图 6-18(b)的“浑圆图”，我们会发现图中是将 19—42 这 24 个数以互补数字对的方式分布在截圆的圆周上，每对的和是 61，因此每面的 6 个数之和都是 183。但由于这些数字的分布是“每梁加 2 子”，且数是接续于前面的(a)图的，因此可以将(a)图与(b)图合并起来，形成一个截圆圆周上有 16 个数的浑圆，这时每面 12 个数之和为 231。对于变局［即 1 换 18、2 换 17，各子互换以后的(a)、(b)图中每梁上 2 个数本来都是互补的，互换以后的作用当然不变］，每面上的数字和为 249（但不知什么原因，保其寿的书上说“每梁加 2 子，加入前图，面各 109 数，加入变局 127 数”，只增加了一个梁上的 2 个数之和）。

11. “六道浑天图”

保其寿设计了 3 个“六道浑天图”（图 6-19），都十分精巧，是把球形的浑天仪剖分成南北两半球并展开后的形状，类似于把地球仪剖分成东西两半球展开成地图那样。可以看出，“浑天图”由 6 条纸带相互缠绕而成：有 2 条各围成 1 个圆形，有 2 条穿过上下 2 个圆并交织成“8”字，另 2 条各在上下圆中并同圆和“8”字形 2 条纸带相交织。纸条上分布着 1—90 的数。这些相互缠绕的纸条共形成 12 个五边形和 20 个三角形，每个五边形周围共有 10 个数，和均为 380；每个三角形周围共有 6 个数，和均为 228，因此保其寿云“90 子作 240 子用”，不可谓不巧妙。

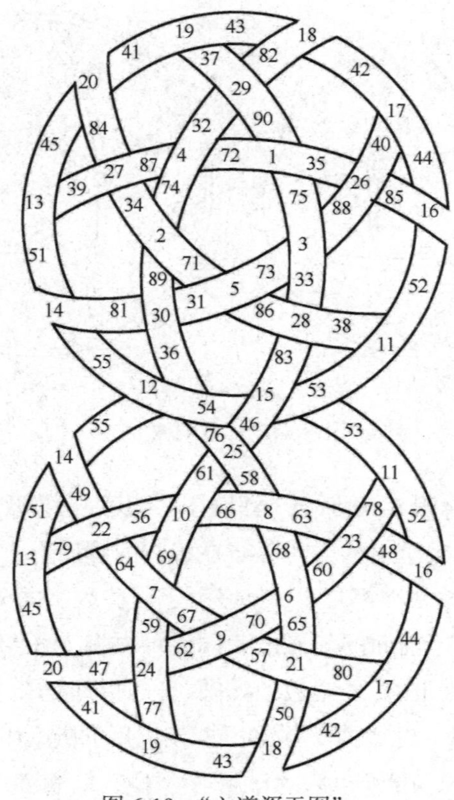

图 6-19 “六道浑天图”

6.3 中世纪印度的幻圆和魔莲花宝座

幻方从中国传入古代印度后，古代印度数学家在幻方和变形幻方的开发方面也极富创造力。这里介绍纳拉亚纳（Narayana）的一个幻圆和一个魔莲花宝座。

纳拉亚纳设计的幻圆如图 6-20(a)所示。它从内到外共有 5 个同心圆，4 条直径把这些圆 45°等分为 8 个扇形区和 4 个圆环，共 32 个环形区域，每个区域放 1—32 中的一个数，中心放 294。这样，每个扇形区和上、下每个半环中的 4 个数之和都是 66，加上中央数 294 正好等于圆周度数 360。这个幻圆的对称性也设计得非常好，1，2，3，4，…，31，32 这样的连续数对所处的位置都是中心对称的。而如果把这个幻圆沿上面的垂直半径剪开后展开可以看出，它形成了 2 个 4 阶的泛对角线幻方，如图 6-20(b)所示。在这一点上，纳拉亚讷的幻圆比杨辉的“攒 9 图”高明一些（杨辉的“攒 9 图”形成 2 个半幻方）。当然，这和杨辉用连续数 1—33 而纳拉亚讷用 1—32 加不连续的 294 有关。

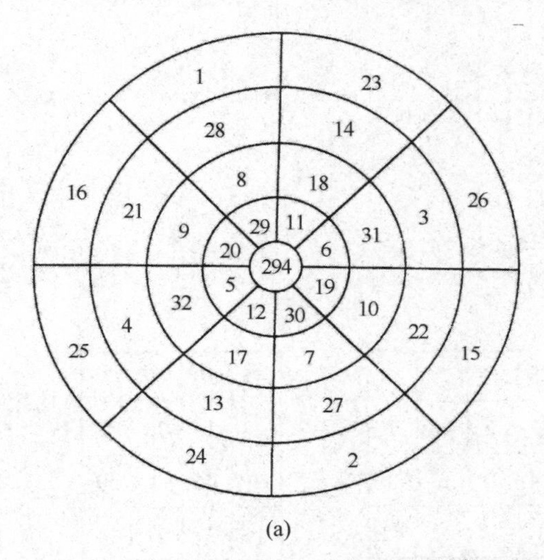

(a)

1	16	25	24	2	15	26	23
28	21	4	13	27	22	3	14
8	9	32	17	7	10	31	18
29	20	5	12	30	19	6	11

(b)

图 6-20　纳拉亚讷的幻圆

纳拉亚讷设计的魔莲花宝座在变形幻方中堪称一绝。这个六边形的莲花宝座［图 6-21(a)］共有 48 个菱形，填入 1—48。这 48 个菱形中，有 1/3 是面朝上的、1/3 是面朝东的、1/3 是面朝西的，组成一个个小立方体的 3 面，使整个莲花宝座看起来很立体。整个莲花宝座由 16 个花瓣组成的一朵莲花组成，但从上往下看、从东往西看、从西往东看，花瓣上的数字是不同的，3 个方向各形成由 16 个小菱形组成的大菱形。如果把这 3 个大菱形挤压和旋转一下变成 4×4 的方阵，我们就可以看到这是 3 个常数为 98 的泛对角线幻方［图 6-21(b)～(d)］，你说奇妙不奇妙？

关于这个莲花宝座的资料，请参阅《非西方文化的科学、技术与医学史百科全书》（*Encyclopedia of the History of Science*，*Technology*，*and Medicine in Non-Western Cultures*，Kluwer Academic Publishers，1997）。但笔者对它的分析与该书有所不同。该书认为这朵莲花是由 6 个花瓣组成的，但未指明如何划分 6 个花瓣。由于古代印度是佛教盛行的国家，笔者认为把它看作立体的莲花宝座更恰当；从 3 个不同方向看，该莲花都是由 16 个花瓣组成的，也更符合莲花的实际情况。

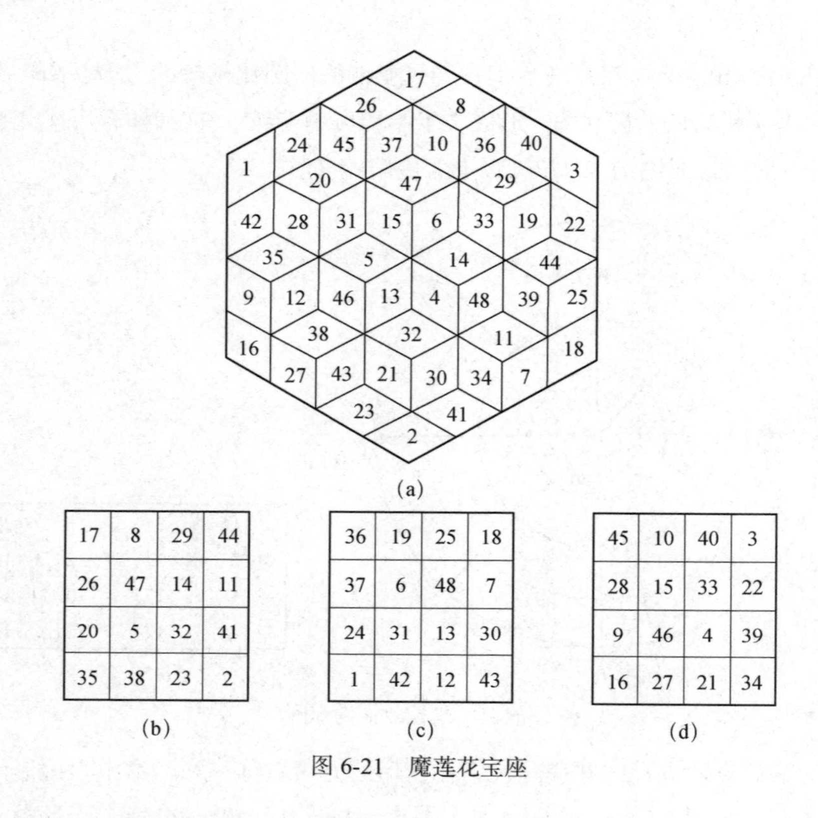

(a)

17	8	29	44
26	47	14	11
20	5	32	41
35	38	23	2

(b)

36	19	25	18
37	6	48	7
24	31	13	30
1	42	12	43

(c)

45	10	40	3
28	15	33	22
9	46	4	39
16	27	21	34

(d)

图 6-21　魔莲花宝座

6.4　富兰克林的八轮幻圆

富兰克林既是政治家、外交家，又是科学家、发明家，还是个十足的“幻方迷”。他除了设计出许多精巧的高阶幻方外，还设计出了一个十分复杂而巧妙的幻圆，称之为“圆的幻圆”（the magic circle of circles），我国台湾学者称之为“八轮幻圆”，如图 6-22 所示。图中既有许多同心圆，又有许多偏心圆，让人看上去眼花缭乱。我们先不去管那些偏心圆，看一下除中心的数字 12 外，其他 12—75 这 64 个数在被 9 个同心圆和 4 条 8 等分整个圆的直径所围成的 64 个环形区域中的分布，就可以发现它们有多种对称性。

（1）在两条垂直半径（A 和 C）两侧的 2 个相邻扇区及 2 条水平半径（B 和 D）上侧和下侧的 2 个相对扇区中，2 个环内的 2 个数之和均为 87。

（2）如果我们从中心出发向外数，把由内到外的环分别叫作 1 环，2

环，3 环，…，8 环，那么我们看到，第一象限两个扇形的奇数环中的 2 个数之和均为 135，偶数环中的 2 个数之和均为 39；第二象限的两个扇形则正好与之相反，偶数环中的 2 个数之和均为 135，奇数环中的 2 个数之和均为 39。

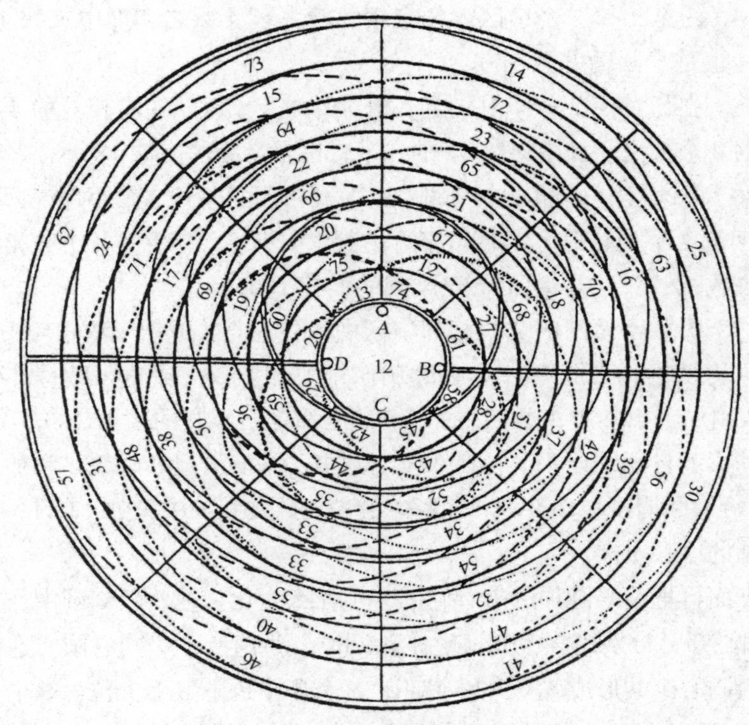

图 6-22　富兰克林的八轮幻圆

（3）第三象限与第四象限的情况与之类似，但第三象限 2 个扇区奇数环中 2 个数之和均为 71，偶数环中 2 个数之和均为 103，第四象限是偶数环中 2 个数之和均为 71，奇数环中 2 个数之和均为 103。

（4）类似地，半径 B 两侧相邻 2 个扇区中，奇数环 2 个数之和均为 119，偶数环中 2 个数之和均为 55；半径 D 两侧相邻 2 个扇区则刚好相反，偶数环 2 个数之和均为 119，奇数环中 2 个数之和均为 55。

由于数字分布有以上各种对称性，八轮幻圆呈现出以下奇特性质。

（1）任意相邻 2 个同心圆所围成的环内的 8 个数之和均等于 348，加上中央数 12，恰为 360，是圆周度数。

（2）每个扇区内的 8 个数之和加中央数 12，也等于圆周度数 360。

（3）若将八轮幻圆以水平中轴线将之分为上下两半，则任意相邻同心半圆所围成的半环内的 4 个数之和均为 174，加上中央数 12 的一半，恰为 180，是半圆的度数。

（4）任意相邻 2 个扇区内任意相邻的 2 环 4 数之和加中央数 12 的一半，也是半圆的度数 180。

（5）在任意一个整环内，上下相对的 4 个小环及左右相对的 4 个小环内的 4 个数之和加中央数 12 的一半，也是半圆的度数 180。

（6）从半径 A 两侧 2 个相邻扇区中取相邻的任意 2 个小环，再从半径 C 两侧 2 个相邻扇区中取相邻的任意 2 个小环，其中的 4 个数相加再加中央数 12 的一半，也都等于半圆的度数 180。

（7）从半径 B 两侧 2 个相邻扇区中取任意奇（或偶）数号环中的 2 个数，再从半径 D 两侧 2 个相邻扇区中取任意偶（或奇）数号环中的 2 个数相加，再加中央数 12 的一半，也都等于半圆的度数 180。

请读者自行统计一下，在八轮幻圆中，有多少组 8 个数之和加中央数 12 恰为圆周度数 360，又有多少组 4 个数之和加中央数 12 的一半恰为半圆的度数 180。

下面再把偏心圆加进来看它们产生什么变化。在八轮幻圆中，共有 4 组偏心圆，分别以 A、B、C、D 为圆心，每组有 6 个同心圆。这样，这 4 组同心圆共形成 4×5=20 个环，每个环中也不多不少包含 8 个数，8 个数之和再加中央数 12，也都是 360。以 A 为圆心的那组偏心圆为例，它由内向外 5 个环中的数分别是（21，68，28，45，42，59，19，66），（65，18，51，43，44，36，69，22），（23，70，37，52，35，50，17，64），（72，16，49，34，53，38，71，15），（14，63，39，54，33，48，24，73），和均为 348，加中央数 12，恰为 360。以 B、C、D 为圆心的其他 3 组偏心圆也都如此。这样，我们看到，富兰克林的八轮幻圆中除中央数 12 外的 8×8=64 个数，不但被 9 个主圆的 8 个环均匀分割成和为 348 的 8 组，同时还被 4 组偏心圆均匀分割成和也是 348 的 4×5=20 组，真可谓匠心独具。尤其令人惊叹的是，如果把这些由偏心圆形成的环以八轮幻圆的主水平中轴线一分为二的话，上、下半环（对于以 B、D 为圆心的同心圆而言是对称和等大的；对于以 A、C 为圆心的同心圆而言是不对称且一大一小的 2 个半环）中 4 个数之和再加中央数 12 的一半，也都等于 180。仍以 *A* 为圆心的那组偏心圆为例，水平中轴线把它分割成的上部半个大环中的数由内向外分别是（19，66，21，68），（69，22，65，18），（17，64，23，70），（71，15，72，16），（24，73，14，63）；下部半个小环中则是（28，45，42，59），（51，43，44，36），（37，52，35，50），（49，34，53，38），（39，54，33，48），和均为 174，加中央数 12 的一半，都是 180。其他 3 组偏心圆环也都如此，真匪夷所思。

需要指出的是，书中的这个八轮幻圆来自英文版图书。正如杨辉的"聚 6 图"在流传过程中产生了错误一样，这个图中也有 1 个错误，即第四象限靠近垂直半径那个扇区中的最外层的 2 个数 41 与 47 应该对调一下。还需要指出的是，八轮幻圆加上 4 组偏心同心圆以后的图案十分复杂，难以分辨，偏心圆造成的上述效果很难看出来。《数学的奇妙》中含混地说八轮幻圆在互相缠结的圆之间的数的和也相同。台湾幼狮文化事业公司于 1982 年出版的《幼狮数学大辞典》干脆把这些偏心圆都略去了。倒是在富兰克林去世后不久的 1795 年出版的 4 卷本《数学与哲学辞典》（*A Mathematical and Philosophical Dictionary*）[①]中对此才有详尽说明，笔者也是通过它才终于弄清富兰克林八轮幻圆的种种奥妙的。

6.5 幻星

在幻圆以外，变形幻方中最常见的就是各种各样的幻星了。幻星（magic star）就是在星形几何图案的顶点和交点处布数，使其每条边上的若干个数之和相等。最著名的幻星是如图 6-23 所示的六角幻星。这个幻星 9 条边上的 5 个数之和都等于 46。此外，它还是严格对称的：每 2 个相对顶点上的 2 个数之和均为 7[②]；中央六边形中，相对顶点和相对边中点 2 个数之和

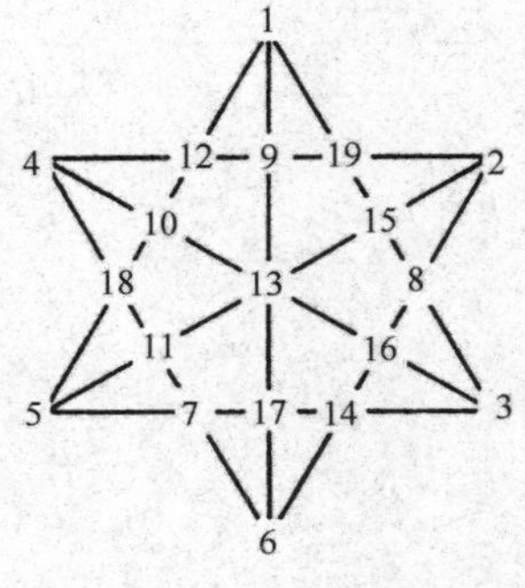

图 6-23 六角幻星

① 2000 年由 Thoemmes Press 重印。
② 这恰和骰子上数的分布一样：骰子上相对 2 面上 2 数之和为 7。

均为 26，位于中央的数则是 13[①]。在犹太人的民间传说中，死人的灵魂叫作“恶灵”（Dybbuk），可以回到人间进入活人的身体并占有这个活人的身体。希伯来人有种神秘的召唤“恶灵”的宗教仪式，在这种仪式上就要用到前面介绍的六角幻星。

下面我们介绍一种比较简单的六角幻星——对顶角之间没有连线的六角形。在这样的六角形中，每条边的 2 端加上它与其他边的 2 个交点，可以放 4 个数，共有 6 条这样的边，要用到 1—12，如何分布可以使这 6 条边上的 4 个数之和都相等？解决这个问题不难，而且可能的布局（不考虑旋转和反射）有 80 种之多，其中有 12 种不但 6 条边上的 4 个数之和是 26，外围 6 个顶点的 6 个数之和也是 26，如图 6-24(a)所示。另外有 6 种则不但每条边上的 4 个数之和是 26，组成六角星的 2 个互相倒扣的大三角形的 3 个顶点之和也是 26，这 2 个三角形相交形成的中央六边形的 6 个顶点之和也是 26。图 6-24(b)给出了其中的一个，读者不妨找找其他几个。不管形成具有什么性质的幻六角星，但有一点是共同的，即 2 个大三角形 3 个顶点上的数之和必相等。这一点我们可以证明如下［图 6-24(c)］，设幻方常数为 M，则有

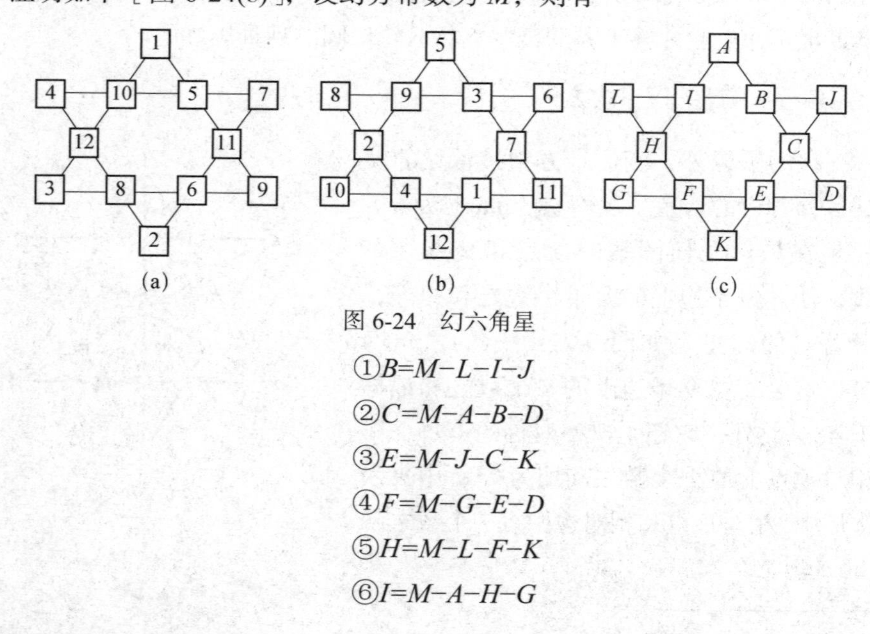

图 6-24　幻六角星

①$B=M-L-I-J$

②$C=M-A-B-D$

③$E=M-J-C-K$

④$F=M-G-E-D$

⑤$H=M-L-F-K$

⑥$I=M-A-H-G$

① 13这个数在西方被认为是不吉利的，被叫作“魔鬼数”（evil number）。

将①式代入②式得到 C 的一个新的表达式，把它代入③式得到 E 的一个新的表达式，把它代入④式……最后获得 I 的一个新的表达式

$$⑦I=I+2(L+J+K)-2(A+G+D)$$

$$\therefore L+J+K=A+G+D$$

由此可见，只要是幻六角星，2 个倒扣的大三角形的 3 个顶点之和必相等。

读者可能要问，要说“星”，我们最熟悉、见得最多的是五角星，为什么不说说“幻五星”？原来，用连续数组成正规的五角幻星是不可能的。让我们先来证明这一点。对五角星而言，每条线在两端和另外 2 条线相交，在中间和另外 2 条线相交，即每个点都在 2 条线上。这样，如果用 1—10 可以组成幻星的话，5 条线上的各 4 个数之和，也就是幻和的 5 倍，应等于这 10 个数之和的 2 倍。因此幻和 $M=\frac{2}{5}(1+2+3+\cdots+10)=22$。下面我们来看 2 种情况。

（1）对于包含 1 的 2 条线而言，其他 6 个数的和应为 42。由于 9+8+7+6+5+4=39，不足 42，可见必须以 10 代替 4、5、6 中的一个，即 10 必须在这 2 条线上。

（2）对于包含 2 的 2 条线而言，其他 6 个数的和应为 40。与上面的理由一样，10 必须在这 2 条线上。

设 L_1 包含 1 和 10，L_2 包含 2 和 10，则 L_1 上的其余 2 个数只有（3，8），（4，7）或（5，6）3 种情况，而 L_2 上其余 2 个数只有（3，7）或（4，6）2 种情况。由于这 2 条线只能相交 1 次，因此 L_1 和 L_2 上数的分布只有 2 种可能，一种是 L_1 为（1，10，3，8），L_2 为（2，10，4，6）；另一种是 L_1 为（1，10，5，6），L_2 为（2，10，3，7）。现设第三条线 L_3 是包含 3（当然不会再包含 10）的，则对于上述 L_1、L_2 组合的第一种可能，L_3 必须包含 L_2 中不是 10 的某个数，即 2、4、6 中的一个；而 L_1 中也有 3，因此 1、3、8 这 3 个数都不可能再出现在 L_3 上。也就是说，L_3 上有 3，还有一个数最大是 6，两者相加为 9，而另 2 个数只能是 5、7，无法形成幻和，所以是不可能的。

再看对于 L_1、L_2 组合的第 2 种可能，L_3 上唯一可能的组合是（3，6，4，9），与 L_1 共有 6。这时我们假设有第四条线 L_4 包含 4，但不包

含 3。这样 L_4 中必须包含 8，因为它不在 L_1、L_2、L_3 中，而每个数必须出现在 2 条线上。另外，L_4 中必须包含 1 或 5，因为它必须与 L_1 相交，而 L_1 中的 10 已与 L_2 共有，6 已与 L_3 共有；L_4 中必须包含 2 或 7，因为它也必须与 L_2 相交，而 L_2 中的 10 已与 L_1 共有，3 已与 L_3 共有。不管取哪种可能组合，即（4，8，1，2），（4，8，1，7），（4，8，5，2），（4，8，5，7），其和均不等于幻和，至此可证明用 1—10 是不能构成五角幻星的。

在用连续数不能构成五角幻星的情况下，我们只能用非连续数去构成五角幻星了。这样的幻星依然可以五彩斑斓。图 6-25(a)用 1—6、8—10 和 12，中间舍弃了 7 和 11，幻和为 24。用这组数可以构成 12 种不同结构的五角幻星。图 6-25(b)是用素数构成的五角幻星，幻和为 84；而图 6-25(c)是用 10 个连续素数组成的最小可能的五角幻星，幻和是 55 816。

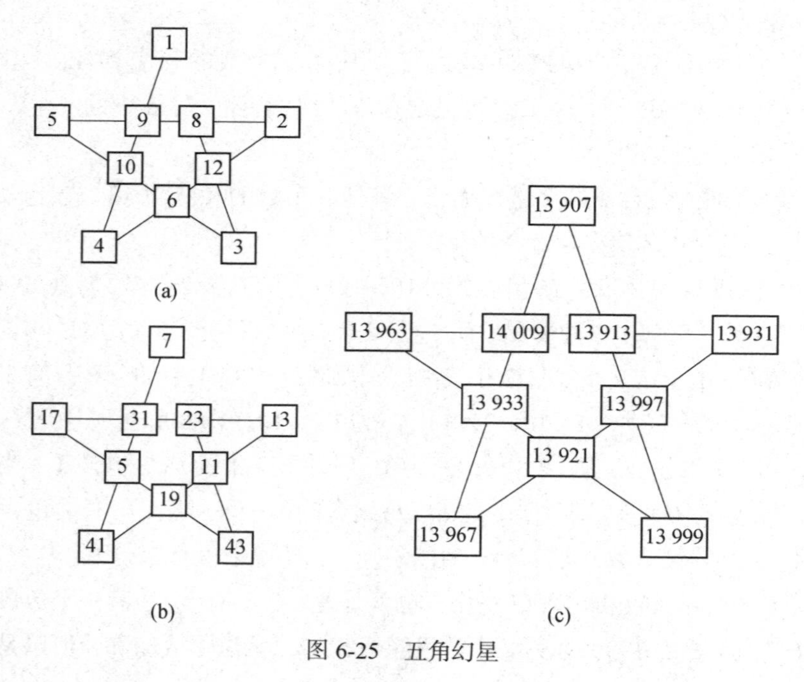

图 6-25　五角幻星

6.6　幻矩形

所谓幻矩形是指 $n \cdot m$ 的数字阵列，具有某些特殊的数学性质。看起来，幻矩形的构成似乎比其他变形幻方容易，但实际上却很难，因此能见到的设计精巧的幻矩形远少于其他变形幻方（如幻圆、幻星等）。图 6-26 给出的是为数不多的幻矩形中较成功的一个，它是一个 4×8 的方阵，填入 1—32，每列 4 个数之和均为 66，而每行 8 个数之和则均为 132，恰为 66 的 2 倍。此外，其左右两半 2 个 4×4 方阵 2 条对角线上的 8 个数之和则都是 132。这是目前已知的对称性最好的幻矩形，是谁发明的已不得而知。它的构成与幻方的连续摆数法有些近似。

1	10	11	29	28	19	18	16
9	2	30	12	20	27	7	25
24	31	3	21	13	6	26	8
32	23	22	4	5	14	15	17

图 6-26　幻矩形

6.7　魔蜂窝

魔蜂窝（图 6-27）在西方被叫作 magic hexagon，但我们认为把它叫作“魔蜂窝”更形象和直观。这是由 19 个六边形组成的一个蜂窝状的阵列，里面填入 1—19，使得每条直线（垂直、左斜或右斜的每条直线上包括 3 个、4 个或 5 个数）的数字之和都等于 38，因此共有 15 组幻和，相当于 19 子做 49 子用。魔蜂窝的来历有 2 种不同的说法。一种说法是：它最早由英国马恩岛（Isle of Man）上一所叫 Andreas School 的学校的一名教师拉得克利夫（W. Radcliffe）在 1895 年发明，并以“38 之谜”（38 Puzzle）为名进行了专利申请，在英国和美国获得专利权。但是他的市场开发不成功，逐渐被湮没了。60 年以后，一个叫威克斯（T. Vickers）的人重新发现了魔蜂窝，将之公布在 1958 年 12 月出版的《数学杂志》（*The Mathematical Gazette*）上。另一种说法是，魔蜂窝由一个叫亚当斯（C. W.Adams）的铁路工人花了 50 多年的时间发明的。亚当斯就职于伦敦以西约 80 公里处的雷丁铁路公司（Reading Railroad Co.），是一个业余的数学迷，从 1910 年就开始

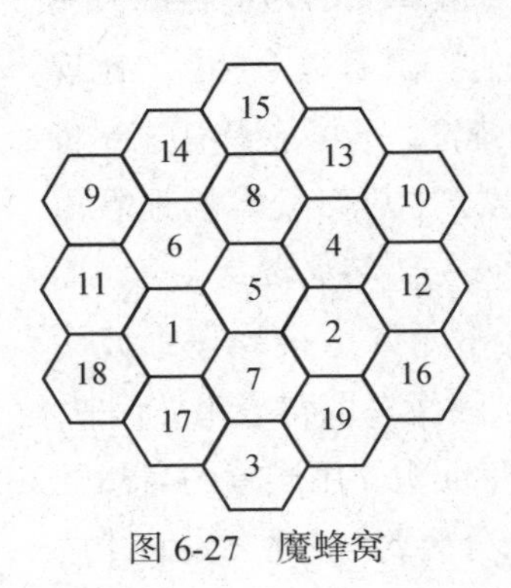

图 6-27　魔蜂窝

琢磨构造魔蜂窝。为此，他用纸板剪了 19 块六角形，在上面写上 1—19，一有空就摆弄，但始终没有成功。退休以后，他有了更多空余时间，就更致力于魔蜂窝的开发，甚至在病床上也继续摆弄他的 19 块纸板，直至 1957 年在医院里摆成了魔蜂窝。这使他欣喜若狂，连忙用纸把魔蜂窝记录下来。但没有想到的是，他在出院的时候把记录魔蜂窝的纸片给弄丢了。在懊丧之余，他试图继续把魔蜂窝恢复出来，这一试又花费了他 5 年时间，直到 1962 年 12 月他偶然在一本书中找到了自己记录魔蜂窝的纸片，才赶紧把它寄给著名的娱乐数学专家加德纳（M. Gardner），使之公诸于世。在笔者看来，这两种说法都是真的，这说明魔蜂窝是一项同时发明，就像集成电路是基尔比（J. Kilby）和诺伊斯（R. Noyce）两个人同时独立发明的一样。

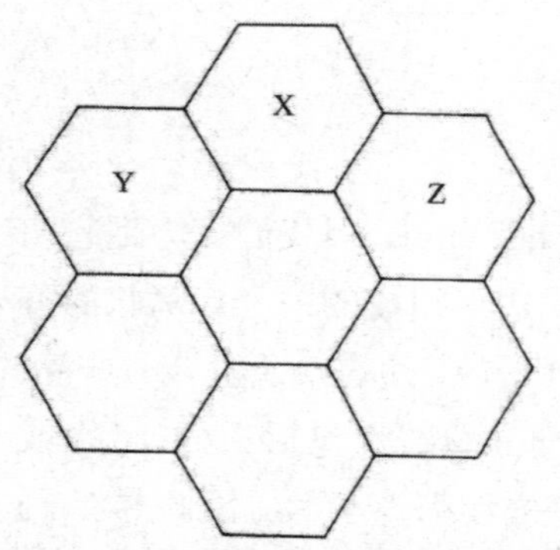

图 6-28　d=3 的蜂窝不可能成为魔蜂窝的证明

魔蜂窝公布以后，引起人们极大的兴趣，许多人想构造出新的魔蜂窝。所谓新的魔蜂窝，一指同样大的蜂窝，但有不同的数字分布；二指构造更大的魔蜂窝，如在已有魔蜂窝的四周再添一圈 18 个蜂窝，让它仍具有以上特性。比现有魔蜂窝小的蜂窝，不可能具有这一特性，这从图 6-28 中可以很容易地看出来：要使 $x+y=x+z$，势必要使 $y=z$，而一个蜂窝中是不允许 2 个蜂巢中放同样的数的。但人们在构造新魔蜂窝方面的努力始终没有取得成果。后来，洛杉矶的数学家特里格（C. W. Trigg）在 1963 年证明，用连续的自然数 1，2，3，…能构成的魔蜂窝“只此一家，别无分店”。至此，人们才放弃在这方面做无效的努力。特里格的证明方法如下：

对于直径为 d 的蜂窝（d 只能取奇数），蜂巢的个数为 $\frac{3d^2+1}{4}$ 个，因此填入其中的数为 $1—\frac{3d^2+1}{4}$，其和为

$$\frac{1}{2}\left(\frac{3d^2+1}{4}\right)\left(\frac{3d^2+5}{4}\right)=\frac{1}{32}(9d^4+18d^2+5)$$

因此，每列上的数之和应为

$$\frac{1}{32}\left(9d^3+18d+\frac{5}{d}\right)$$

显然只有 d=5 时，该数为正整数。因此魔蜂窝只有 d=5 的一种。

特里格的证明当然是正确的，但并不完美，因为他只证明了 $d\neq5$ 的魔蜂窝不存在，但未证明 d=5 的魔蜂窝有唯一的数字分布。

1969 年，滑铁卢大学 2 年级的学生阿莱尔（F. Allaire）给出了一个更加出色的证明，为魔蜂窝的研究画上了一个完美的句号。对阿莱尔的证明感兴趣的读者可以参阅《数学珍宝》（第一卷）（*Mathematical Gems I*）。这里需要指出的是，17 世纪的朝鲜数学家 Choe Sok-Chong（1646—1715）就曾经发明过一个不完整的魔蜂窝，见图 6-29。在他的这个缺少 2 侧 2 个蜂巢的蜂窝中，他在每个蜂巢的各个顶点上都放了 1 个数。这样，5 个蜂巢共有 20 个数，从 1—20，而每个蜂巢周边 6 个数之和均为 63，构思也十分精巧①。

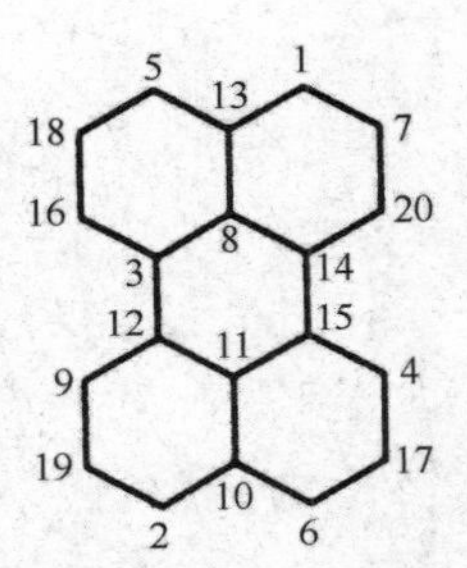

图 6-29 朝鲜数学家 Choe Sok-Chong 于 17 世纪发明的魔蜂窝

6.8 幻环

幻环也是变形幻方中的一种。所谓幻环，就是若干个圆以某种方式相交，在其分割出的空间中分布自然数，使其符合一定条件（通常是位于各个圆中的若干个数之和相等）。幻环的种类很多， 也有许多构造方法，我们在这里只介绍由几个同样大小的圆相交所构成的幻环，更多的幻环可以参阅昆明理工大学杨高石教授编著的《幻环探秘》。

图 6-30 是一个国庆五十五周年纪念幻环。这个幻环是由 8 个圆相交形成的，形状像一朵盛开的玫瑰，非常美丽。8 个圆相交分割出 57 个空间，填入 1—57。它的巧妙之处是位于中心的正好是中华人民共和国

① 参阅英国数学史学会前主席 Ivor Grattan-Guinness 所著 *The Rainbow of Mathematics*，W.W.Norton & Co.，1997。

成立五十五周年的周年数 55，而其下对称分布着 1949 和 2004，以及表示“十一”国庆的 10 和 1。每个圆中的 28 个数之和为 999，寓意国运长久。

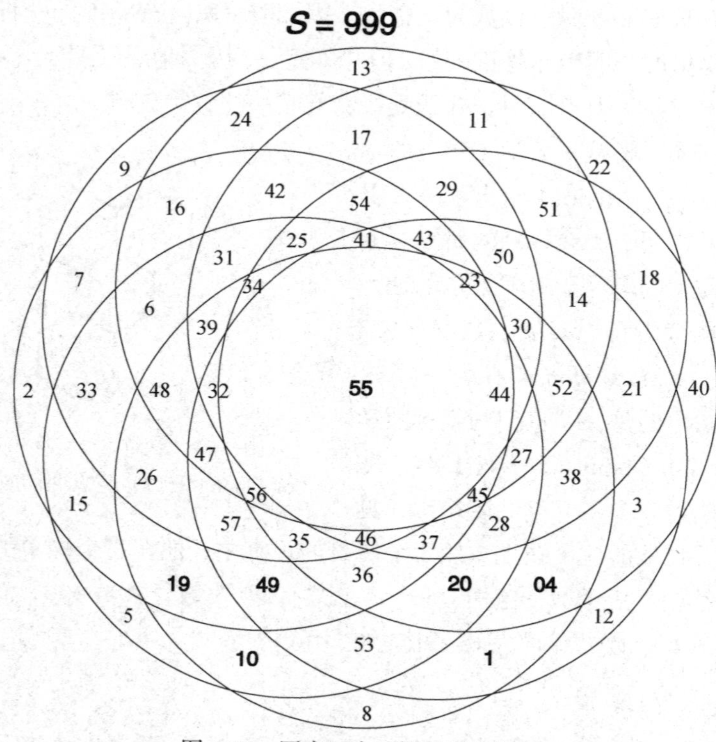

图 6-30　国庆五十五周年纪念幻环

2001 年 7 月 13 日，国际奥林匹克委员会在莫斯科召开的会议上投票决定北京为 2008 年的第 29 届奥林匹克运动会的举办城市，全国一片欢腾。在申办奥运会的过程中，杨高石先生为表达对申办奥运会的支持，以五环为背景，发起“幻五环”征解活动，引起全国中小学生的广泛兴趣，参加者踊跃，最后获得 4 组解答，如图 6-31 所示。其中，幻和为 11 和 14 的各有 1 个解，幻和为 13 的有 2 个解。申办奥运会成功后，杨高石先生和中国幻方研究者协会秘书长王忠汉先生把这 4 个幻五环制成铜质彩色纪念屏送给北京 2008 年奥林匹克运动会申办委员会。

图 6-31　幻五环

王忠汉先生后来又开发出如图 6-32 所示的北京奥运会纪念幻五环，其特点是：

（1）环中的 15 个数都是素数；

（2）每个圆中的 4 个数或 6 个数或 8 个数之和都是 2008，正是北京奥运会举办的年份。

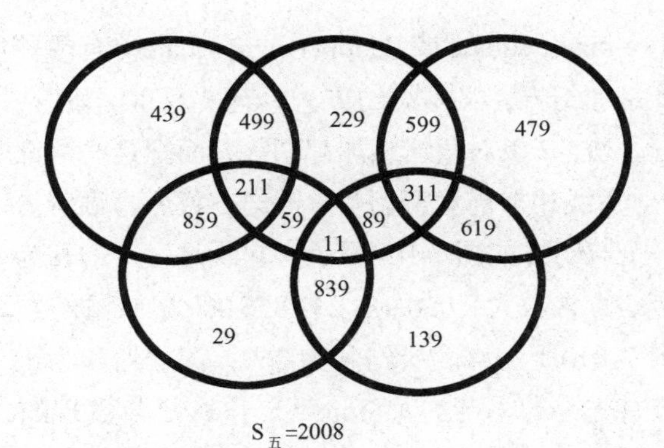

图 6-32　北京奥运会纪念幻五环

07 进一步的“幻中之幻”

人们认识事物总是由简到繁、由表及里，人们探索自然和科学中的奥秘也总是由浅到深、由低级到高级。对幻方的认识和研究也是这样。在第 4 章中，我们介绍了一些“幻中之幻”，是在普通幻方的基础上加入了一些新的特性，如对称幻方、泛对角线幻方、以棋步形成的幻方等。这一章，我们要进一步介绍一些“幻中之幻”，其复杂程度要比第 4 章中介绍的幻方高出许多。

7.1 双幻方

双幻方（bi-magic square 或 doubly magic square）有两种含义，一种是指某个幻方既是加幻方，又是乘幻方，具有“双重国籍”；另一种是指幻方中的数按行、列、2 条对角线相加都相等，而把这些数都取平方后再按行、列、2 条对角线相加仍然都相等，即幻方背后隐藏着另一个幻方。前一种含义的一个双幻方如图 7-1(a)所示，它既是一个幻和为 840 的加法幻方，又是一个幻方常数为 2 058 068 231 856 000 的乘法幻方。后一种含义的双幻方如图 7-1(b)所示，表层幻和为 260，深层幻和为 11 180。后一种含义的双幻方首先是弗洛劳夫（Frolow）于 1892 年发现的，引起众多数学家的兴趣。到 1901 年，赖利已给出 200 多个双幻方，并且证明 8 阶以下不可能有这样的双幻方。但图 7-1(b) 中的 8 阶双幻方是肖茨（M.H.Schots）发现的。图 7-2 中我们给出了由杜德尼发现的又一个双幻方，其表层的幻和也是 260，它的每个数取平方后所形成的深层幻方的幻和也为 11 180。但值得注意的是，这个幻方中的 16 个 2×2 小方阵中的两条对角线上的数字之和均为 65，因此还是一个半泛对角线幻方，而且这 16 个小方阵的 4 个数之和也都相等。但它不是一个对称幻方，因此可称之为“几乎最完美的幻方”（almost most perfect magic square）的双幻方。

图 7-3 给出了一个 9 阶对称的双幻方，是由希思（R.V.Heath）发现的。它的表层幻方的幻和是 369，而深层幻方的幻和是 20 049。图 7-3 中这个幻方中的数是以 9 进制形式给出的。这样，这个幻方同时也是一个拉丁方（Latin square），即所有行、列、2 条主对角线上的“个位数”和“十位数”都不重复地同时出现 0—8 这 9 个数字。读者当不难把它恢复为十进制形式的数。

46	81	117	102	15	76	200	203
19	60	232	175	54	69	153	78
216	161	17	52	171	90	58	75
135	114	50	87	184	189	13	68
150	261	45	38	91	136	92	27
119	104	108	23	174	225	57	30
116	25	133	120	51	26	162	207
39	34	138	243	100	29	105	152

(a)

16	41	36	5	27	62	55	18
26	63	54	19	13	44	33	8
1	40	45	12	22	51	58	31
23	50	59	30	4	37	48	9
38	3	10	47	49	24	29	60
52	21	32	57	39	2	11	46
43	14	7	34	64	25	20	53
61	28	17	56	42	15	6	35

(b)

图 7-1 双幻方的两种含义

7	53	41	27	2	52	48	30
12	58	38	24	13	63	35	17
51	1	29	47	54	8	28	42
64	14	18	36	57	11	23	37
25	43	55	5	32	46	50	4
22	40	60	10	19	33	61	15
45	31	3	49	44	26	6	56
34	20	16	62	39	21	9	59

图 7-2 杜德尼的双幻方

76	82	64	15	27	00	41	53	38
11	23	08	46	52	34	75	87	60
45	57	30	71	83	68	16	22	04
62	74	86	07	10	25	33	48	51
03	18	21	32	44	56	67	70	85
37	40	55	63	78	81	02	14	26
84	66	72	20	05	17	58	31	43
28	01	13	54	36	42	80	65	77
50	35	47	88	61	73	24	06	12

图 7-3 9 阶对称双幻方

在双幻方的基础上，人们又进一步发现了“三次幻方”（trebly-magic square），即幻方中的数不但取平方后仍为幻方，取立方后也仍然是幻方。

在一个幻方背后，竟然还隐藏着 2 个进一步的幻方。构成这样的幻方当然十分困难。学术界原先认为三次幻方的阶不可能少于 64。但后来陆续有人构造出 32 阶乃至 16 阶的三次幻方。目前这方面的世界纪录是 12 阶，首先由德国学者特朗普（W. Trump）于 2002 年构成。2003 年 2 月，延安职业技术学院的高治源和西藏自治区地质调查院的潘风雏合作，一举编出 2 个 12 阶三次幻方。我们在这里给出其中的 1 个，见图 7-4。这个幻方的幻和为 870，各数取平方后的幻和为 83810，各数取立方后的幻和为 9082800。

18	6	34	65	105	53	92	40	80	111	139	127
17	20	63	94	31	120	25	114	51	82	125	128
79	41	22	144	33	83	62	112	1	123	104	66
19	86	76	23	142	78	67	3	122	69	59	126
46	91	117	13	68	134	11	77	132	28	54	99
102	49	8	71	106	133	12	39	74	137	96	43
129	116	98	87	84	7	138	61	58	47	29	16
52	115	119	136	45	38	107	100	9	26	30	93
131	48	141	70	35	88	57	110	75	4	97	14
113	121	64	72	2	36	109	143	73	81	24	32
108	42	101	5	124	85	60	21	140	44	103	37
56	135	27	90	95	15	130	50	55	118	10	89

图 7-4　中国学者创造的 12 阶三次幻方

7.2　幻立方（魔方）

20 世纪 70 年代末到 80 年代初，世界上曾经风行一种由匈牙利学者发明的智力玩具——魔方。它是由 3×3×3 个小方块组合在一起但能在各个方向转动的立方体，每个小立方体的表面涂上不同的颜色，要求把大立方体的 6 个表面都转成同一个颜色。我们这里的魔方（或叫幻立方）是指 $n \cdot n \cdot n$ 的三维幻方，其 n^2 个行、n^2 个列、n^2 个纵列及 4 条空间对角线上的 n 个数之和都相等，叫“基本魔方”或叫“半完美魔方”（semiperfect magic cube）；如果 3 个方向上的每个横截面本身就是幻方，即不但行、列上的 n 个数之和等于幻和，其 2 条主对角线也都等于幻和，那么就叫作“完美魔方”(perfect magic cube)。显然，不管是半完美魔方还是完美魔方，魔方的幻和都应等于 $\frac{1}{2}n(n^3+1)$；半完美魔方中有 $3n$ 个平面半幻方，满足幻和的 n 数之和有 $3n^2+4$ 组，完美魔方则有 $3(n+2)$ 个平面幻方（除了水平、垂直、纵切 3 个方向上各有 n 个外，通过立方体每对相对边的截面也是一个幻方），满足幻和的 n 数之和有 $3n^2+6n+4$ 或 $3n(n+2)+4$。

可以证明，不管是半完美魔方还是完美魔方，对于单偶阶［即阶 $n=2(2m+1)$］形式的情况是不存在的，而对奇数阶及双偶数阶（$n=2\cdot2m$），人们已经找出了构造的方法，而且从数学上给予了一般的证明。由于比较繁复，我们这里就不介绍了，有兴趣的读者可参阅鲍尔的娱乐数学名著[①]。下面我们由低阶到高阶介绍几个有趣的魔方。

图 7-5 所示是一个最简单的 3 阶基本魔方，幻和为 42，共 31 组。图中把魔方分解成顶层、中间层和底层 3 层展示。已经证明，构成 3 阶和 4 阶完美魔方是不可能的。

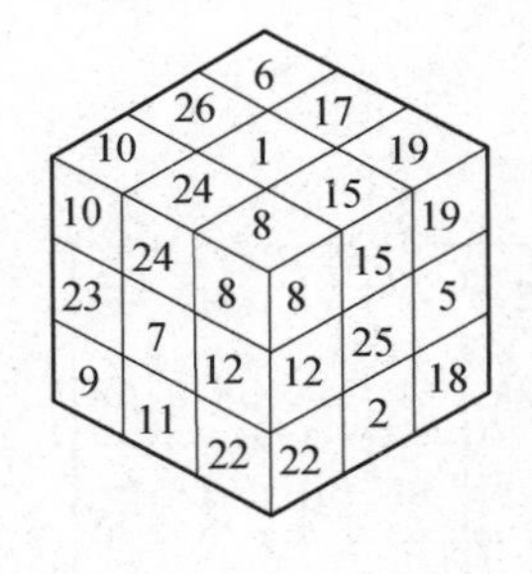

10	24	8
23	7	12
9	11	22

26	1	15
3	14	25
13	27	2

6	17	19
16	21	5
20	4	18

图 7-5　3 阶基本魔方

3 阶魔方不可能是完美的可用反证法证明如下：设有 3 阶完美魔方，取平行于该立方体表面的任一方阵，设它的第一行中的 3 个数是 A、B、C，第三行中的 3 个数是 D、E、F，第二行中间的一个数是 X。因为 3 阶魔方的幻和为 42，它又是完美的，所以必有以下等式

$$A+B+C=42$$

$$D+E+F=42$$

① Ball W W R. Mathematical Recreations and Essays. London：Macmillan & Co.，1956: 217-221。

$$(A+X+F)+(C+X+D)+(B+X+E)=3\times 42$$

$\therefore\quad 3X+(A+B+C)+(D+E+F)=3\times 42$

由此，$3X=42$，$X=14$

注意，我们以上的讨论是针对魔方中的任意截面进行的，因此结论适用于魔方中的任意截面。也就是说，魔方中任意截面的正中元素都应取值 14。但按规定，魔方中的任意一个数都不能重复出现，这就证明了 3 阶完美魔方是不可能存在的。

图 7-6 所示是一个 4 阶基本魔方，幻和为 130。它虽然不是一个完美魔方，却是一个泛对角线魔方（pan-diagonal magic cube），因为它不但有基本魔方的 $3\cdot 4^3+4=196$ 个行、列、纵列、对角线等于幻和，还有一批空间的折对角线（space broken diagonal）上 4 个数之和也等于幻和。对于 4 阶魔方的情况，空间折对角线的形成有 2 种情况，一种是立方体的每个顶角同去掉这个顶角所在的 3 个方向上的 3 个层面后，留下的那个 3×3×3 的小立方体的 4 条对角线，形成 4 条空间折对角线。8 个顶角共形成 32 条这样的空间折对角线。我们下面只给出其中的一组，读者可以自行写出其他 7 组

（43，1，22，64），（43，13，22，52）

（43，61，22，4），（43，49，22，16）

60	37	12	21	7	26	55	42	57	40	9	24	6	27	54	43
13	20	61	36	50	47	2	31	16	17	64	33	51	46	3	30
56	41	8	25	11	22	59	38	53	44	5	28	10	23	58	39
1	32	49	48	62	35	14	19	4	29	52	45	63	34	15	18

图 7-6　4 阶泛对角线魔方

形成空间折对角线的另一种情况是：把 4×4×4 的立方体看成是由上下各 4 个 2×2×2 的小立方体组成的，上下左右前后相对的 2 个小立方体的每 2 条空间平行的对角线形成空间折对角线。这样就有 4×4=16 条这样的空间折对角线。下面我们也只写出其中的一组，读者可以自行写出其他 3 组

（54，33，11，32），（43，64，22，1）

（30，9，35，56），（3，24，62，41）

可以看出，第一种折对角线的每组中有 2 个数是相同的，而第二种折对角线中的数全是不同的。

为了使读者对空间折对角线的构成有一个比较具体的概念，我们把上述 4 阶泛对角线魔方画成立体形式，如图 7-7（层面次序与图 7-6 不同）所示。类似于平面的泛对角线幻方，如果把相同的泛对角线魔方上下左右前后一个个排列起来，那么任取其中的 4×4×4 的立方体仍将是一个泛对角线魔方，任取一根长度为 4 的对角线，其上数字之和将等于幻和。

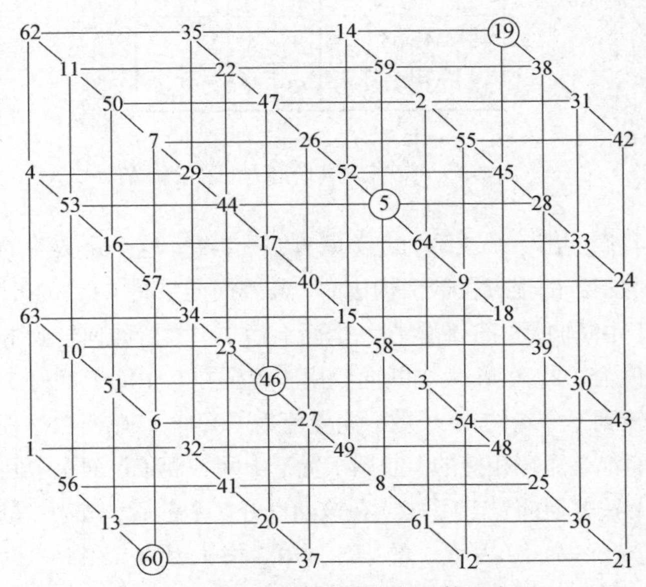

图 7-7　4 阶泛对角线魔方的立体示意图

图 7-8 给出的也是一个 4 阶的泛对角线魔方，但非常有趣的是，把立方体的Ⅰ、Ⅱ、Ⅲ、Ⅳ4 层分解成 4 面铺在一个平面上，竟然形成了一个 8 阶幻方。这个幻方还有一个特点，即间隔着在任意行、列、对角线上取 4 个数之和都等于 4 阶幻方的幻和 130。这个 4 阶魔方优于前述的 4 阶魔方：图 7-8 的 4 个层面（即 8 阶幻方的上下左右 4 块）上，每个层面本身都是一个完整的 4 阶幻方，不但行和列，2 条对角线上的数字之和也等于幻和，也就是说，作为同样的泛对角线魔方，这个魔方比

前面那个魔方要多出 8 条等于幻和的直线，总数达到 252 条。这个魔方也是海斯发明的。

Ⅰ				Ⅱ			
1	8	61	60	48	41	20	21
62	59	2	7	19	22	47	42
52	53	16	9	29	28	33	40
15	10	51	54	34	39	30	27
32	25	36	37	49	56	13	12
35	38	31	26	14	11	50	55
45	44	17	24	4	5	64	57
18	23	46	43	63	58	3	6
Ⅲ				Ⅳ			

图 7-8　可以组成 4 阶魔方的 8 阶幻方

下面我们给出一个 7 阶的完美魔方（图 7-9）。这个奇数阶的魔方是用类似于普通幻方的连续摆数法构成的，其普通向量是（1，−2），中断向量有 2 个，小中断向量用于确定在一个面上摆 7 个数后如何转到下一面的摆数，向量值为（2，0）；大中断向量用于确定在 7 个面上摆好 7×7=49 个数后如何转到下一轮的 49 个数，向量值为（0，1）。在摆数过程中，设想行、列、面都是循环相接的。起始 1 置于中间一面（Ⅳ面）中间一列的最上一格后，按普通向量（1，−2）在该面摆好 7 个数后，按小中断向量（2，0）将 8 置于下一面（Ⅴ面）的第 5 列第 3 格（因为 7 在上一面的第 3 列第 3 格），开始下一组 7 个数的摆放。按上述办法摆好 49 个数后，按大中断向量（0，1）将 50 置于Ⅲ面 49 的下方，开始下一轮的大循环，直至把 343 个数全部摆好，一个 7 阶的完美魔方就形成了。在这个完美魔方中，总共有 27 个 7 阶完全幻方，有 193 组 7 数之和为 1204。

从以上说明来看，奇数阶魔方的构成似乎不难。但偶数阶魔方的情形有所不同。例如，你能看出图 7-10 所给出的 8 阶魔方是怎样构成的吗？8 阶魔方早在 1875 年就被发现了，但作者却没有留下姓名。这个图上的 8 阶魔方是 1970 年由美国宾夕法尼亚州当时年仅 16 岁的高中生迈尔斯（Myers）独立发现的。这个魔方有许多奇异的性质：

Ⅰ

322	87	153	261	33	141	207
29	144	210	318	90	149	264
86	152	260	32	147	206	321
143	209	317	89	148	263	35
151	266	31	146	205	320	85
208	316	88	154	262	34	142
265	30	145	204	319	91	150

Ⅱ

100	215	323	95	161	269	41
157	272	37	103	211	326	98
214	329	94	160	268	40	99
271	36	102	217	325	97	156
328	93	159	267	39	105	213
42	101	216	324	96	155	270
92	158	273	38	104	212	327

Ⅲ

277	49	108	223	331	54	162
334	50	165	280	45	111	219
48	107	222	330	53	168	276
56	164	279	44	110	218	333
106	221	336	52	167	275	47
163	278	43	109	224	332	55
220	335	51	166	274	46	112

Ⅳ

62	170	285	1	116	231	339
119	227	342	58	173	281	4
169	284	7	115	230	338	61
226	341	57	172	287	3	118
283	6	114	229	337	60	175
340	63	171	286	2	117	225
5	113	228	343	59	174	282

Ⅴ

232	298	70	178	293	9	124
289	12	120	235	301	66	181
297	69	177	292	8	123	238
11	126	234	300	65	180	288
68	176	291	14	122	237	296
125	233	299	64	179	294	10
182	290	13	121	236	295	67

Ⅵ

17	132	240	306	71	186	252
74	189	248	20	128	243	302
131	239	305	77	185	251	16
188	247	19	127	242	308	73
245	304	76	184	250	15	130
246	18	133	241	307	72	187
303	75	183	249	21	129	244

Ⅶ

194	253	25	140	199	314	79
202	310	82	190	256	28	136
259	24	139	198	313	78	193
309	81	196	255	27	135	201
23	138	197	312	84	192	258
80	195	254	26	134	200	315
137	203	311	83	191	257	22

图 7-9　一个 7 阶完美魔方

Ⅰ

19	497	255	285	432	78	324	162
303	205	451	33	148	370	128	414
336	174	420	66	243	273	31	509
116	402	160	382	463	45	291	193
486	8	266	236	89	443	181	343
218	316	54	472	357	135	393	107
185	347	85	439	262	232	490	12
389	103	361	139	58	476	214	312

Ⅱ

134	360	106	396	313	219	469	55
442	92	342	184	5	487	233	267
473	59	309	215	102	392	138	364
229	263	9	491	346	188	438	88
371	145	415	125	208	302	36	450
79	429	163	321	500	18	288	254
48	462	196	290	403	113	383	157
276	242	512	30	175	333	67	417

Ⅲ

306	212	478	64	141	367	97	387
14	496	226	260	433	83	349	191
109	399	129	355	466	52	318	224
337	179	445	95	238	272	2	484
199	293	43	457	380	154	408	118
507	25	279	245	72	422	172	330
412	122	376	150	39	453	203	297
168	326	76	426	283	249	503	21

Ⅳ

423	69	331	169	28	506	248	278
155	377	119	405	296	198	460	42
252	282	24	502	327	165	427	73
456	38	300	202	123	409	151	373
82	436	190	352	493	15	257	227
366	144	386	100	209	307	61	479
269	239	481	3	178	340	94	448
49	467	221	319	398	112	354	132

Ⅴ

381	159	401	115	194	292	46	464
65	419	173	335	510	32	274	244
34	452	206	304	413	127	369	147
286	256	498	20	161	323	77	431
140	362	104	390	311	213	475	57
440	86	348	186	11	489	231	261
471	53	315	217	108	394	136	358
235	265	7	485	344	182	444	90

Ⅵ

492	10	264	230	87	437	187	345
216	310	60	474	363	137	391	101
183	341	91	441	268	234	488	6
395	105	359	133	56	470	220	314
29	511	241	275	418	68	334	176
289	195	461	47	158	384	114	404
322	164	430	80	253	287	17	499
126	416	146	372	449	35	301	207

Ⅶ

96	446	180	338	483	1	271	237
356	130	400	110	223	317	51	465
259	225	495	13	192	350	84	434
63	477	211	305	388	98	368	142
425	75	325	167	22	504	250	284
149	375	121	411	298	204	454	40
246	280	26	508	329	171	421	71
458	44	294	200	117	407	153	379

Ⅷ

201	299	37	455	374	152	410	124
501	23	281	251	74	428	166	328
406	120	378	156	41	459	197	295
170	332	70	424	277	247	505	27
320	222	468	50	131	353	111	397
4	482	240	270	447	93	339	177
99	385	143	365	480	62	308	210
351	189	435	81	228	258	16	494

图 7-10　8 阶完美魔方

①它是对称的，即魔方中任意对中心对称位置上的 2 个数之和均为 513。

② 魔方中每条正交线和对角线上的 8 个数之和均为 2052。

③魔方 8 个顶角上的 8 个数之和也是 2052，且魔方内任意对中心对称的矩形体的 8 个角上的 8 个数之和也是 2052。

④ 整个魔方可以分割成 64 个 2 阶的小立方体（2×2×2），每个小立方体内的 8 个数之和也是 2052。

⑤ 这个魔方中的数是从 1—512。如果从 511 开始顺序取其后的 511 个数，按相同分布规律组成进一步的 63 个魔方，连同原始的魔方，则可以构成一个 64 阶完满魔方。在此基础上，以相同方式又可以构成 512 阶魔方。依此类推，可以构成任意 8^n 阶魔方［n=1，2，3，…（n 取整数）］。

7.3 四维魔方

幻方从平面的二维发展到立体的三维后，没有停止脚步，继续向更高的维数进军。数学家亨德里克斯（J. R. Hendricks）先后开发出 3 阶、4 阶甚至 16 阶的四维魔方（4D tesseract）。图 7-11 是其中“最简单”的一个 3 阶四维魔方投影到二维平面上的示意图。由图可见，四维魔方由 8 个 3×3×3 的小立方体组成。在示意图中，正立方体被投影成立柱形式，正对着我们的 2 个立方体（以 1 和 50 及 44 和 57 分别为前后 2 个左顶角）的前后左右各有 1 个立方体，上下也各有 1 个立方体。每个立方体的上下、左右、前后 6 个外侧面分别与另外 1 个立方体共有，因此共形成 16 个顶点、32 条边。除了每个立方体的所有行、列、纵列、4 条对角线都是幻和 123 之外，相对顶点之间有 8 条连线（这也叫对角线吧！但是是四维立方体的对角线），它们是（1，81），（42，40），（61，21），（50，32），（44，38），（73，9），（14，68），（57，25）。这 8 条对角线相交于四维立方体的中心，恰好是 1—81 的中心数 41，因此这些对角线上的 3 个数之和也都是幻和 123。此外，四维立方体的 32 条边两两相对的边的中点的连线也都相交于四维立方体的中心，并形成幻和，如（72，10），（6，76），（56，26）等，共 16 组。

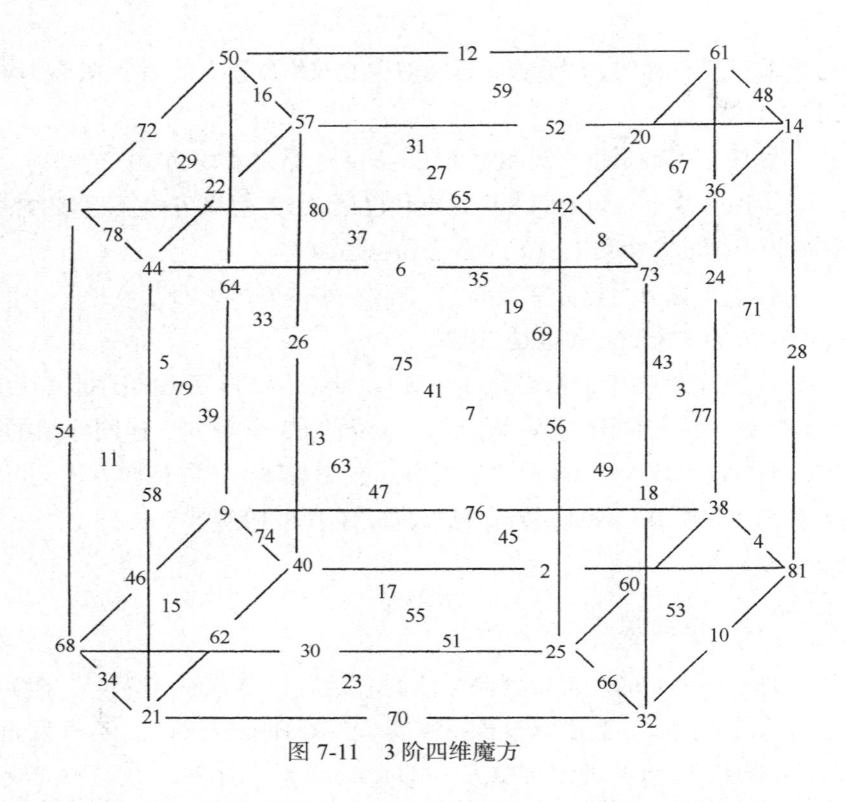

图 7-11　3 阶四维魔方

亨德里克斯证明了可以构成 58 个不同结构的 3 阶四维魔方。而 4 阶四维魔方还能构成“泛对角线”的，亨德里克斯自己就开发出了一个这样的泛对角线 4 阶四维魔方。

7.4　一些奇特的魔幻方

前面我们介绍了三维、四维的幻方，把它们叫作“魔方”。现在我们再回到二维的幻方，介绍一些匪夷所思的幻方。为了强调其奇特，我们把它们叫作“魔幻方”。

首先介绍的魔幻方是“易位幻方”，如图 7-12(a)所示。这个幻方是一个非连续数 4 阶幻方，幻和为 242。如果你把这个幻方中的所有数的个位与十位互换一下位置，如 96 变成 69，25 变成 52，如此等等，则成为图 7-12(b)，你会惊奇地发现它不但仍然是幻方，而且幻和也维持不变，仍然是 242。你说奇特不奇特？这个幻方在西方被叫作“mirror magic square”，不知道是由谁发明的。

96	64	37	45
39	43	98	62
84	76	25	57
23	59	82	78

(a)

69	46	73	54
93	34	89	26
48	67	52	75
32	95	28	87

(b)

图 7-12 易位幻方

下一个魔幻方是“颠倒幻方”，如图 7-13(a)所示。这也是一个 4 阶的非连续数幻方，幻和为 264。这个幻方中只用了 4 个数字，即 1、6、8、9，把它们颠倒过来看，1 与 8 仍为 1 与 8，保持不变；而 6 与 9 则互换位置，即 6 成为 9，9 成为 6。因此把整个幻方颠倒过来的话，就成为图 7-13(b)。令人惊奇的是，它也仍然是一个幻方，而且幻和同样是 264。实际上，由于佚名作者的精心安排，正看和颠倒着看的这两个幻方中的 16 个元素是完全相同的，只是行、列位置发生了变动而已。除了这个令人惊叹不已的特性外，这 2 个幻方的对称性也非常好，除了行、列、2 条主对角线上的 4 个元素之和为幻和外，它们的 2 条“2+2”形式的折对角线也等于幻和。此外，许多“四角方”也等于幻和，如（61，88，99，16），（19，96，81，68），（86，69，18，91），（98，69，81，16）等。

19	61	88	96
98	86	69	11
66	18	91	89
81	99	16	68

(a)

89	91	66	18
68	16	81	99
11	69	98	86
96	88	19	61

(b)

图 7-13 颠倒幻方

以上 2 个魔幻方的发明者的姓名都已失传。下面介绍的第 3 个魔幻方幸好还留有发明人的姓名，是阿根廷首都布宜诺斯艾利斯的库尔欣。他发明了一个“泛数字幻方”（pandigital magic square）。所谓泛数字幻方，是指 n 阶方阵中的 n^2 个数，每个数恰恰是由 0—9 这 10 个不同的数字组成的 10 位数，而每行、每列、2 条主对角线上的数字之和（即幻和）也是由 10 个不同的数字所组成的 10 位数。图 7-14 就是库尔欣所发明的泛数字 4 阶幻方。由图可见，幻方中的 10 位数的数字分布是很有规律的：

前两位都是10，其后的位顺次是2或3、6或7、8或9、4或5，然后对称地又出现6或7、2或3、8或9、4或5。通过巧妙地安排，使行、列、对角线上的10个数之和都相等，且和也是泛数字的10位数，即4129607358，从0到9这10个数字都出现一次且只出现一次。库尔欣认为，他的这个4阶泛数字幻方是可能的泛数字幻方中阶数最小的，而其泛数字幻和（pandigital magic sum）也是可能的泛数字幻和中的最小者。

1037956284	1036947285	1027856394	1026847395
1026857394	1027846395	1036957284	1037946285
1036847295	1037856294	1026947385	1027956384
1027946385	1026957384	1037846295	1036857294

图 7-14　库尔欣的泛数字4阶幻方

接下来，我们介绍由斯彭斯（D. D.Spencer）开发的一个魔三角，如图7-15所示。

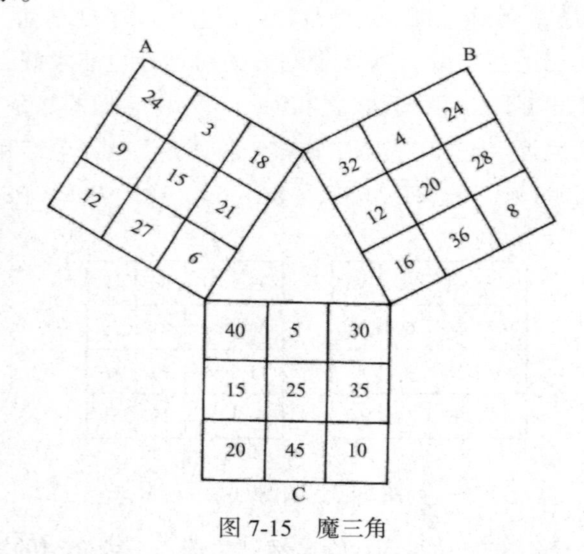

图 7-15　魔三角

这个魔三角中有3个3阶幻方A、B、C，分布在正三角形的3条边上。它的令人叫绝之处是：

（1）C中任一方格中的数的平方等于A和B中相应方格中数的平方之和，如

$$40^2 = 24^2 + 32^2$$

（2）C中任意2个或更多个方格中的数的和的平方等于A相应方格

中数的和的平方加B相应方格中数的和的平方，如

$$(40+5)^2=(24+3)^2+(32+4)^2$$

$$(40+20+30)^2=(24+12+18)^2+(32+16+24)^2$$

$$(40+15+5+25)^2=(24+9+3+15)^2+(32+12+4+20)^2$$

（3）由此可以导出以下结论，即C中任意行或列或对角线（包括主对角线、折对角线、曲对角线）中数的和的平方，等于A中相应行或列或对角线中数的和的平方，加上B中相应行或列或对角线中数的和的平方。

（4）进一步可以导出以下结论：C中所有数的和的平方等于A中所有数的和的平方加上B中所有数的和的平方。

所有这些性质，可以用以下公式表示

$$C^2=A^2+B^2$$

换句话说，可以把A、B、C这3个幻方看成是由直角边A和B及斜边C组成的直角三角形，满足基本关系式$C^2=A^2+B^2$，你说奇妙不奇妙？值得注意的是，这3个幻方中用的数只从1到45，其中只有12、15、20、24这4个数各被用了2次。

我们最后要介绍的一个魔幻方如图7-16(a)所示。读者看了这个图也许会说，这不就是一个典型的用连续摆数法构成的普通的5阶幻方，和图2-1一模一样的吗？有什么奇特之处呢？是的，这是一个5阶幻方，从表面上看并无奇特之处。但是美国明尼苏达州明尼阿波利斯城有一个名叫洛贝克（T.E.Lobeck）的有心人在仔细研究了这个幻方以后，发现这个幻方和圆周率π有密切联系。洛贝克把5阶幻方中的1—25分别用π中的第1位到第25位（即3.141592653589793238462643）代替，形成如图7-16(b)所示的方阵，这个方阵不但5纵5横的5个数之和都是17、23、24、25和29，而且它的2条对角线上的数字之和38与27相加为65，正好是5阶幻方的幻方常数。《物理科学和技术百科全书》（第3版）（*Encyclopedia of Physical Science and Technology*，3rd edition）中提到洛贝克的这一发现是世间惊人巧合中最令人称奇的。然而无独有偶，帕佩斯（T.Pappas）在其所著《数学的乐趣》（*The Joy of Mathematics*）中介绍了幻方的又一个惊人巧合：如果用斐波那契数列中的3、5、8、13、

21、34、55、89、144 这 9 个数顺次代替“洛书”3 阶幻方中的 1—9，那么所形成的 3 阶方阵如图 7-17(b)所示。这个方阵中 3 纵 3 横 3 个数的乘积之和竟然是相等的，即

$$(89\times3\times34)+(8\times21\times55)+(13\times144\times5)=27678$$
$$(89\times8\times13)+(3\times21\times144)+(34\times55\times5)=27678$$

(a)

17	24	1	8	15
23	5	7	14	16
4	6	13	20	22
10	12	19	21	3
11	18	25	2	9

(b)

2	4	3	6	9	24
6	5	2	7	3	23
1	9	9	4	2	25
3	8	8	6	4	29
5	3	3	1	5	17
17	29	25	24	23	

图 7-16　5 阶幻方和 π 的奇妙关系

(a)

8	1	6
3	5	7
4	9	2

(b)

89	3	34
8	21	55
13	144	5

图 7-17　“洛书”3 阶幻方和斐波那契数的奇妙关系

幻方还有什么惊喜在等着我们，让我们拭目以待，更需要我们亲自去发掘。

习　　题

对百变幻方的讨论到这里就结束了。大家可以看到，幻方还有许多未解之谜有待去探索，而我们的介绍也只是“沧海一粟”，不可能穷尽有关幻方的无数有趣问题和有关知识。作为结束，我们给出一些有关数字阵列（包括一些变形幻方）的习题，有兴趣的读者不妨试一试求解。

［习题 7-1］最简单的幻立方体

在立方体的 8 个顶点上分布 1—8，使每面的 4 个数之和均相等，如图 7-18 所示。

［习题 7-2］最简单的幻圆，如图 7-19 所示。

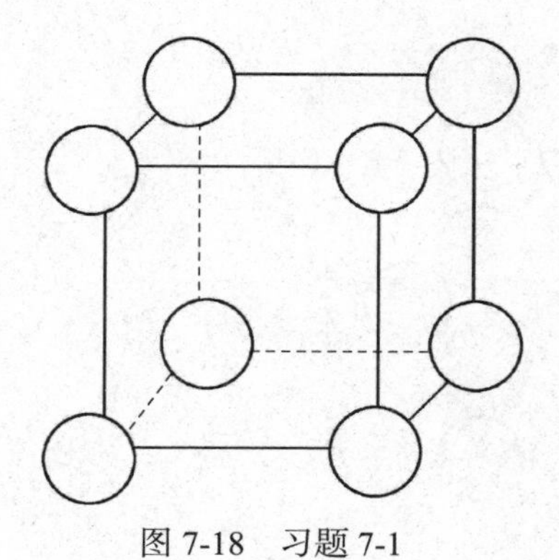

图 7-18 习题 7-1

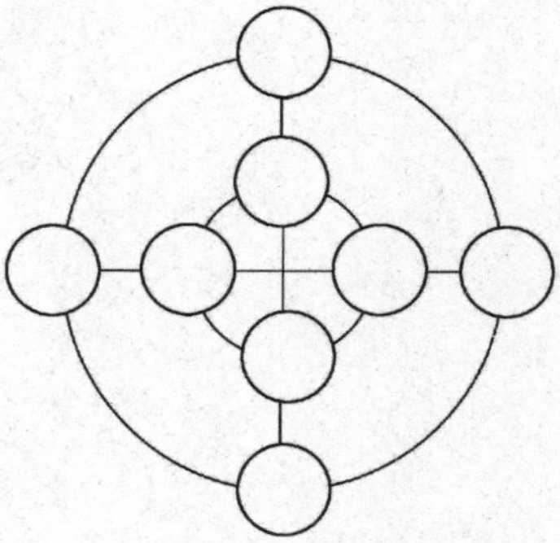

图 7-19 习题 7-2

在 8 个小圆中分别填入 1—8，使每条线上的 4 个数的和相等。

［习题 7-3］将 1—13 分别填入图 7-20 的 13 个方格中，使纵向的Ⅰ、Ⅱ、Ⅲ和横向的Ⅳ这几个直条上的方格中数的和均相等。

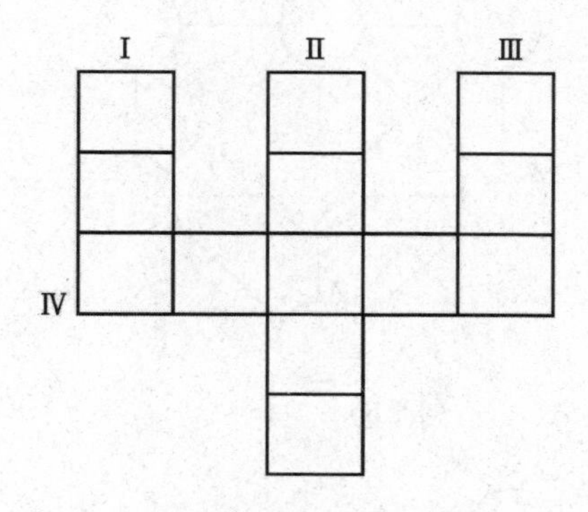

图 7-20 习题 7-3

［习题 7-4］交叉方

将 1—16 填入 16 个小圆中，使每条边的 4 个数和及 2 个交叉正方形的 4 个顶角上的 4 个数的和均相等，如图 7-21 所示。

［习题 7-5］在图 7-22 的 8 个小圆中分别填入 1—8，使任意 2 个有直线相连的 2 个相邻小圆中的数都不相邻（如 1 和 2，2 和 3）。

［习题 7-6］在 1—15 中任选 12 个数填入图 7-23 的小圆中（小圆共有 13 个，因此允许有 1 个数用 2 次），使任意有直线相连的 3 个数之和均相等。

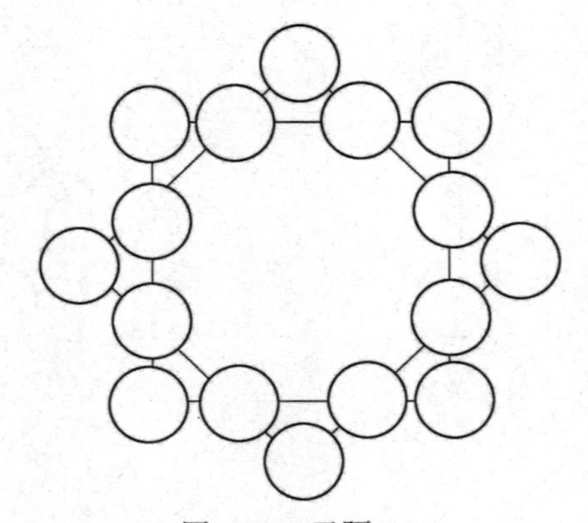

图 7-21　习题 7-4

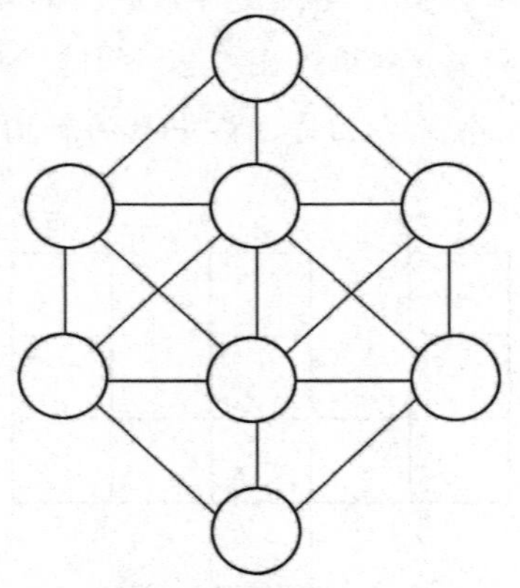

图 7-22　习题 7-5

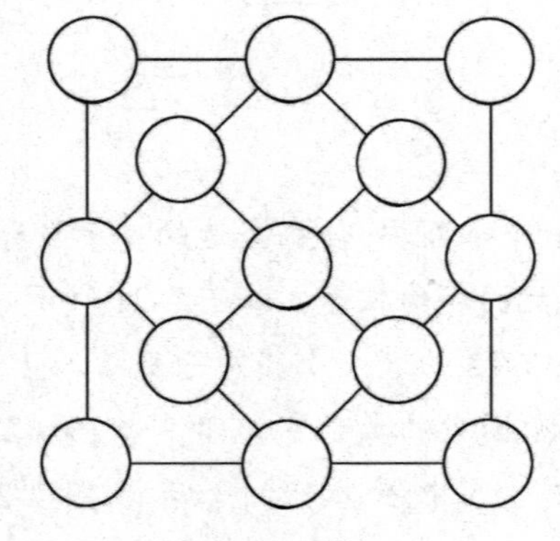

图 7-23　习题 7-6

第二部分　素数——娱乐数学另一经典名题

在第一部分中，我们介绍了百变幻方——娱乐数学第一经典名题。在第二部分，我们要向大家介绍娱乐数学的另外一个经典名题——素数。人们对素数饶有兴趣，并且有着悠久的研究历史，许多大数学家，费马、高斯、欧拉、莱布尼茨……都曾经研究过它。有些问题已经解决或者基本解决，有些问题则恐怕在相当长的时间里还无望解决，如关于素数的许多猜想。

08 素数之谜

1992 年 3 月下旬，英国原子能管理局哈维尔实验室的科学家骄傲地宣布，他们发现了一个新的“最大的素数”—— $2^{756839}-1$。这个素数拥有 227832 位，打破了美国休斯敦一家信息技术公司在 7 年前创造的纪录。这家公司于 1985 年发现的“最大素数”是 $2^{216091}-1$，“只有”65050 位。这个消息经媒体公布后，在世界上引起了轰动，被认为是素数研究中的一个重大突破。笔者当时曾著文加以介绍和评论，指出“英国科学家最近发现的这个素数是 20 世纪最后一个年代发现的第一个这样的素数，我们相信，在进入 21 世纪以前，还会创造几个新纪录”①。笔者的这一预言后来果然实现了，1993 年、1995 年、1996 年、1997 年、1998 年、1999 年，人们又相继发现了 6 个更大的素数。21 世纪发现的第一个比它们更大的素数是 2001 年 11 月 14 日由 20 岁的加拿大青年卡梅隆发现的 $2^{13466917}-1$。这是一个拥有 4053946 位的数，把英国科学家 10 年前创造的纪录远远地抛在了后面。

有人可能会感到奇怪，素数不就是自然数中除 1 和自身外没有其他因子的一类数吗？在计算机和软件技术高度发达的今天，为什么发现最大素数竟如此困难？找到一个最大素数竟成了科学界的大事？是的，素数具有许多特异的性质和现象，千百年来一直吸引着众多数学家对它进行研究。虽然人们已经揭示了一些规律，但素数仍然有许多未解之谜等待着去被探索。

8.1 素数的无限性及其证明

关于素数的第一个问题是：素数究竟是有限的还是无限的？这个问题早就解决了。早在 2300 多年前，古希腊数学家欧几里得（Euclid，公

① 见笔者发表在《知识就是力量》1992 年第 10 期上的文章。

元前 330—前 275）已经证明素数是无限的。他用的是反证法。假设素数是有限的，最大素数为 p，那么考虑所有素数的乘积

$$P=2 \cdot 3 \cdot 5 \cdot 7 \cdot 11 \cdot \cdots \cdot p$$

现在取 $P+1$，显然这个数不可能被 2，3，5，7，…，p 中的任一个素数整除。这样，$P+1$ 只可能有 2 种情况，一种情况是它本身就是素数，另一种情况是它是合数。在后一种情况下，它必然要有一个大于 p 的素因子，即存在大于任意给定素数的素数。结论为素数是无限的。

当然，证明素数无限不只有这一种方法。古代印度数学家马汉蒂（Mahanty）曾经汇集过达 15 种的证明方法。

由于素数无限，因此不存在所谓的最大素数。平常我们说“最大素数”指的是“目前已知的最大素数”。

8.2　有没有素数的一般表达式

素数研究中的一个关键问题是找出素数的一般表达式，但这个追求长期没能实现。1772 年，欧拉给出了一个表达素数的三项式

$$p=x^2+x+41$$

当 $x=0$，1，2，…，39 时，相应的 40 个 p 确实都是素数，但 x 超过 39 后，p 就不是素数了。考虑到 $p(x-1)=p(-x)$，这个三项式实际上对 $x=-40$，-39，-38，…，38，39 这 80 个连续整数都有效。

欧拉的这个著名的“素数发生器”有一个非常有趣的现象：如果我们以 41 为中心，按逆时针方向以螺旋方式排列 41，42，43，…直到 1641 成为一个 40×40 的方阵，如图 8-1 所示。那么，欧拉公式所产生的 40 个素数大部分在这个方阵的对角线上，由于篇幅关系，图 8-1 方阵中的数只到 439，但可以看到，其中的一条对角线上全是素数。

其实，这一现象是“乌拉姆现象”的一个特殊形式。1963 年秋季，美国洛斯·阿拉莫斯科学实验室的数学家乌拉姆（S. M. Ulam，1909—1984）在参加一个学术会议，因为报告既冗长又缺乏新意，丝毫引不起他的兴趣。为了消磨时间，他就在笔记本上随手画了一个坐标轴，把 1 放在中心，把 2，3，4，…顺序按逆时针方向以螺旋方式一层一层地分布在 1 的周围，然后把素数圈了出来。结果令他十分惊奇，这些带圈的素数都集中在一些斜线上，如图 8-2 所示。这就是著名的素数分布的乌

拉姆现象。乌拉姆后来还和他的同事施坦（M. L. Stein）和韦尔斯（M. B. Wells）一起，对从 1 到 10000，以及更大的从 1 到 65000 范围内的素数分布，通过计算机屏幕进行显示和研究，分别如图 8-3(a)和(b)所示。从图中可以看出，在一定程度上，素数有集中在一些直线上的倾向。

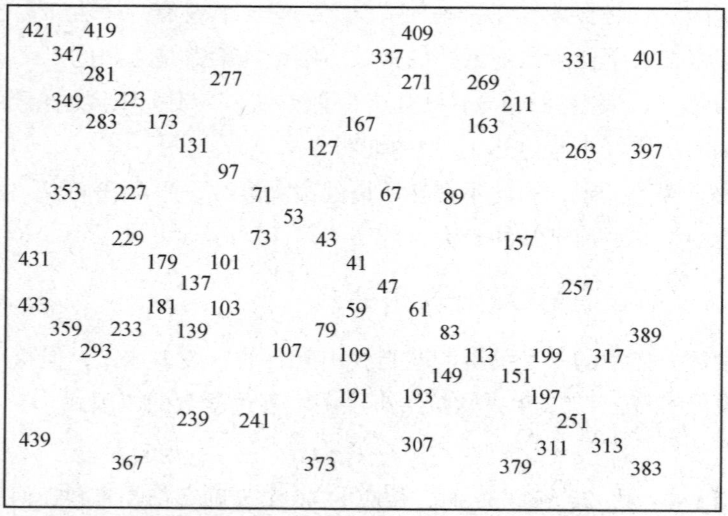

421 419 409
347 337 331 401
281 277 271 269
349 223 211
283 173 167 163
131 127 263 397
97
353 227 71 67 89
53
229 73 43 157
431 179 101 41
137 47 257
433 181 103 59 61
359 233 139 79 83 389
293 107 109 113 199 317
149 151
191 193 197
239 241 251
439 307 311 313
367 373 379 383

图 8-1　欧拉公式产生的素数大部分在方阵对角线或对角线平行线上

100	99	98	97	96	95	94	93	92	91
65	64	63	62	61	60	59	58	57	90
66	37	36	35	34	33	32	31	56	89
67	38	17	16	15	14	13	30	55	88
68	39	18	5	4	3	12	29	54	87
69	40	19	6	1	2	11	28	53	86
70	41	20	7	8	9	10	27	52	85
71	42	21	22	23	24	25	26	51	84
72	43	44	45	46	47	48	49	50	83
73	74	75	76	77	78	79	80	81	82

图 8-2　素数分布的乌拉姆现象

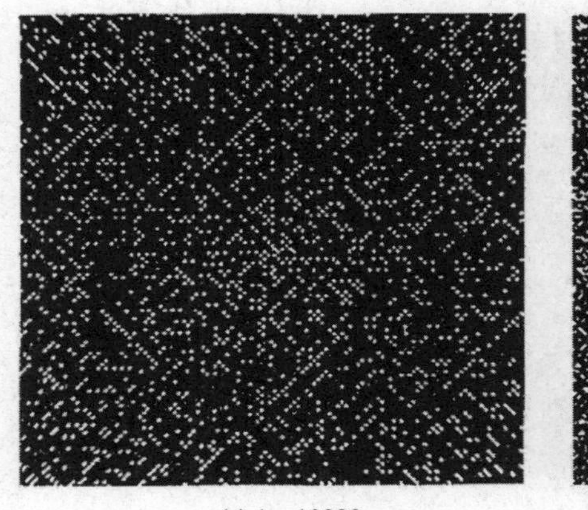
(a) 1—10000

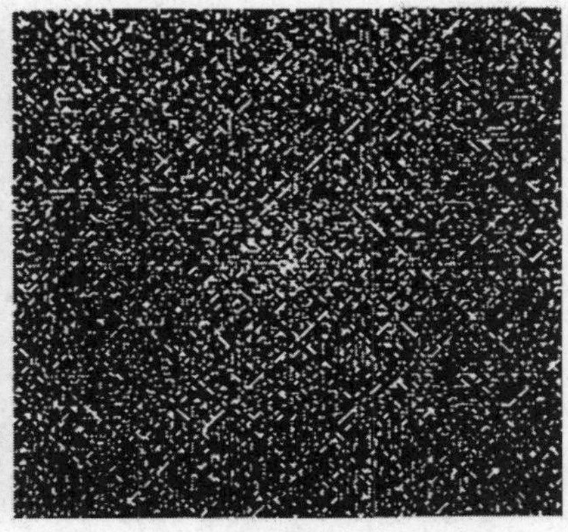
(b) 1—65000

图 8-3 更大范围内素数的分布

除欧拉公式外，人们还陆续发现了其他一些能产生部分素数的公式。例如

$$p=6x^2+6x+31$$

当 $x=0$，1，2，…，28 时，p 给出 29 个素数。

$$p=2x^2+29$$

当 $x=-28$，-27，…，27，28 时，p 都给出素数。但最好的是下列公式

$$p=x^2-79x+1601$$

当 $x=0$，1，2，…，78，79 时，它给出 80 个素数。能与之匹敌的是以下式子

$$p=x^2-2999x+2248541$$

当 $x=1460$，1461，…，1539 时，它也可以给出 80 个素数。

在寻求素数公式的努力中，法国 17 世纪的著名数学家费马（P. de Fermat，1601—1665）犯了一个“历史性”的错误。他在 1640 年 10 月宣布了一个素数公式

$$F=2^{2^n}+1$$

这个公式被称为“二乘方定理”（theorem of binary powers），在将近一个世纪的时间里，没有人对它提出疑问，认为对任意正整数 n 产生的都是素数（也许这是因为费马的名气太大了，因此没人敢对他提出的命

题表示怀疑）。直到1732年，欧拉首先发现这个公式有问题。对于n=0，1，2，3，4，这个公式是正确的，因为

$$F(0)=3$$
$$F(1)=5$$
$$F(2)=17$$
$$F(3)=257$$
$$F(4)=65537$$

确实都是素数。但当n=5时，结果却是合数而不是素数

$$F(5)=4294967297=641\times6700417$$

到了100多年后的1880年，时年82岁高龄的兰德里（F. Landry）才把欧拉的发现又推进了“一步”。他发现，费马公式在n=6的情况下也是错误的，因为$F(6)$至少可以分解为274177和67280421310721的积。

1905年，莫尔黑德（J. C. Morehead）和韦斯顿（A. E. Western）各自独立证明了$F(7)$也不是素数。但是他们无法给出$F(7)$的因子。$F(7)$的因式分解直到1971年才由加利福尼亚大学洛杉矶分校的勃利尔哈特（J. Brillhart）和莫里森（M. Morrison）借助计算机完成

$$F(7)=2^{2^7}+1=2^{128}+1=59649589127497217\times5704689200685129054721$$

1909年，莫尔黑德和韦斯顿合作，又证明了$F(8)$不是素数。但是他们仍然无法给出$F(8)$的因子。$F(8)$的因式分解迟至1981年才由勃兰特（R. P. Brent）和波拉德（J. M. Pollard）实现，当然也是借助于计算机。

随后，数学家们又陆续证明了对更大的n，$F(n)$也大多不是素数，并成功地找到了相应的因子。我们在这里就不再一一列举了，有兴趣的读者可以参阅加拿大的数学家里本鲍姆（P. Ribenboim）有关素数的一本出色专著《素数纪录新书》（*The New Book of Prime Number Records*）。根据该书的介绍，在较小的n中，只有n=24和n=28的费马数是素数还是合数尚未得到证明；而已经证明为合数的费马数的最大n值为23471，该费马数有一个因子为$5\times2^{23473}+1$，是凯勒（W. Keller）于1984年发现的。

8.3 表达素数的函数

虽然费马的探索以失败而告终，但数学家们寻求用函数来表达素数的努力并未放弃。1947 年，米尔斯（W. H. Mills）证明存在这样的实数 θ，使得对每个自然数 $n\geqslant 1$

$$f(n)=[\theta^{3^n}]$$

都是素数。可惜米尔斯只证明了 θ 的存在，并指出 θ 约等于 1.3064…，但 θ 的精确值却无法给出。

1963 年，布雷迪欣（B. M. Bredihin）证明下列函数对无限多的（x，y）整数对产生的都是素数

$$f(x,\ y)=x^2+y^2+1$$

布雷迪欣的证明虽然没有错，但是很明显，x，y 中只要一个取偶数、另一个取奇数，那么结果必为偶数（因为奇数^2+偶数^2+1 必为偶数），因此必不为素数，所以该式也不能作为素数的一般表达式。

1976 年，滑铁卢大学教授洪斯伯格（R. Honsberger）基于著名的威尔逊定理（见 142 页），在其所著的《数学珍宝（第二卷）》（*Mathematical Gems*，Ⅱ）一书中建立了如下函数

$$f(x,\ y)=\frac{y-1}{2}\left[\left|B^2-1\right|-(B^2-1)\right]+2$$

其中 $B=x(y+1)-(y!+1)$，x、y 是自然数，! 是阶乘符号（即 $n!=1\times2\times3\times\cdots\times n$）。洪斯伯格宣布并给出了证明，这个式子只产生素数，能产生每个素数，而且除偶素数 2 以外，每个奇素数恰好只产生一次。例如：

当 x=1，y=2，则 f(1，2)=3；

当 x=3，y=4，则 f(3，4)=2；

当 x=5，y=4，则 f(5，4)=5。

对洪斯伯格的这一宣布，世界各国的数学界十分重视。我国的《数学译林》杂志在 1984 年第 3 期曾译载了有关章节，有些数学专著中也曾予以介绍。但值得注意的是，前面提到的出版于 1996 年的有关素数研究的专著 *The New Book of Prime Number Records* 虽然把《数学珍宝

（第二卷）》一书列入参考书目，却只字未提洪斯伯格的这一“素数的统一公式”，这是耐人寻味的。因此，我们还不能乐观地认为这个问题已经得到解决了。

8.4 怎样判定大素数

素数研究的另一个方向是对给定的数 N，不必检查每个小于 $\sqrt{N}$ 的素数是不是其因子就能判定它是素数还是合数。在这个问题上，费马在 1640 年给出了一个正确的命题：如果 p 是素数，而 a 不能被 p 整除，那么 $a^{p-1}-1$ 必能被 p 整除。根据这个命题，对给定的 N 要验证其是不是素数，只要找一个不能被 N 整除的 a 再看 $a^{N-1}-1$ 能否被 N 整除就可以了。费马的这个命题后来被称为“费马小定理”，由欧拉在 1736 年给出了严格的数学证明。

有趣的是，对于费马小定理在 $a=2$ 时的情况，我们的祖先在公元前 500 年就已经知道了。因此有人认为，费马正是受了中国人的启发而提出这一命题的。这说明我们的祖先在数学上曾达到很高的水平，取得了卓越的成果。但我们的祖先也犯了一个错误，他们认为这个命题的逆命题也是正确的，即如果 N 可以整除 $2^{N-1}-1$，则 N 为素数。对此，德国大数学家莱布尼茨（G. W. Leibniz，1646—1716）在 1680 年曾对中国人赞叹不已，并给予“证明”。不幸的是，我们先人的这个论断是错误的，莱布尼茨的“证明”也是错误的。因为后来到 1819 年时有人发现 341 这个数可以整除 $2^{340}-1$，但 $341=11\times31$，并非素数。

由于这个缘故，数学上把可以整除 $2^{N-1}-1$ 的 N 叫作“伪素数”（pseudoprime number）。

1770 年，威尔逊（J. Wilson）提出了一个判据：当且仅当 $(N-1)!+1$ 能被 N 整除时，N 是素数。对这个判据，法国数学家拉格朗日（J. L. Lagrange，1736—1813）在 1773 年证明它是正确的，因此被称为威尔逊定理。可惜，检查 $(N-1)!+1$ 能否被 N 整除丝毫不比用常规办法检查 N 是不是素数容易。因此威尔逊定理只有理论上的意义而没有实用价值。目前常用的检查素数的法则是基于上述费马小定理的逆定理，这是由另一个数学家卢卡斯（E. Lucas，1842—1891）给出的，即如果 a^x-1 在 $x=N-1$ 时能被 N 整除，而在 x 为 $N-1$ 的正因子时又不能被 N 整除，

则 N 为素数。

8.5 某范围内素数知多少

在某个范围内的素数有多少个？这是数学家们研究的另一个问题。有了上述费马和卢卡斯的定理后，人们当然可以通过逐一检查各自然数是不是素数，或者用古希腊数学家埃拉托色尼（Eratosthenēs，约公元前 276—前 194）早就发现的筛选法，做出素数表来回答这个问题。

例如，加利福尼亚州蒙特雷市的斯沃洛（K. P. Swallow）用以下的巧妙办法借助埃拉托色尼筛获得了 100 以内的素数（图 8-4）。他把 1—100 放入 1 个 6×17 的方阵，然后：①勾掉第 2、第 4、第 6 列中的全部数，也就是 2 的倍数，但 2 本身除外；②勾掉第 3 列中的所有数，也就是 3 的倍数，但 3 本身除外；③通过 4 条左斜线勾掉所有 5 的倍数，但 5 本身除外；④类似地，用 3 条右斜线勾掉所有 7 的倍数，但 7 本身除外；⑤把 1 勾掉。

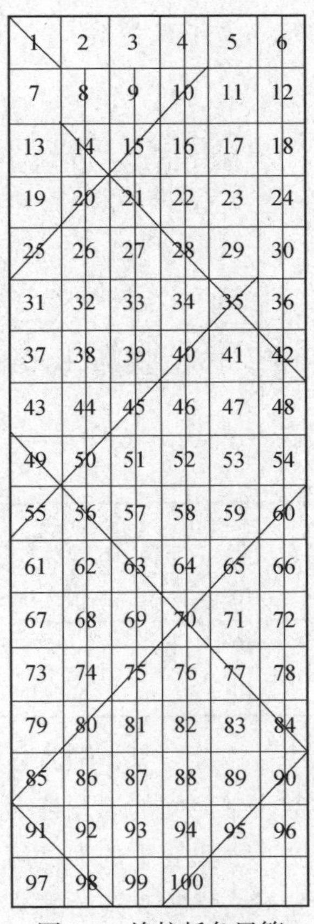

图 8-4　埃拉托色尼筛

这样，100 以内的素数就筛出来了，一共是 25 个。斯沃洛这个办法的优点是从这个方阵可以立刻看出，除 2 和 3 以外的所有素数要么是 6 的倍数减 1（$6n-1$），要么是 6 的倍数加 1（$6n+1$），因为除 2 和 3 以外，所有素数都在第 1 列和第 5 列。由此我们也可以明白，为什么素数表中有一批孪生素数对了。此外，斯沃洛的方阵还带来了一个有趣的对比：同乌拉姆现象中素数集中在方阵中的一些直线上正相反，这个方阵中是合数集中在一些直线上了。下面我们回到素数表的制作上来。

历史上，1659 年，拉恩（J.H.Rahn）做出了 24000 以内的素数表，这是世界上第一个比较完整的素数表。1668 年，佩尔（J.Pell）把它扩充到 100000。1776 年，维也纳的数学家费尔克尔（Felkel）造出了 408000 以内的素数表。19 世纪初，数学家切尔内克（Chernac）等共同造出了 10 卷的素数表，直到 10000000。捷克布拉格大学的库利克（J. P. Kulik）积 20 年的努力，造出了 100000000 以内的素数表，可惜没有出版。目前被广泛应用的素数表是美国数学家莱默（D. N. Lehmer，1867—1938）在 1909 年完成的，其中给出了 10000000 以内的素数共计 664580 个。

有“数学王子”之称的德国大数学家高斯（K. F. Gauss，1777—1855）在 15 岁时就发现，如果用 A_n 表示小于正整数 n 的素数的数目，那么有下列关系

$$\lim_{n\to\infty}\frac{A_n \mathrm{lg_e}\, n}{n}=1$$

换句话说，在前 n 个正整数中，素数的密度可以近似表示为

$$\frac{A_n}{n}\doteq\frac{1}{\mathrm{lg_e}\, n}$$

这个公式被称为“素数定理”（prime number theorem）。对于 $n=10^3$，10^6，10^9，实际 A_n 及利用高斯公式求得的近似 $\frac{A_n}{n}\doteq\frac{1}{\mathrm{lg_e}\, n}$ 及其误差见表 8-1。

表 8-1

n	A_n	$\frac{n}{\mathrm{lg_e} n}$	误差%
10^3	168	145	13.7
10^6	78498	72382	7.8
10^9	50847534	48254942	5.1

由此可见，随着 n 的增大，利用高斯公式算出的素数个数与实际素数个数之间的误差越小。

如果要求的不是从 1 开始的某个范围内的素数个数，而是从某个特定的自然数 X 开始的某个范围 x 内的素数个数，那将如何求呢？1870 年，迈泽尔（Meissel）发现，要是 X 很大，而 x 相对较小，则在 X 和 $X+x$ 之间（或 $X-x$ 和 X 之间）的素数个数近似为 $\frac{x}{\lg X}$，形式和高斯公式十分相

似，精确度也不错。例如，在10000000和10005000之间，按近似公式算出的素数个数为310个，素数表中的实际素数个数为305个，误差不到1.7%。

关于素数个数问题，数学家伯特兰（Bertrand）曾经猜测，在任意x和$2x$之间至少存在一个素数。这个猜想由俄国数学家切比雪夫于1848年给出了证明。而另一个猜想——在任意x^2和$(x+1)^2$之间总存在素数，则至今未能获得证明。

8.6 梅森素数——最大素数的表示形式

现在我们回到本文开头所说的最大素数。目前已知的最大素数现在都采用2^p-1的形式，这种形式的素数叫作"梅森素数"（Mersenne prime）。这是怎么回事呢？原来人们很早就发现，2^p-1形式的数如果是素数，那么其中的p一定是素数，因为$2^{ab}-1$是可以被2^a-1和2^b-1除尽的（但其逆命题不成立，即如果p是素数，2^p-1并不一定是素数）。这就给了人们一个从已知的小素数出发，获得未知的极大素数的"简便"方法。我们在这里把"简便"2个字打了引号，为什么呢？因为从方法上讲，这确实是最简便不过了，把已知的小素数2，3，5，7，11，……逐一代入2^p-1中去，再检验它是不是素数，不就行了吗？实际上，随着p的增大，2^p-1迅速增大，检验它是不是素数不但并不简便，而且困难重重。比费马年长一些的法国数学家梅森（M. Mersenne，1588—1648）在一生中用了很大精力寻求2^p-1这种形式的素数，在他去世前4年（即1644年）公布了他在这方面的全部研究成果。他检验过的p只到257，而能成为素数的2^p-1只有12个，即p=1，2，3，5，7，13，17，19，31，67，127，257。这在当时的数学界是一件大事，并因而把2^p-1这种形式的素数叫作梅森素数。

然而，后来陆续发现，梅森的这个研究成果中其实还包含着5个错误：

（1）1886年，佩尔武申（Pervushin）和西哈夫（Seehalf）发现梅森的序列中漏掉了61；换句话说，$2^{61}-1$是素数，但梅森没有发现。这已是梅森身后200多年了。

（2）1903年，科尔（Cole）发现序列中的67是错误的，即$2^{67}-1$不是素数，而梅森错把它当成了素数。

（3）1911 年，鲍尔（R.E.Power）发现序列中还应该包括 89，即 $2^{89}-1$ 也是素数，梅森没有发现。

（4）1914 年，鲍尔又挖掘出一个新的素数，即 p=107。

（5）1922 年，克赖希克（M.Kraitchik）发现序列中的最后一个素数 p=257 也是错的，即 $2^{257}-1$ 是一个合数，梅森错把它当作素数了。

由此可见，随着 p 的增大，2^p-1 迅速增大，判定它是素数还是合数何等困难。但由于舍此没有其他更好的办法来求极大的素数，所以几百年来人们只能通过求梅森素数来求最大素数。即使在计算机出现以后，由于计算机在处理与计算极大的整数方面仍然存在困难，因此进展仍然不快。在计算机出现以前，人们通过手工计算确认的梅森素数只有 12 个，即 p=2、3、5、7、13、17、19、31、61、89、107、127。用计算机寻找梅森素数的第一个成果是鲁滨逊（R.M.Robinson）于 1952 年获得的，他在美国国家标准局研制的西部标准自动计算机（SWAC）上一下找到了 5 个梅森素数，把梅森数的序列一下推进到 521、607、1279、2203、2281，成为当时的轰动新闻，同时也使人们首次认识到计算机在科学发现中的巨大潜力。

而后，在计算机的帮助下，1957 年由里塞尔（H. Riesel）发现了第 18 个梅森素数 p=3217；1961 年由霍尔维茨发现了第 19 和第 20 个梅森素数，p=4253 和 p=4423；1963 年由吉利斯（D. B. Gillies）发现了第 21—23 个梅森素数，p 分别为 9689、9941 和 11213；1971 年由塔克曼（B. Tuckerman）找到了第 24 个梅森素数，它的 p 已经达到 19937，是一个有 6002 位的数。由于 p 的增加，计算机在验证这么大的数是不是素数方面也面临困境，因此发掘最大素数出现暂时停顿。好在 20 世纪 70 年代中期出现了超级计算机，计算能力迅速增长，为寻找最大素数增添了动力。1978 年，2 个 18 岁的高中生诺尔（L. C. Noll）和尼克尔（L. Nickel）利用加利福尼亚州立大学海沃德分校的 Cyber-174 计算机，经过 350 小时的持续计算，找到了第 25 个梅森素数，p=21701，开创了用超级计算机加速寻找梅森素数的新时代。第二年，诺尔单独发现了第 26 个梅森素数，p=23209；同年，尼尔森（H.Nelson）和斯洛文斯基（D. Slowinski）在 Cray-Ⅰ超级计算机上发现了第 27 个梅森素数，p=44497；这个梅森素数有 13395 位，在 Cray 超级计算机上打印出来其前半部分（图 8-5），真是“洋洋大观”，令人叹为观止。其后，斯洛文斯基单独或与人合作又

THE 27TH MERSENNE PRIME

The 27th Mersenne prime. It has 13395 digits and equals $2^{44497}-1$.

```
     65450 9824303633 8031933007 0531840303 6509901591 3040210583 4326925626 2290064782 1676358562 0050001445 7645861461 3152952532
2367493834 0502225641 4367942948 3626681393 3671922838 7223492661 8505445379 9484919702 8140662986 8241285302 2594582702 5322536370
4639357381 9102339382 6035467050 5759274342 5373968510 0675942584 8909188265 2816964230 4613392310 8937059752 2429657962 2210236253
8978683647 6222562700 9375728494 9365677630 9709848902 6115598174 8182184656 2991414301 1868526311 0991962801 4506691879 9362699196
7637504147 8054570480 3938178020 6764257380 2934320804 0046692120 6126313493 7191146939 2179678639 1399834045 0302066353 3160604466
9982196001 6965149455 2474512568 6612041645 5637765237 6694427367 1662288369 4799063147 9724219151 3728116522 3639485530 9390807007
0396563052 4284803698 3295225945 6017656523 1006428355 9142644558 0953590482 7184567881 9707528150 6864641253 5212946406 2934464045
7751974790 0684536609 9020725849 9281796131 1048365318 2493320032 7769572733 4239248756 0229193230 2988111704 2744212106 8224461670
9068881626 8058419617 8230503628 0687164419 5094969164 0278427312 0031353652 8752898778 8256744735 4927640677 3185197120 7248734409
6119928604 4996761054 1952313739 5694918998 9181876556 2293447301 1504509146 2226103166 6188340973 4460999715 6610133228 8314059541
1869639736 0867636938 4512670266 2665909184 3988180773 2794360664 9017965028 4300557692 2341834764 4298464630 9183072757 2329741002
2229911636 9491938691 6640266216 1095387003 2133749491 8299836344 5625100201 8767911077 3419989824 0654211719 2442961159 8391878375
9416790689 6813306451 4331889509 8600060225 5947701445 4710514711 2412484843 3682921474 5749720575 0682141506 8487850112 4818809203
3163072001 3627342971 7962200981 4662525312 5901337980 3862348176 2969871070 8176158296 6931331492 1418639943 1656277231 1646002375
2736726677 6679870665 7857978302 3611727781 8351059665 8015883767 8651090390 0434642861 8243073686 6084352550 9146180113 4892159702
5307313453 6932334593 2633434286 5733862737 8492178677 7977849042 7294183181 3480434829 2381228571 1218586616 1235173379 8961027307
6776142355 8393178166 2247158209 5275665359 1232586065 1309316122 3598102449 5955052578 3137654155 8757221800 3004463096 1230108754
6042958623 3582774784 3757466140 6234308742 8887378655 4200632378 8806086319 6948004060 4357707271 0325401655 1671980979 6709244397
6669702778 9157597450 8206254271 4098708487 6253330432 9070823626 1620805834 3177345138 0188128330 2893366020 0418176113 0679987194
2628267417 6029537056 9466760107 4338194986 3248322016 1203479512 0388397181 3116798180 4800411452 5093431994 0195212378 9970700204
0347324061 8427512395 5659940176 3928764238 7590352270 8234036414 0939877619 7965052818 8804941226 7987963745 0982929872 5598808238
8451486219 6694567744 0279401300 3817992018 2595248220 0299605458 3606643783 6537220421 1518654952 7614487418 3510998224 6190860274
6913896054 3563366461 3102803628 3567632482 7709909151 7568367386 5902634698 3354907156 5337411720 0855734728 9191634118 8743445072
1170639972 8486280184 7199419185 4859699641 0064074112 8355167464 5401444064 0147899968 7920016366 4907849204 9497299992 0370107225
0276712361 4674570208 3250857862 0397891324 6013088500 6400527804 0378319736 3796495378 9410143223 5336386775 7116808444 8592360338
8417750348 8694746360 2630810775 1849527867 2673007687 7146338146 7507408140 3927708449 0525823622 4194369720 6287238587 2085622936
4135609456 6185255157 8877945175 3217326311 1633000302 0256130052 1340548225 2878149070 2652054403 7354542691 0161611341 1855590509
8890602013 7614109481 9658477367 9639211252 1375419675 3230007792 7048934092 3806543050 9568275590 3213672862 8425649916 3231600415
0989323995 3929650589 5448646461 6900956812 5970129331 3896684099 7303390729 7445999076 1866510957 6531031106 1043682896 5690162098
9453699613 6266470191 5694080333 2354169405 7386738735 2314653914 1771585753 1486577897 2508517929 0991016947 0724653261 4276499405
4933430589 6475592623 9926564583 4799388421 4575074296 8146768744 6497119721 5649974506 7240589180 4150891604 9169707455 1654386836
2735182402 1232173847 6501750095 6924684456 5339764331 4440398797 1559593528 0515640897 4812570478 8471526363 5821831312 2507330952
4474147337 9412994928 9372465044 7187336009 3422945901 6696866367 3305287221 5188392668 3438705183 3221735798 0666070609 3205544809
1052379555 3942258900 9486006438 3155378512 7382196992 5433381441 4178419800 2454900271 4430916827 5657461666 5753240566 0833845059
1198664472 0838738796 5407544978 7482408931 4354427768 5603901258 2190697433 1377815589 8748330968 3222036452 6214637532 4674432572
1932537354 2595632166 8681966456 6231453525 7745740540 6900887212 5893237572 6926760766 0429605225 7026239194 4742291827 5005247196
1615220470 8641289353 5270392504 4595167436 7140964202 9797715256 9166792363 5515333128 2408681220 8566645140 5805834956 4724065822
9819681596 1996323161 5658505169 4167984580 9803706388 7432060050 8249828790 8828447142 4666126989 4251377541 7111948840 5175107174
4415841531 1425872235 5049122929 0093153029 4540012529 2606252239 4756418678 7091065270 9970261193 8642240709 9057687522 8922434455
2855980436 5149519299 3663608365 2478781205 5597948447 7387331573 8643593301 9181691527 1233001424 3916513263 9220658338 1666826007
1700594605 7068109508 1902891690 7780058965 5030939849 4143056099 3632442106 5685342787 3351226289 4389322473 7558800955 2912301623
5447370366 8269416246 8764500514 5909872994 9686427616 9913103462 5846780771 4200493294 6349542672 8019505546 0982624792 4931472490
2308129116 0699372476 8600848466 9087432538 2990275414 7494829768 3037741993 7253467357 6388659135 0818028680 5409768240 6409048786
0868728469 0578097084 1899439669 9120357632 7162981834 4737569466 7990279960 1556403227 0359977334 0848305188 2878040648 6059034899
4350099009 0428817282 1365622445 4313822775 1934870681 9775294700 9311830737 7797864388 1348663373 7550671746 6865840299 5613916875
9516381487 1073257516 2371389530 6473974132 1046512519 6987830559 8513756290 9986862822 8214186979 0921861637 5824776243 5961296355
7679935999 9369344085 9234807176 9869957349 1947266917 2363161365 9469751574 8864132844 3968146718 4727371974 4879357852 8795477262
2439577801 8791817246 4122953268 3815097993 9296919653 4965392702 2534182603 7714755592 3015002062 7936616032 1101433476 5381682118
7777828923 6382492839 5078163090 5410199680 7881965990 2511440605 3158326966 7332503639 6472712893 3120543136 6064069530 8838208996
6870670943 6836481848 7896907646 7302386269 5740597045 3586069579 2832445681 5766130005 8463854019 0009439535 3684780895 7763362537
9652378207 5679613024 9683392901 7581366538 7793255361 7428477840 2999211058 6949340556 7416436638 4686977501 8478118394 4433652507
9329981750 6244603536 4085158105 0445608565 6681183484 7669096325 0411915910 1857786213 0843703757 7825337199 3950568270 6083687202
5592009610 7464259695 7850027992 4418525187 0094775729 3339959334 9907625737 9601075025 9397593822 8261448471 0286255549 9327453759
5269610929 3041118929 7941237551 6635427571 9367365141 1542236625 7727475698 6939801666 3538789827 1241967204 7895827951 4215636013
0421935293 9201617281 9451307114 4459349891 0500078357 2027755786 9870641775 6650476732 4443216153 8958633718 3178052363 1045770366
6797698179 4379775137 2549746991 2552166380 5999652545 5419360357 2338982605 6812617646 7797542779 4504764411 6609828329 7367904363
9351741328 6251558698 0455147494 4590642319 4323706306 4141193666 2974790748 1287373940 8328429139 6945123318 6914869606 7432919164
0959101959 2632025299 6281976113 8425326492 4748540717 9550061480 1121319633 0973338173 3583507313 3035880117 6687055820 6670073162
0648517429 4980719661 5806110075 7636631556 6817988676 6766298180 6971432222 6851713501 0566767036 9369188242 4689948234 2829909756
8967222651 8343470550 9741741959 7629577651 3379484342 6724400287 6575107127 7361281234 0118244518 6498711851 1900268023 6206609255
3781959901 7123223240 1952220370 2716155978 5371968202 3122892223 7971602328 0199762503 2033458423 6447587316 5443711996 1216372186
5601407710 9938287634 4626419112 3761366149 8730924997 4784777983 0730610797 2975765021 6977643150 3803222724 8049476011 7130756463
2842418134 3680726329 0202995327 2441846878 5014598773 5839127509 7364790233 4456053103 3472369566 7960648217 2145264307 1566985599
2628604717 8503741949 5135404480 3860498005 8131803318 9618678473 1792410641 1305428822 0604554570 3462399347 8081873112 0408799492
8431669910 6416865521 4926145312 3178325332 0962518186 9397157051 4318158233 2451403715 9830773341 2887366513 3436729743 8744515807
7624883327 6287003390 9012172610 3636153494 5948597578 2670691972 8961614225 4891035095 2459164841 2068603529 0315924214 0042462228
5171578002 6230502200 0123049056 5459980604 4383293639 9306107127 6845276218 8272135526 8489374825 6030972573 4239359041 8810816049
3249329581 8851065897 1944605786 6442034324 4668944218 8599308430 0916915141 6439747854 9961324803 8464282323 9375104265 6908296033
1376397687 7633592443 6811564872 2603400704 7864955055 3961714945 2362493152 6010865247 8286804222 4415382751 7874928298 6227426052
7578571918 6799859505 9793083524 9159362696 9988121413 2693407669 5382220294 5892532342 2740776931 3901676077 1380343305 1982891916
3023512386 8130458500 4457729729 4651853433 7647490350 1651701465 4332510220 2345905951 7209380633 4152213286 5825600159 0400432131
7422594037 8385162335 1052549330 6002477377 1167209509 0093385210 0523276958 8766592518 1656971753 5210467451 7670696569 1054651279
8562776486 8396416070 7708875566 4850637667 9874586510 2011160387 3191211261 4381982989 0151732518 8708922459 6014819312 2767296725
7346545606 4549365015 5001153284 4867771217 9357286925 1727638091 2171040501 2759558336 7577949878 9506191997 7712975746 4320049688
9810068611 8376848236 9178189280 5404521993 5018646614 5568888916 7378252122 6109539876 6038535182 4939696414 1573474411 7861766641
5218723107 2872661832 4266174080 4156182608 3277082996 5049789051 2157672976 1882674166 0629819618 4020592699 2149503122 0687913480
5947011095 8176511423 2699132760 3773468175 3745733428 1566370894 3893273993 3896432356 6826687324 6413963203 5094818062 1953209550
0158056785 1453434840 8054531256 3110720585 8205890026 3530915733 6767172012 5016243983 5733969563 9311575280 5646325308 0117072765
3364208638 4504961180 6746981391 7092051706 0518064920 9055724929 2205719608 1196237682 7451642058 4600103231 3420319686 5372764325
4034507136 7632274054 9074662957 9607283457 5234227652 9807657729 9603938223 5258886338 7515401894 4223661405 1467377368 1918712546
5224154052 8333803670 9315811863 9868073183 5448665759 5424761671 8045337535 5150728414 3823957942 1274543716 6115535367 0482639577
6844150504 7319734903 1761763535 8399968327 1099471070 0168554424 8857454693 2825424729 4086663674 3173371126 3035317370 4597923119
2698257936 2304589031 8185871489 7519253070 3366798574 7842057009 7666897513 7170702704 0921225655 6106753539 8561047770 2681426913
3364354058 6094191942 8810988858 6117087661 4495216217 6632249696 2560449474 9752841526 8095623327 0513059522 7694664136 6702334578
8017792725 4357892280 2835017716 7415334018 1295757185 2206249564 8662596024 1342854349 4453599975 2643556196 0392392589 5341484363
2413322104 8085564212 8380304168 3766333574 0949389023 7676304108 6775619592 3000289601 0317005074 0659575128 4778714617 9418174079
9514399874 4786287420 4315616543 1460153631 6419773722 0867778939 0230055781 4544690726 1535244278 0485323424 1083524047 0924430292
1202909905 7510938541 9271612090 9215152749 6660113715 9206375234 8032643098 9742744810 1182751788 0227324994 4379671941 6346610498
1042162448 4335554854 3003324547 5238238257 5387785362 5039693490 4820722802 2378600321 0772424272 7355957759 6216705954 9783855774
7683248176 7698691019 9693637641 2490805410 4431258135 5623094032 2999566941 0507869061 5600016687 9947125967 7428825567 2664212382
7277135654 8966731920 9259358276 0589552594 4958390557 7751861825 9943077397 6329437360 6272628694 6453727139 5411127635 2951025531
0808863061 4348895245 3780469860 8228199130 0125435708 9805777583 8274869632 0651710629 8893780072 6960160434 8150095922 4644687237
1808994406 9302233407 2471000920 3014163497 9668048628 8925444747 0453998067 7959253045 3776900899 1749192094 2135794067 3310691748
3567804735 5763069816 9105058567 4486722847 8619552076 5102203212 2114422511 5311556902 6213201515 8094063153 1454823566 2075269197
8753896071 0731134397 2514468633 0195156140 0004159243 5505088469 9497987022 0021654014 3630612639 0705527882 3448015537 4181893452
6222063210 1054862193 9009827567 8096668279 8486281862 6030734065 9046718114 6676985277 9206493767 1778027832 0966958417 3591636864
4160380633 8188292114 5088210916 3209140660 2191783475 7678639497 9819192039 1303037823 6354403668 5232979253 0304401282 0722175909
3730651392 0702609466 0171262626 6068549404 5694567006 7491970583 0958064337 2985177986 9390295662 3901445863 1659924443 3816941255
2983764943 4600565981 1924246441 4494059620 7132164490 5775157692 3920635773 4633567452 5084257580 8551807372 2500745788 9103292760
8366217430 7997019821 6623963687 8400048541 0203494746 5014163794 2096607723 [illegible] 4704786158 8703418569 3579996771 [illegible]
[illegible] 2461571513 7042806526 [illegible] [illegible] [illegible] [illegible] [illegible] [illegible] 7315566129 [illegible] [illegible]
```

图 8-5　第 27 个梅森素数（前半部分）

于1982年、1983年、1985年、1992年、1993年、1995年先后发现了第28、第30、第31、第32、第33、第34个梅森素数，p分别为86243、132049、216091、756839、859433、1257787，但是斯洛文斯基漏掉了第29个梅森素数，这个梅森素数的p=110503，是1988年由考尔奎特（W.N.Colquitt）和小威尔士（L.Welsh，Jr.）发现的。

1993年9月，美国克林顿政府推出了影响深远的建设“国家信息基础设施”的“NII计划”（The National Information Infrastructure：Agenda for Action），在美国乃至全球掀起了信息高速公路热，国际互联网及其应用从此飞速发展。在这一背景下，发现梅森素数的状况出现了变化。1996年，居住在美国佛罗里达州奥兰多的一个叫沃尔特曼（G. Woltman）的退休计算机程序员创建了一个网民志愿者组织，名为GIMPS。GIMPS是Global Internet Mersenne Prime Search的简写，意为“全球互联网梅森素数大搜索”。这个组织在网上建立了一个网站，上面放有沃尔特曼开发的寻找梅森素数的程序。这个程序设计得非常巧妙。首先是在检查素数方面，这个程序采用了最先进的算法，包括经沃尔特曼改进的快速傅里叶变换FFT等，而且一经证实2^p-1不是一个新的素数，它就会给出其素因子。其次，这个程序是开放的，任何网民经过登记都可以下载后在自己的计算机上运行，逐一检查网站统一分配的一段p是否有2^p-1为素数。程序的运行是极其自由的，主人在机器上需要做别的事情时，它可以随时中断，空闲时又可以随时恢复。这样，GIMPS就组织起无数的数学爱好者，促使网上的几万、几十万台计算机联合起来，共同协作，投入寻找新的梅森素数的伟大行动中。实际上，GIMPS就是巧妙地利用散布在世界各地的计算机（主要是个人计算机）的被闲置不用的计算能力，积少成多地来完成过去由超级计算机才能承担的计算任务，以发现新的梅森素数。GIMPS建立至今只有27年的时间，但是已经取得了巨大的成功。GIMPS建立当年（1996年）的11月13日，当时的700多名志愿者之一阿芒戈（J.Armengaud，巴黎Apsylog公司的一名29岁的程序员）利用自己只有90MHz的奔腾个人计算机，在经过88小时的运算后，找到了第35个梅森素数，p=1398269，这个梅森素数有420921位，打印出来有225页之多。

阿芒戈的成功使GIMPS的名声大振，参与这个行动的网民迅速增加。到1997年8月，GIMPS的成员增至2000多个。8月24日，英国南安普敦传出好消息：当地一家名为Thorn的微波器件公司的一名38岁的信息技术主管斯彭斯（G. Spence）找到了第36个梅森素数，p=2976221。斯彭斯用的计算机是100MHz的奔腾个人计算机，找到这个梅森素数花了15天。

问世才1年多的GIMPS找到了2个梅森素数,这个非凡的成绩让沃尔特曼信心倍增。为了使GIMPS更好地运行，他把自己的网站移到了一个名为Entropia，Inc.的网络公司的服务器上。这个公司是由库洛夫斯基（S. Kurowski）当年刚在加利福尼亚州的圣迭戈创办的，其宗旨是利用互联网的巨大计算机资源从事高科技的产品研究与开发，如抗艾滋病药品的研制、新材料开发、市场的防风险和安全机制等。沃尔特曼把寻找梅森素数的程序放到Entropia的服务器上后，库洛夫斯基为它完善与改进了对GIMPS成员的网上管理和监督,形成了一个叫PrimeNet的系统，使GIMPS的运行更为有效与严密。沃尔特曼与库洛夫斯基的合作很快就见到了效果：1998年1月27日，第37个梅森素数被加利福尼亚州立大学一名19岁的大学生克拉克森（R. Clarkson）发现。这个梅森素数的p=3021377，有909526位。克拉克森是当时4000多名GIMPS志愿者中的幸运儿，他用一台200MHz的奔腾个人计算机在空闲时间断断续续地运行沃尔特曼的程序，经过46个日日夜夜，屏幕上突然出现了一行文字："你找到了一个新的梅森素数!"这一成果使他成为历史上仅次于诺尔和尼克尔的发现梅森素数的第3年轻的人。

接着在1999年6月1日，受雇于位于密歇根州普利茅斯的Price Waterhouse Coopers公司的印度裔人哈吉拉特华拉（N. Hajratwala）找到了第38个梅森素数，p=6972593，位数首次超过100万位，达到2098960位。哈吉拉特华拉用的是一台350MHz的奔腾Ⅱ IBM Aptiva个人计算机，找到这个素数花了111天，但机器实际运行沃尔特曼程序的机时累加起来仅约21天。当时，GIMPS已拥有12600个成员，而PrimeNet协调的计算机达到21500台。为此，哈吉拉特华拉幸运地获得了由美国电子前沿基金会（Electronic Frontier Foundation，EFF）颁发的5万美元奖金，成为历史上第一位因发现最大素数而获奖的人。

GIMPS 随后发现的一个更大的梅森素数为 p=13466917，这个素数有 4053946 位。这是人类在 21 世纪发现的第 1 个梅森素数，全部梅森素数中的第 39 个，是 2001 年 11 月 14 日由卡梅隆（M. Cameron）发现的。卡梅隆是一名 20 岁的加拿大青年，居住在安大略省的欧文桑德镇，白天上学，晚上接受一家名为 Nucomm International 的通信公司的培训准备就业。他用一台 800MHz 的 AMD T-Bird 个人计算机在闲暇时间参与梅森素数网上大搜索，结果在第 45 天喜获硕果，成为当时 13 万志愿者中的幸运儿，而 Entropia 公司经过近 4 年的发展，参与该公司的网上研发计划（包括搜寻梅森素数行动）的计算机已超过 205000 台，形成了呼声很高 、极具发展前途的“网格计算”（Grid Computing）能力。信息技术（IT）的业界巨头 IBM 公司十分重视异军突起的 Entropia 公司，在卡梅隆发现第 39 个梅森素数前几天刚刚宣布与 Entropia 建立合作伙伴关系。因此，2001 年底对 Entropia 公司来说可谓双喜临门。

此后，两个美国人和一个德国人又相继在 2003 年、2004 年和 2005 年各发现了更大的梅森素数，其 p 分别为 20996011、24036583 和 25964951，位数分别达到 6320430 位、7235733 位和 7816230 位。截至 2023 年，梅森素数已有 51 个，最大的第 51 个发现于 2018 年。GIMPS 的丰硕成果充分说明了互联网的威力，也反映了互联网时代科学发现的国际性。根据 2021 年的统计资料，我国未成年的网民人数已激增至 1.91 亿人，在世界上位列前茅。笔者希望在我国的网民中，尤其是在青少年网民中，有更多的人参与到 GIMPS 搜寻梅森素数的活动中去，有朝一日有中国人发现更大的梅森素数。对此感兴趣的读者可在下列网站下载搜寻梅森素数的程序：

http://www.mersenne.org/primes

8.7 最大素数有多大

以 2005 年 2 月发现的梅森素数 $2^{25964951}-1$ 为例，它是一个有 7816230 位的数。就这个数本身而言，要把它的 781 万 6200 多位数字印刷出来的话，大约是两本厚厚的上千页的书。这个数代表的数量有多大呢？我们假定全世界有 100 万家图书馆，每家图书馆藏书 100 万册，每册书包含 100 万个印刷字符，那么这些藏书的印刷字符的总数仅仅是一个 19 位的数。对比之下，这个梅森素数是比 781 万位还多的一个数，这个数表示的数量有多大，读者就会有一个大体的概念了。数学家德夫林（K.Devlin）在其名著《数学：新的黄金时代》（*Mathematics：the New Golden Age*）[①]中，对 2 的方次表示的数的大小用了以下比喻：对 $2^0=1$，用 1 个 2mm 厚的英国便士表示，$2^1=2$，用 2 个便士表示，$2^2=4$，用 4 个便士表示……那么，对 2^{64}，表示其大小的便士摞起来有多高呢？它将越过月球（距地球 38.44 万公里），再越过太阳（距地球约 1.5 亿公里），直达除太阳外距地球最近的另一颗恒星——半人马座中的 α 星，它距地球有 4 光年。注意，这还只是 2^{64}，而目前已知的最大素数是 $2^{82589933}-1$。笔者不懂天文学，不知道用便士来表示它的大小时，该到达哪颗恒星了，总之是宇宙深处了吧！

作为这一章的结束，我们介绍一个有关素数的有趣的问题。这个问题是美国密西西比州的史密斯（B. Smith）提出来的，刊载于 1964 年 3 月的《科学美国人》上。设有如图 8-6 所示的 2 个互相啮合的齿轮，齿轮上各画了一条带箭头的直线。开始时，2 个箭头正好相对。然后小轮沿顺时针方向转动，大齿轮沿逆时针方向转动。若大轮有 181 个齿，问小轮在转了多少圈以后这 2 个箭头又重新相遇？

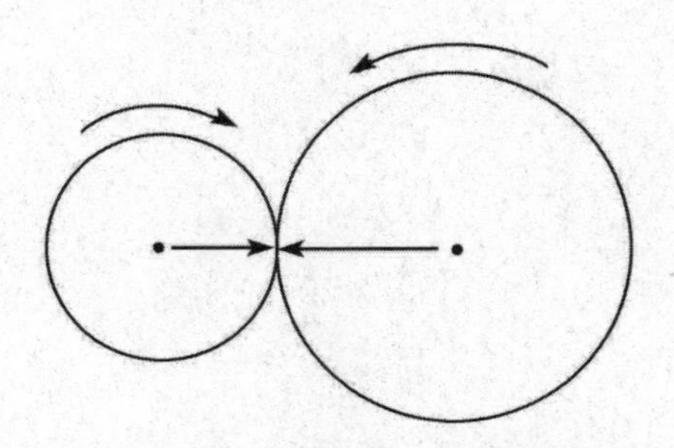

图 8-6　一个与素数相关的有趣问题

可能有读者会说，这个题目里没有给出小轮的齿数，无法计算其传动比，怎么回答这个问题啊？其实这个题目的有趣之处正在于答案是和

① 基斯・德夫林. 数学：新的黄金时代. 李文林等译. 上海：上海教育出版社，1997。

小轮齿数无关的，你可以任意假设它有多少个齿，比如有 n 个齿。根据题意，设 2 个箭头重新相遇时 2 个齿轮都转过了 k 个齿，则 k 应该是 2 个齿轮齿数的最小公倍数（LCM）。由于大轮齿数 181 是素数，LCM 只能是两轮齿数的乘积 $181n$。由此可知，不管小轮齿数是多少，它要转 181 圈才能使 2 个箭头重新相遇。

09 素数奇趣

在上一章“素数之谜”中，我们介绍了素数研究中的一些主要问题，是偏重学术的。这一章我们介绍素数的一些奇异现象和有趣的问题。

9.1 由顺（逆）序数字组成的素数

从整体来看，素数是一种无序的数，其中出现的数字是随机的、杂乱的、没有规律的。但是也有少数素数恰恰是由 1—9 这 9 个数字或其一部分的顺序或逆序排列形成的，从而引起人们的兴趣与注意。数字以升序排列的素数有

23，67，89，4567，…，23456789，1234567891，…

1972 年，美国博林格林州立大学的芬克斯坦（R. Finkelstein）等发现了一个 28 位的顺序数字素数：

1234567891234567891234567891

1978 年，凯塞尔（A. Cassel）打破了这个纪录，发现了一个由 123456789 重复达 7 次、最后以 1234567 结尾的顺序数字素数

$$\underbrace{123456789}\underbrace{123456789}\cdots 1234567$$

这个素数长达 70 位，纪录至今无人打破。

相比之下，数字以逆序排列形成的素数则很少发现，已知的只有 43、76543 等少数几个，而 76543 已经是这类素数中的“老大”了。

同一个数字重复若干次能否形成素数？显然只有 1 是可能的，其他数字都是不可能的。（为什么？）除了 11 以外，人们也确实发现了由多个 1 组成的素数，如：

1111111111111111111　　11111111111111111111111

前者由 19 个 1 组成，后者由 23 个 1 组成。显然，这样的素数中 1 的个数必然是素数。

2 个不同的数字重复出现也能形成一些奇妙而独特的素数。下面这 2 个是其中的“佼佼者”

909090909090909090909090909091
909090909090909090909090909090909090909091

前一个是 90 重复了 14 次，最后以 91 收尾；后一个是 90 重复了 19 次，最后以 91 收尾。

9.2 回文素数

所谓回文素数，是正读和反读是同一个素数的素数。前面介绍的重复 1 素数显然也是回文素数。除了上述 2 个 1、19 个 1、23 个 1 所组成的素数外，1977 年，威廉姆斯（H. C. Williams）发现了一个由 317 个 1 组成的重复 1 素数，是最大的回文素数。后来他又发现了一个由 1031 个 1 所组成的数也是素数。

回文素数不算很多，在 1000 以内只有这 16 个：11、101、131、151、181、191、313、353、373、383、727、757、787、797、919、929。

1980 年 11 月，加拿大滑铁卢大学用 PDP 11/45 计算机共找出 5 位的回文素数 93 个、7 位的回文素数 668 个。比利时著名的娱乐数学杂志 *Crux Mathematicorum*》的编辑索维（L. Sauve）则共给出了 9 位的回文素数 5172 个，其中最奇特的一个是 345676543。而包含全部 0—9 这 10 个数字的最小回文素数 1023456987896543201 则是尼尔逊（H. I. Nilson）在 1980 年发现的。

加拿大数学家格里奇曼（N.Gridgeman）注意到在回文素数中有这样一个奇异的现象，即在奇数位的回文素数中常常出现仅中央数字差 1、两侧数字相同的素数对，他把这样的素数对叫作“回文素数对”。例如，在最前面的 47 个回文素数中，就有近一半（即 22 个）组成回文素数对

（181，191）　（373，383）　（787，797）　（919，929）
（10501，10601）　（11311，11411）　（12721，12821）
（13831，13931）　（15451，15551）　（16561，16661）

（30103，30203）

数学家已经证明，回文素数的数量是无限的；格里奇曼猜测，回文素数对的数量也是无限的，但至今不能证明。目前已知的最大的回文素数对如下

$$\left(\underbrace{11\cdots1}_{45个1}4\underbrace{11\cdots1}_{45个1},\ \underbrace{11\cdots1}_{45个1}5\underbrace{11\cdots1}_{45个1}\right)$$

在寻找极大的回文素数方面，数学家杜勃讷（H.Dubner）一直保持着创纪录的成绩。下面这些奇特的大回文素数都是由他发现的。

（1）1989 年，杜勃讷发现了由数字 2 居中、两侧分布各 2894 个 9 的一个奇特回文素数，表示为$(9)_{2894}2(9)_{2894}$，这个回文素数有 5749 位。

顺便说一下，杜勃讷在 2000 年还发现了一个开头是 8，其后全是 9 的极大素数 $8(9)_{48051}$，这个素数有 48052 位。但他的这一纪录后来被索伦森（E.J.Sorenson）打破。索伦森发现的这类素数有

打头数字	后随 9 个数	发现年份
4	21456	2001
5	34936	2001
2	49314	2002
7	49808	2002
1	55347	2002

显然，其开头数字必不能被 3 整除。

（2）1989 年，杜勃讷发现了一个仅由 0 和 1 组成的大回文素数

$$1(0)_{2415}(1)_9(0)_{2415}1$$

这个素数有 4841 位。10 年后，杜勃讷发现了一个更大的、有 30803 位的回文素数

$$1(0)_{15397}1110111(0)_{15397}1$$

（3）“三重回文素数” $10^{11310}+4661664\times10^{5652}+1$。

这个回文素数实际上是 4661664 居中，前后各有 5652 个 0，首尾为 1，所以共有 11311 位。之所以称它为“三重回文素数”（triply palindromic prime），是由于它的位数 11311 也是一个回文素数，11311 的位数 5 也可以看成是回文素数。后来杜勃讷又发现了一个更大的三重回文素数，有

35353 位

$$10^{35352}+2049402\times10^{17673}+1$$

（4）杜勃讷发现的最大回文素数是

$$10^{39026}+4538354\times10^{19510}+1$$

这个素数有 39027 位，杜勃讷保持这个世界纪录到 2003 年。这一年，郝艾尔（D.Heuer）利用一个叫 PrimeForm 的程序找到了第一个突破 10 万位的回文素数

$$10^{104281}-10^{52140}-1$$

这个回文素数有 104281 位。

这里，我们再顺便介绍杜勃讷发现的两个非常奇特的素数。

（1）素数中只包括数字 2、3、5、7——这几个数字本身也都是素数。如下

$$72323252323272325252\times\frac{10^{3120}-1}{10^{20}-1}+1=(72323252323272325252)_{156}+1$$

这个素数有 3120 位，是杜勃讷 于 1992 年发现的。除了其中只有素数以外，它还有另外两个奇特之处。一是整个素数由 72323252323272325252 重复 155 次，最后再重复一次时以 53 收尾；二是素数中总是先出现一个奇素数（3、5 或 7），后面紧跟着一个偶素数 2，只有末尾 2 位除外。

（2）包括从 0 到 9 的全部数字的素数

$$(1)_{1000}(2)_{1000}(3)_{1000}(4)_{1000}(5)_{1000}(6)_{1000}(7)_{1000}(8)_{1000}(9)_{1000}(0)_{6645}1$$

这个素数是杜勃讷于 2000 年发现的，共 15646 位，它顺序出现 1000 个 1，1000 个 2，1000 个 3……1000 个 9，最后是 6645 个 0，然后以 1 收尾。

9.3　可逆素数

所谓可逆素数（reversible prime），是正读为素数，反读也是素数。显然，上面讨论的回文素数也是一类可逆素数，但正读、反读都一样而已。

最前面的几个可逆素数是 13，17，31，37，71，73，79，97，107，…；稍后有 1453，1559，1583，…；更大的有 987653201 等。

最早对可逆素数进行研究的是法雷尔（J. P.Farrell）。后来，卡德（L.E.Card）把可逆素数称为“埃米尔素数”（emirp）。埃米尔是阿拉

伯国家的贵族头衔。卡德之所以把可逆素数叫作埃米尔素数，笔者猜测大约有两层意思。一是这类素数很珍贵、稀少，二是首先研究这个问题的法雷尔大概是一个阿拉伯人（从他的名字看是这样，但笔者未查到法雷尔的资料）。

可逆素数确实比较稀少。2 位素数中只有 4 对，3 位素数中有 14 对，4 位素数中有 102 对。卡德曾经给出了 10^7 以内的所有可逆素数。

可逆素数中又有两类很特殊的。一是素数中没有重复数字，叫 no-rep emirp。这类可逆素数当然只限于 10 位以内，因为超过 10 位的至少有 2 个相同数字。而且从 0 到 9 的 10 个数字不管如何排列，其和为 45，即其数字根为 9，因此形成的数必是 9 的倍数，不可能是素数。这类可逆素数中最大的一个是包含 9 个数字的 987653201。

还有一类是循环可逆素数（cyclic emirp），即如果把素数的最高位数字重复地移到尾部去，形成的数始终也是可逆素数，那么这个可逆素数就叫循环可逆素数。例如，把 193939 这个数的各个数位排成一圈，那么不管从哪个数字出发，也不管是沿顺时针方向还是沿逆时针方向，取 6 位都得到素数，如图 9-1 所示。

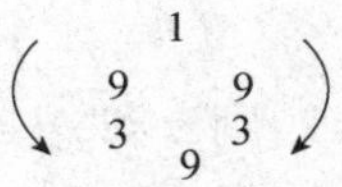

1
9 9
3 3
9

图 9-1 循环可逆素数

循环可逆素数就太少太少了。在 3 位、4 位、5 位的素数中一个也没有，6 位的就只有上面 1 个。有人曾经花很大工夫寻找 7 位以上的循环可逆素数，但都一无所获。最后，比勒（J. Buhler）证明 7 位以上素数中不可能有循环可逆素数。

非常有趣的是，若干可逆素数还能组成一种特殊的“幻方”。图 9-2 和图 9-3 分别给出了 4 阶和 5 阶的 2 个“埃米尔幻方”。其中，每行、每列和 2 条对角线上的数都是可逆素数。这样，一个 n 阶的埃米尔幻方中包含的不同素数就有 $4(n+1)$个之多。

9	1	3	3
1	5	8	3
7	5	2	9
3	9	1	1

图 9-2 4 阶埃米尔幻方

1	3	9	3	3
1	3	4	5	7
7	6	4	0	3
7	4	8	9	7
7	1	3	9	9

图 9-3 5 阶埃米尔幻方

当然，不是任意 n 阶都有埃米尔幻方的，如 2 阶和 3 阶就没有。4 阶的只有前面给出的 1 个。5 阶的不止前面给出的 1 个，有兴趣的读者不妨自己试试找几个出来。此外，由于素数必以 1、3、7、9 结尾，所以埃米尔幻方周边方格中只能是这 4 个数字，因此阶数高于 4 的埃米尔幻方不可能由 no-rep emirp 组成。

9.4 孪生素数

所谓孪生素数（twin primes），是这样的一对素数，它们的值相差 2。或者说，连续的 2 个奇数如果都是素数，则称为孪生素数。例如，3 和 5，5 和 7，11 和 13，…在 10000 以内的孪生素数共有 130 对，最大的一对是 9678±1。孪生素数是否无限？这又是一个至今未解之谜。

克利门特（P.A.Clement）早在 1949 年就给出了判定正整数 n 和 $n+2$ 是不是一对孪生素数的法则，具体如下：

当且仅当

$$4[(n-1)!+1]+n\equiv 0[\mathrm{mod}\, n(n+2)]$$

则 n 和 $n+2$ 形成一对孪生素数。

利用前面介绍过的威尔逊定理不难证明这个法则。奇怪的是，纵使有这样一个法则，人们在寻求“最大孪生素数”方面的进展远远不如寻求“最大素数”方面的进展大。1972 年时的最大孪生素数记录是 $76\times 3^{139}\pm 1$，是由威廉（H.C.William）和扎鲁克（C.R-Zaruke）创造的。1979 年，贝利（R. Baillie）把这个纪录提高到 $297\times 2^{546}\pm 1$。10 年后，Amdahl 公司的帕拉第（B.Parady）、史密斯（J.Smith）和扎拉托尼罗（S.Zarantonello）把这个纪录推进到 $1706595\times 2^{11235}\pm 1$。进入 90 年代以后，不断刷新这一纪录的又是杜勃讷，他在 1995 年发现的一对最大孪生素数是 $570918348\times 10^{5120}\pm 1$。这对孪生素数的位数各有 5129 位。1995 年以后不断有人打破杜勃讷的这一纪录，新发现的孪生素数一对比一对大，详见表 9-1。目前已知的一对最大孪生素数有 388342 位。比较一下目前已知的最大素数已经是 700 多万位的数，这对孪生素数不是“小”得可怜吗？当然，如果孪生素数也是无限的，那么它的新纪录也总是不断涌现的。

表 9-1　近年来发现的极大孪生素数对

孪生素数对	位数	发现年份	发现者
$835335\times2^{39014}\pm1$	11751	1999	Ballinger 等
$361700055\times2^{39020}\pm1$	11755	1999	Lifchitz
$871892617365\times2^{48000}\pm1$	14462	1999	Indlekofer 等
$2230907354445\times2^{48000}\pm1$	14462	1999	Indlekofer 等
$2409110779845\times2^{60000}\pm1$	18075	2000	Indlekofer 等
$4648619711505\times2^{60000}\pm1$	18075	2000	Indlekofer 等
$291889803\times2^{60090}\pm1$	18098	2001	Boivin 等
$83475759\times2^{64955}\pm1$	19562	2000	Underbakke 等
$1693965\times2^{66443}\pm1$	20008	2000	LaBarbera 等
$781134345\times2^{66445}\pm1$	20011	2001	Underbakke 等
$665551035\times2^{80025}\pm1$	24099	2000	Underbakke 等
$1807318575\times2^{98305}\pm1$	29603	2001	Underbakke 等
$318032361\times2^{107001}\pm1$	32220	2001	Underbakke 等
$1765199373\times2^{107520}\pm1$	32376	2002	McElhatton 等
$60194061\times2^{114689}\pm1$	34533	2002	Underbakke 等
$33218925\times2^{169690}\pm1$	51090	2002	Papp 等
$100314512544015\times2^{171960}\pm1$	51780	2006	Winslow
$194772106074315\times2^{171960}\pm1$	51780	2007	Kaiser 等
$2003663613\times2^{195000}\pm1$	58711	2007	Vautier 等
$65516468355\times2^{333333}\pm1$	100355	2009	Jarai 等
$3756801695685\times2^{666669}\pm1$	200700	2011	Jarai 等
$2996863034895\times2^{1290000}$	388342	2015	Greer 等

关于孪生素数，还有一点值得指出，即所有孪生素数均有 $6n\pm1$ 的形式，但 $6n\pm1$ 的数却不一定是素数。

9.5　形成级数的素数

在素数表中，我们还能发现有一些素数恰好形成算术级数。例如：

7，37，67，97，127，157（公差 30）

7，157，307，457，607，757，907（公差 150）

71，2381，4691，7001，9311，11621，13931（公差 2310）

107，137，167，197，227，257（公差 30）

199，409，619，829，1039，1249，1459，1669，1879，2089（公差 210）

这一现象引起了许多数学家的注意并就此展开研究，取得了许多成果，其中包括我国数学家潘承洞取得了世界领先的研究成果。早在 1837 年，狄里希莱特（G.L.Dirichlet）就给出了有关这个问题的一个最经典和最重要的定理。这个定理说，若 $d\geqslant 2$ 和 $a\neq 0$ 是 2 个互为素数的正整数，则下列算术级数包含无限多的素数

$$a，a+d，a+2d，a+3d，\cdots$$

注意：这个定理并没有说这个算术级数中的每一项都是素数，而是说其中有无限多的项是素数。我们感兴趣的当然还是所有项都是素数的级数。数学家们致力于找项数尽可能多的级数，可惜至今进展不大。前面我们列出的几个级数中，项数最多的一个是 10 项，公差为 210，首项为 199，末项为 2089。有了计算机以后，人们陆续发现了包括 12 项（1958 年）、13 项（1963 年）、14 项（1969 年）、15 项（1969 年）、16 项（1976 年）、17 项（1977 年）、18 项（1983 年）、19 项（1984 年）、20 项（1987 年）、21 项（1992 年）和 22 项（1995 年）的级数。包括 22 项的级数的公差为 4609098694200，首项为 11410337850553，是普里恰特（P.Pritchard）等 3 人动用 60 多台计算机协同工作才找到的。杜勃讷在同一年也找到了一个级数，虽然只有 7 项，公差只有 210，但其首项已经是一个 97 位的素数，从而也创造了纪录。至今有没有由素数组成的任意长的算术级数，如有 50 项的素数序列仍然是一个未知数，需要人们继续去研究与探索。

9.6 素数与 π 及其他

素数与 π 是什么关系？我们知道，圆周率 π 是无理数，其数位是无限延伸的，而且其中 0，1，2，…，9 出现的频率是相等的。图 9-4 是用计算机打印出来的 π 的前 8182 位，其中 0—9 各个数字出现的频率也是基本相等的。目前的纪录是 2002 年创造的，将 π 的值算至 12411 亿位。π 值（不考虑小数点）在任意位数上中断是否能给出素数？研究结果令人惊奇，这种情况竟然极少，至今只发现了 4 个，即

3.14159265358979323846264338327950288419716939937510582097494459230781640628620899862803482534211706798214808651328230664709384460955058223172535940812848111745028410270193852110555964462294895493038196442881097566593344612847564823378678316527120190914564856692346034861045432664821339360726024914127372458700660631558817488152092096282925409171536436789259036001133053054882046652138414695194151160943305727036575959195309218611738193261179310511854807446237996274956735188575272489122793818301194912983367336244065664308602139494639522473719070217986094370277053921717629317675238467481846766940513200056812714526356082778577134275778960917363717872146844090122495343014654958537105079227968925892354201995611212902196086403441815981362977477130996051870721134999999837297804995105973173281609631859502445945534690830264252230825334468503526193118817101000313783875288658753320838142061717766914730359825349042875546873115956286388235378759375195778185778053217122680661300192787661119590921642019893809525720106548586327886593615338182796823030195203530185296899577362259941389124972177528347913151557485724245415069595082953311686172785588907509838175463746493931925506040092770167113900984882401285836160356370766010471018194295559619894676783744944825537977472684710404753464620804668425906949129331367702898915210475216205696602405803815019351125338243003558764024749647326391419927260426992279678235478163600934172164121992458631503028618297455570674983850549458858692699569092721079750930295532116534498720275596023648066549911988183479775356636980742654252786255181841757467[illegible]

图 9-4　π 的前 8182 位

3

31

314159

31415926535897932384626433832795028841

最后这个 38 位的 π 是 1979 年由贝利和旺特利希（M. Wunderlich）证明为素数的。贝利还曾经一直验证 π 值到 432 位，都未再发现素数。但是否就不再有第 5 个、第 6 个……由 π 值形成的素数了呢？目前还不能下结论。

再一个是计数数，即按顺序写下 1，2，3，…形成的数

$$123456789101112131415161718192021\cdots$$

在计数的某一点上中断能给出素数吗？显然在计至偶数时中断绝不会形成素数，但令人意想不到的是，在任意奇数上中断也至今没有发现一个素数。尼尔森（H. Nelson）已经对此一直验证到 2^{48} 位。但继续验证下去会不会碰到素数？没有人敢对此下结论说“会”或“不会”。

1980 年，剑桥大学的人类学家福琼（R. F.Fortune）提出了这样一个问题：设 P_n 为最前面几个素数的乘积，即

$$P_n=p_1\cdot p_2\cdot p_3\cdots p_n$$

令 Q_n 是大于 P_n+1 的最小素数，也就是在 P_n+1 这个自然数后遇到的第一个素数。再令

$$F_n=Q_n-P_n$$

这个 F_n 会有什么性质呢？福琼用 n=1，2，3，…去验证了一下，发现 F_n 这个序列有以下情况

3，5，7，13，23，17，19，23，37，61，67，61，71，47，107，59，61，109，89，103，79，…

这个序列中都是素数。因此，福琼猜测 F_n 全为素数。福琼的这个猜测对吗？目前还是一个谜。因此，F_n 被叫作“幸运数”（fortunate number）。

9.7　一些素数倒数的特殊性质

除了素数本身具有种种特殊的性质外，数学家们还发现若干素数的倒数也具有一些非常有趣而特殊的性质。首先，许多素数的倒数出现循环小数，如

$$\frac{1}{3}=0.3333\dot{3}\cdots$$

$$\frac{1}{7}=0.142857\dot{1}\dot{4}\dot{2}\dot{8}\dot{5}\dot{7}\cdots$$

$$\frac{1}{11}=0.0909\dot{0}\dot{9}\cdots$$

$$\frac{1}{13}=0.076923\dot{0}\dot{7}\dot{6}\dot{9}\dot{2}\dot{3}\cdots$$

$$\frac{1}{17}=0.\dot{0}\dot{5}\dot{8}\dot{8}\dot{2}\dot{3}\dot{5}\dot{2}\dot{9}\dot{4}\dot{1}\dot{1}\dot{7}\dot{6}\dot{4}\dot{7}\cdots$$

其中有几个循环小数非常特别，如

$$\frac{1}{7}=0.142857\cdots$$

$$2\times\frac{1}{7}=0.285714\cdots$$

$$3\times\frac{1}{7}=0.428571\cdots$$

$$4\times\frac{1}{7}=0.571428\cdots$$

$$5\times\frac{1}{7}=0.714285\cdots$$

$$6\times\frac{1}{7}=0.857142\cdots$$

我们看到，$\frac{1}{7}$分别乘以 2，3，4，5，6 以后获得的数的组成同$\frac{1}{7}$完全一样，只是次序发生了变化。数学家把这样的数叫作“循环数”（cyclic number），142857 是其中之一。如果把 0—9 这 9 个数字均匀地安排在一个圆周上，那么，这个循环数中各个数字的顺序形成了一个很引人注目的对称图案（图 9-5）。

把循环数 142857 乘以 7 以上的数字时，也会出现一些有趣的现象。例如

$$142857\times12=1714284$$

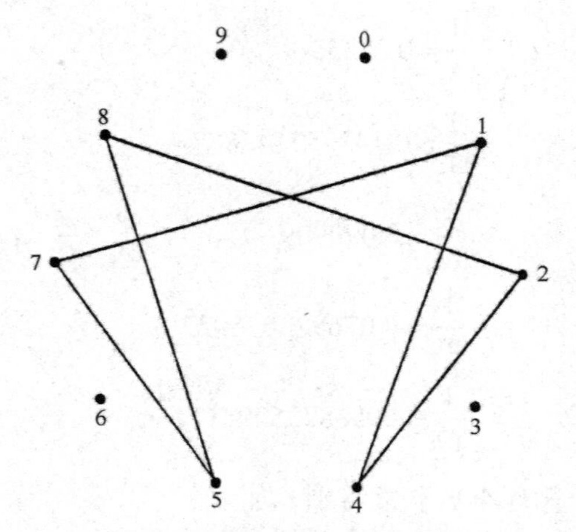

图 9-5　循环数 142857 形成对称图案

如果把乘积首位的 1 取下来加到末尾的 4 上去，结果又得到了循环数的另一个形式 714285，相当于 142857×5！

又比如，把 142857 取平方

$$142857^2=20408122449$$

把结果分成前 5 位和后 6 位两个数相加

$$20408+122449=142857$$

竟然又重新变成了原来的循环数。具有这种性质的数叫作“卡泼里卡数”（Kaprekar number）。

循环数 142857 同 9 这个数字也有千丝万缕的关系。由于 142857 是 $\frac{1}{7}$ 的循环小数，显然

$$142857\times7=999999$$

把 142857 分成前后 2 个 3 位数相加

$$142+857=999$$

把 142857 分成 3 组 2 位数相加

$$14+28+57=99$$

把 142857 一位一位相加

$$1+4+2+8+5+7=27$$

把结果 27 再分成 2 个 1 位数相加，结果也是 9。

对于任何数，如果从个位起分成 3 位 3 位的若干组相加的结果为 999 的话，它必是 999 的倍数，因此 142857 一定是 999 的倍数，实际上

$$142857=999\times143$$

我们再进一步看一个有趣的、并从而可用来进行速算的现象。由于 $7\times142857=7\times999\times143$，而 $7\times143=1001$，$142857143\times7=1000000001$，这样，就可以用以下办法以闪电般的速度获得任意一个 9 位数乘以 142857143 的积：把这个任意 9 位数连续写 2 遍，然后除以 7。比如，要求 577831345×142857143 的积，那么通过用 7 除 577831345577831345，立即就可以得到所需乘积 82547335082547335 了。这个速算法是著名娱乐数学家加德纳发现的。

142857 这个数的两半还有另一个有趣的性质，即若用它的前 3 位 142 去除它的后 3 位 857，商是 $6=7-1$，而余数是 $5=7-2$，也就是说

$$857=142\times6+5$$

把 142857 分成 3 位 3 位一组或 2 位 2 位一组相加必得 999 或 99 这一性质，对于 142857 的任意倍数（0 除外）也都成立，只要遵守分组从个位开始，以及答案超出 3 位或 2 位时重复一下这个过程这样 2 条规则。如对 142857 的 361 倍

$$142857\times361=51571377$$

$$51+571+377=999$$

$$51+57+13+77=198，1+98=99$$

又例如 142857 的 74 倍

$$142857\times74=10571418$$

$$10+571+418=999$$

$$10+57+14+18=99$$

由于重复同一数字可以看成是比率为 $\frac{1}{10}$ 的等比级数各项之和（如可以把 666 看成是 600，60，6 之和），因此 $\frac{1}{7}$ 这样的循环小数可以通过把某些等比级数相加而获得。比如，可以通过把 1，3，9，…这个级数相加而获得 142857…

```
1
 3
  9
   2 7
    8 1
     2 4 3
      7 2 9
       1 4 5 8
            ⋮
------------------
1 4 2 8 5 7⋯
```

也可以通过把 7，35，175，⋯这个级数由后往前相加而获得

```
                       7
                     3 5
                   1 7 5
                 8 7 5
               4 3 7 5
             2 1 8 7 5
           1 0 9 3 7 5
             ⋮
--------------------------------
⋯8 5 7 1 4 2 8 5 7 1 4 2 8 5 7
```

恐怕最奇妙的是，可以用 14，28，56，⋯这样一个级数来生成 142857

```
1 4
  2 8
    5 6
      1 1 2
        2 2 4
          4 4 8
            8 9 6
              1 7 9 2
                3 5 8 4
                      ⋮
--------------------------------------
1 4 2 8 5 7 1 4 2 8 5 7 1 4 2 8 5 7⋯
```

以上我们比较详细地讨论了 $\frac{1}{7}=0.142857\cdots$ 这个数的许多有趣性质。

这些性质对于其他素数的倒数大体上也是成立的，其条件是：出现循环小数的循环周期具有最大值，即若$\frac{1}{n}$出现循环小数，其循环周期为 $n-1$。符合以上条件的素数除 7 外，还有 17，19，23，29，47，59，61，97，109，113，131 等，多不多呢？不多。按照商克斯（D. Shanks）的估计，素数中大约只有$\frac{3}{8}$符合这个条件。此外，他还证明，周期数为偶数的素数恰好比周期数为奇数的素数多 1 倍。

上面我们说$\frac{1}{7}=0.142857\cdots$所具有的性质，对于循环周期具有最大值的其他素数倒数大体上也是成立的。为什么说“大体上”呢？这是由于如等比级数的比率等，可能出现稍许不同的情况，而其他性质几乎都是一样的。例如，$\frac{1}{17}$也有最大循环周期 16，因而有

$$\frac{1}{17}=0.05882352\ 94117647$$

$$\frac{2}{17}=0.11764705\ 88235294$$

$$\frac{3}{17}=0.17647058\ 82352941$$

$$\vdots$$

$$\frac{14}{17}=0.82352941\ 17647058$$

$$\frac{15}{17}=0.88235294\ 11764705$$

$$\frac{16}{17}=0.94117647\ 05882352$$

明眼人一眼就能看出，互补的一对数（$\frac{1}{17}$和$\frac{16}{17}$，$\frac{2}{17}$和$\frac{15}{17}$，$\frac{3}{17}$和$\frac{14}{17}$，…）的循环小数的前 8 位和后 8 位刚好调了个个，而同一数的前 8 位和后 8 位相加刚好是 99999999

$$05882352+94117647=99999999$$

把 16 位循环小数分成 4 位一组相加

$$0588+2352+9411+7647=19998，1+9998=9999$$

分成 2 位一组相加

$$05+88+23+52+94+11+76+47=396,\ 3+96=99$$

一位一位相加

$$0+5+8+8+2+3+5+2+9+4+1+1+7+6+4+7=72,\ 7+2=9$$

这些性质我们在前面都已经见过了。

对于循环周期不是最大值的素数倒数，性质则要复杂得多。例如，$\frac{1}{13}=0.076923\dot{0}\dot{7}\dot{6}\dot{9}\dot{2}\dot{3}$的循环周期仅是最大值 13−1=12 的一半。我们来看一下用 2—12 乘这个倒数出现的情况

$$2\times\frac{1}{13}=0.153846$$

$$3\times\frac{1}{13}=0.230769$$

$$4\times\frac{1}{13}=0.307692$$

$$5\times\frac{1}{13}=0.384615$$

$$6\times\frac{1}{13}=0.461538$$

$$7\times\frac{1}{13}=0.538461$$

$$8\times\frac{1}{13}=0.615384$$

$$9\times\frac{1}{13}=0.692307$$

$$10\times\frac{1}{13}=0.769230$$

$$11\times\frac{1}{13}=0.846153$$

$$12\times\frac{1}{13}=0.923076$$

由于 6 位循环数只能出现 6 次，这样用 2—12 乘$\frac{1}{13}$时，其中一组 6 个（1、3、4、9、10、12）出现循环数 076923，其余 6 个（2、5、6、7、8、11）出现另一个循环数 153846，把 0—9 这 9 个数字均匀地安排在一个圆周上，把循环数 076923 的各个数字顺序连接起来将形成一个引人注目的对称图案，如图 9-6 所示。把循环数 153846 的各个数字顺序连接起

来也将是一个对称图案，读者可自行验证。

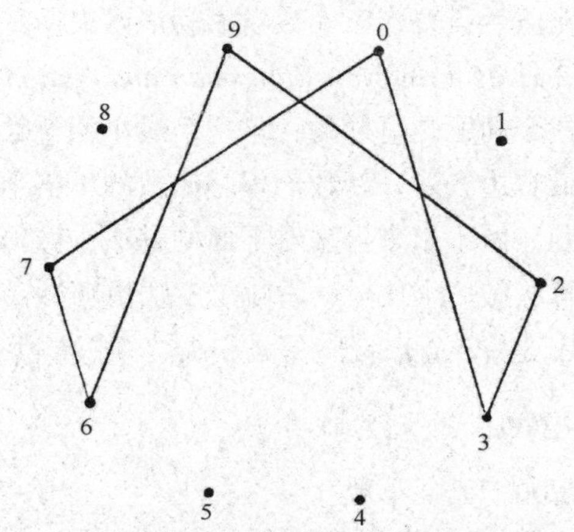

图 9-6 循环数 076923 形成对称图案

类似地，素数 41 的倒数是 $\frac{1}{41}=0.\dot{0}\dot{2}\dot{4}\dot{3}\dot{9}$，循环周期 5 仅是最大值 41−1=40 的 $\frac{1}{8}$，因此 $\frac{1}{41}$ 的各倍数将分成 8 组，每组中的 5 个数是由相同数字组成的循环数，共有 8 个循环数，如表 9-2 所示。互补的数对（$\frac{1}{41}$ 和 $\frac{40}{41}$，…）相加仍产生 99999。

表 9-2

1	$\frac{1}{41}=0.\dot{0}\dot{2}\dot{4}\dot{3}\dot{9}$	$\frac{10}{41}=0.\dot{2}\dot{4}\dot{3}\dot{9}\dot{0}$	$\frac{16}{41}=0.\dot{3}\dot{9}\dot{0}\dot{2}\dot{4}$	$\frac{18}{41}=0.\dot{4}\dot{3}\dot{9}\dot{0}\dot{2}$	$\frac{37}{41}=0.\dot{9}\dot{0}\dot{2}\dot{4}\dot{3}$
2	$\frac{2}{41}=0.\dot{0}\dot{4}\dot{8}\dot{7}\dot{8}$	$\frac{20}{41}=0.\dot{4}\dot{8}\dot{7}\dot{8}\dot{0}$	$\frac{32}{41}=0.\dot{7}\dot{8}\dot{0}\dot{4}\dot{8}$	$\frac{33}{41}=0.\dot{8}\dot{0}\dot{4}\dot{8}\dot{7}$	$\frac{36}{41}=0.\dot{8}\dot{7}\dot{8}\dot{0}\dot{4}$
3	$\frac{3}{41}=0.\dot{0}\dot{7}\dot{3}\dot{1}\dot{7}$	$\frac{7}{41}=0.\dot{1}\dot{7}\dot{0}\dot{7}\dot{3}$	$\frac{13}{41}=0.\dot{3}\dot{1}\dot{7}\dot{0}\dot{7}$	$\frac{29}{41}=0.\dot{7}\dot{0}\dot{7}\dot{3}\dot{1}$	$\frac{30}{41}=0.\dot{7}\dot{3}\dot{1}\dot{7}\dot{0}$
4	$\frac{4}{41}=0.\dot{0}\dot{9}\dot{7}\dot{5}\dot{6}$	$\frac{23}{41}=0.\dot{5}\dot{6}\dot{0}\dot{9}\dot{7}$	$\frac{25}{41}=0.\dot{6}\dot{0}\dot{9}\dot{7}\dot{5}$	$\frac{31}{41}=0.\dot{7}\dot{5}\dot{6}\dot{0}\dot{9}$	$\frac{40}{41}=0.\dot{9}\dot{7}\dot{5}\dot{6}\dot{0}$
5	$\frac{5}{41}=0.\dot{1}\dot{2}\dot{1}\dot{9}\dot{5}$	$\frac{8}{41}=0.\dot{1}\dot{9}\dot{5}\dot{1}\dot{2}$	$\frac{9}{41}=0.\dot{2}\dot{1}\dot{9}\dot{5}\dot{1}$	$\frac{21}{41}=0.\dot{5}\dot{1}\dot{2}\dot{1}\dot{9}$	$\frac{39}{41}=0.\dot{9}\dot{5}\dot{1}\dot{2}\dot{1}$
6	$\frac{6}{41}=0.\dot{1}\dot{4}\dot{6}\dot{3}\dot{4}$	$\frac{14}{41}=0.\dot{3}\dot{4}\dot{1}\dot{4}\dot{6}$	$\frac{17}{41}=0.\dot{4}\dot{1}\dot{4}\dot{6}\dot{3}$	$\frac{19}{41}=0.\dot{4}\dot{6}\dot{3}\dot{4}\dot{1}$	$\frac{26}{41}=0.\dot{6}\dot{3}\dot{4}\dot{1}\dot{4}$
7	$\frac{11}{41}=0.\dot{2}\dot{6}\dot{8}\dot{2}\dot{9}$	$\frac{12}{41}=0.\dot{2}\dot{9}\dot{2}\dot{6}\dot{8}$	$\frac{28}{41}=0.\dot{6}\dot{8}\dot{2}\dot{9}\dot{2}$	$\frac{34}{41}=0.\dot{8}\dot{2}\dot{9}\dot{2}\dot{6}$	$\frac{38}{41}=0.\dot{9}\dot{2}\dot{6}\dot{8}\dot{2}$
8	$\frac{15}{41}=0.\dot{3}\dot{6}\dot{5}\dot{8}\dot{5}$	$\frac{22}{41}=0.\dot{5}\dot{3}\dot{6}\dot{5}\dot{8}$	$\frac{24}{41}=0.\dot{5}\dot{8}\dot{5}\dot{3}\dot{6}$	$\frac{27}{41}=0.\dot{6}\dot{5}\dot{8}\dot{5}\dot{3}$	$\frac{35}{41}=0.\dot{8}\dot{5}\dot{3}\dot{6}\dot{5}$

最后我们给出利用循环小数来解决一个有趣数学问题的例子。这个问题是著名的英籍波兰科普作家、数学家勃洛诺夫斯基（J.Bronowski）发表在 1949 年 12 月 24 日的 *New Statesman and Nation* 上作为圣诞节娱乐内容之一的。这个问题是这样的：求一个最小的整数，把这个整数最左边的高位移到最右边去后，新数恰好是原数的 1 倍半。读者可以先试着自己去解这个题，做不出来再来看下面的解法；做出来的可以把自己的解法与下面的解法做一个比较，看哪个解法更巧妙一些。

设要求的数是 $N=a_na_{n-1}a_{n-2}\cdots a_2a_1a_0$，则经过变换后的数是 $3\frac{N}{2}=a_{n-1}a_{n-2}\ldots a_2a_1a_0a_n$。

现在我们考虑如下循环小数

$x=a_na_{n-1}a_{n-2}\cdots a_2a_1a_0\dot{a}_{n-1}a_{n-2}\cdots a_2a_1\dot{a}_0$

把 x 除以 10（也就是把小数点左移一位）

$\frac{x}{10}=a_na_{n-1}a_{n-2}\cdots a_2a_1a_0a_na_{n-1}a_{n-2}\cdots a_2a_1a_0\cdots$

从 x 中减去 a_n

$x-a_n=a_{n-1}a_{n-2}\cdots a_2a_1a_0a_na_{n-1}a_{n-2}\cdots a_2a_1a_0\cdots$

上述第一个小数 $\frac{x}{10}$ 是一个纯循环小数，其中的数正是 N 中的数；第二个小数 $x-a_n$ 也是一个纯循环小数，其中的数正是 $3\frac{N}{2}$ 中的数。因此

$$x-a_n=\frac{3}{2}\cdot\frac{x}{10}$$

化简得 $17x=20a_n$。

因为要求的是最小整数，所以应取 $a_n=1$，这样 $x=\frac{20}{17}=1\frac{3}{17}$，$\frac{3}{17}$ 我们前面已经见过了，是一个循环小数，因此 $x=1.\dot{1}7647058823529\dot{4}$。根据 x 的定义，可知 $N=1176470588235294$，这就是所要求的数。如果我们验证一下，把最高位 1 移到末尾去，那么可以看到，两者恰为 1.5 倍关系

$$1764705882352941=1.5\times1176470588235294$$

这个问题中的令人感兴趣之处在于，恐怕没有人想到满足条件的最

小整数竟然有 16 位。另外，这个问题当然也可以通过把 N 表达成

$$N=10^n a_n+10^{n-1}a_{n-1}+\cdots+10^2\cdot a_2+10^1\cdot a_1+10^0\cdot a_0$$

然后根据条件找出关系去求解，但那样会繁复和麻烦得多，而巧妙地利用循环小数则简单多了。最后，这个问题的答案恰恰是素数 17 的倒数所形成的循环数分别乘 2（给出 N）和乘 3（给出 1.5 倍 N）。如果不要求是最小整数，则若取 $a_n=2$，答案将是该循环数乘 4；取 $a_n=3$，是该循环数乘 6；取 $a_n=4$，是该循环数乘 8；取 $a_n=5$，是该循环数乘 10，这多有意思。

把这个问题推而广之，如果要求把一个数的最左一位移到最右边去，新数是原数的 3 倍，我们可以如法炮制，立刻得到结论，这个数是素数 7 的倒数所形成的循环数 142857（解题中取 $a_n=1$）。如果不要求是最小整数，那么可取 $a_n=2$，是该循环数乘 2，即 285714。而如果要求把一个数的最左一位移到最右边后，新数是原数的 5 倍，那么答案就是该循环数乘 5，即 714285。

9.8 素数分布的有趣图案

前面我们介绍了素数分布的一些有趣现象，如欧拉公式产生的素数在方阵对角线上（图 8-1），乌拉姆观察到的素数分布规律图（图 8-2 和图 8-3）。这一节我们介绍另外两位科学家在这方面所做的有趣工作。

首先是 IBM 公司的研究员皮寇弗（我们前面已经讲过他了）。他建立了一个素数的序列 p_i，当 $i=0$，1，2，3，…时，则 $p_0=2$，$p_1=3$，$p_2=5$，$p_3=7$，…然后他画出 p_i 对 p_{i+1} 的图，则由于素数序列中的间隔，将形成一条斜率大约是 1、稍微有些弯曲的对角线。

如果在同一个坐标轴中画一系列 p_i 对 $p_{i+\alpha}$ 的图，α 分别取 1，2，3，…，200，则形成的图案如图 9-7 所示。图案非常像一幅方格花纹布，底部边缘就是上面说的 p_i 对 p_{i+1} 的图形。方格花纹的疏密程度表示出了素数序列中的间隔。如果取越来越大的素数作这个图，则素数变得越来越稀少，因此方格花纹布也变得越来越粗糙。

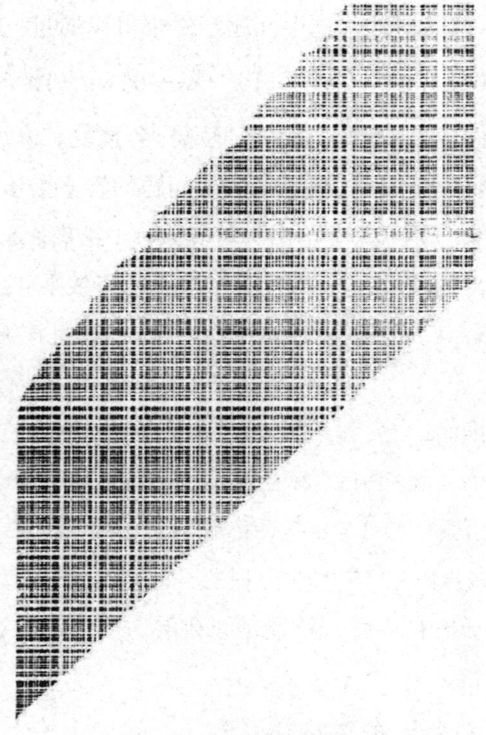

图 9-7　p_i 对 $p_{i+\alpha}$ 的图形

皮寇弗的这个图案是用计算机做成的。在 IBM RISC System/6000 上，用埃拉托色尼筛获得上述图形所需的全部素数只需 1—2 秒。

第二位是德国哥廷根大学的物理学教授施罗德（M. R.Schroeder），他在黑色坐标纸上作出下列函数的图形

$$f(x,\ y)=\begin{cases}1 & \text{如果}x\text{和}y\text{是互素的数}\\ -1 & \text{否则}\end{cases}$$

当函数值为+1 时，用白点表示。x 值和 y 值在 1 和 256 之间时的图形如图 9-8 所示，图案很像一幅织锦或地毯。这幅图除了一些很明显的特点（如白点相当均匀）外，还有一些比较隐蔽的特点，如能被某个整数整除的数是具有周期性的，即每 2 个数中有 1 个数能被 2 整除，每 3 个数中有 1 个数能被 3 整除，每 5 个数中有 1 个数能被 5 整除，如此等等。因此，在无限区间中任取 1 个数能被 1 个素数 p 整除的概率是 $\frac{1}{p}$，任取

2 个数都能被 p 整除的概率是 $\frac{1}{p^2}$，而不能同时被 p 整除的概率是 $1-\frac{1}{p^2}$。

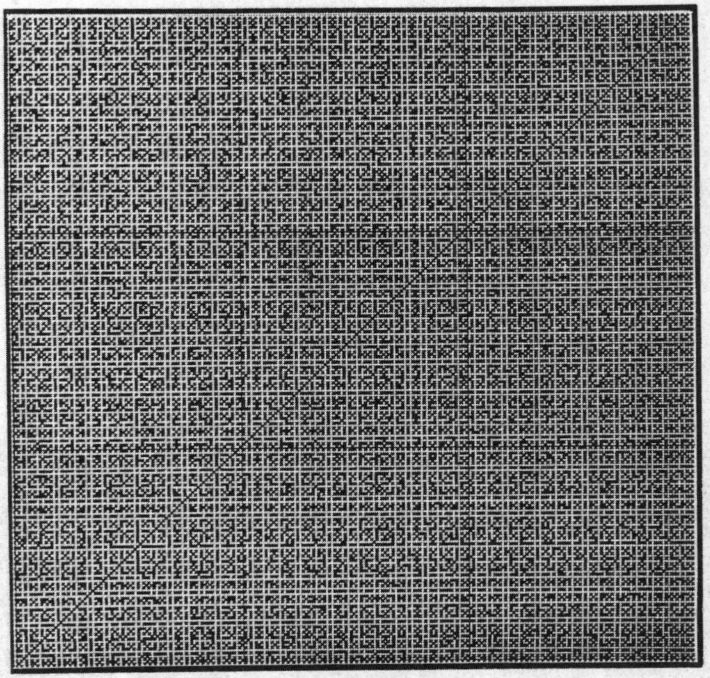

图 9-8　函数 $f(x, y)$的图形

那么，任取 2 个数互素的概率 p 是多少呢？可以算出 $p=\frac{6}{\pi^2}=0.6079\cdots$[①]。如果我们用 2 和 11 之间的 100 对数来验证的话，互素的正好有 60 对。

那么 $f(x, y)$的平均值是多少呢？因为函数值为+1 的概率为 $\frac{6}{\pi^2}$，−1 的概率为 $1-\frac{6}{\pi^2}$，因此 $f(x, y)$的平均值将为

① 计算过程涉及比较深奥的数学，我们这里不介绍了，感兴趣的读者可以参阅 *Mathematical Intelligencer*［Vol.4（1982），p.158-161］；或施罗德的专著 *Number Theory in Science and Communication*，Springer Verlag，1984。

$$(+1)\left(\frac{6}{\pi^2}\right)+(-1)\left(1-\frac{6}{\pi^2}\right)=0.2158\cdots$$

对上述函数进行傅里叶变换也很有意思。图 9-9 就是对 $f(x, y)$进行如下离散傅里叶变换的结果。

$$g(u, v)=\sum_{x=1}^{256}\sum_{y=1}^{256} f(x, y)\mathrm{e}\frac{2\pi i(ux+vy)}{256}$$

同上面不一样的是，当 x 和 y 两者的最大公约数 $GCD(x, y)=1$ 时，在黑色坐标纸上画一个白点，否则不画；而白点的大小则根据傅里叶变换的幅值不同而不同，从而使幅值越大，则白点越大、越亮，形成闪烁星空的效果。这个图对两条对角线是对称的，对中央的水平和垂直轴则是近似对称的。通过计算，我们还可以知道图 9-9 中那 4 颗最亮的星是对应于素数 3 的，次亮的二等星 4×4=16 颗星是对应于 5 的，而 4×9=36 颗三等星是对应于 7 的。

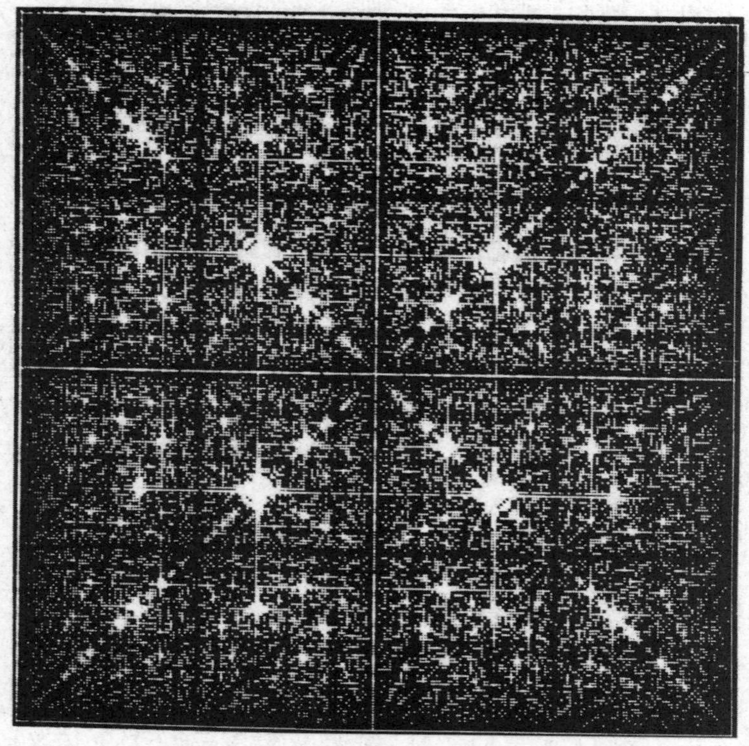

图 9-9　对 $f(x, y)$进行傅里叶变换获得的图形

9.9 高斯素数和艾森斯坦素数

到这里为止，我们所讨论的素数都是定义在整数域 Z 上的。这一节，我们来介绍两个不是定义在整数域上的素数，即高斯素数和艾森斯坦素数。

高斯素数（Gauss primes）是定义在复数域 C 上的，是高斯整数 $n+im$ 的一个子集，其中 $i^2=-1$。在整数域上有 $4k-1$ 形状的普通素数在复数域上仍然是素数，即高斯素数，而 2 及形如 $4k+1$ 的普通素数在复数域上可以被分解，因此就不是高斯素数了，因为我们有

$$2=(1+i)\quad(1-i);$$
$$5=(2+i)\quad(2-i);$$
$$13=(2+3i)\quad(2-3i)$$
$$\cdots\cdots$$

高斯素数在阿尔甘图（Argan Diagram）上的分布形成了十分有趣的图案，如图 9-10 所示，它曾经被用在一种桌布上。阿尔甘图是瑞士数学家阿尔甘（J. R. Argan，1768—1822）发明的用几何学上的方法表示复数的图形。图 9-10 是范数(norm)$n^2+m^2<1000$ 时的情况。

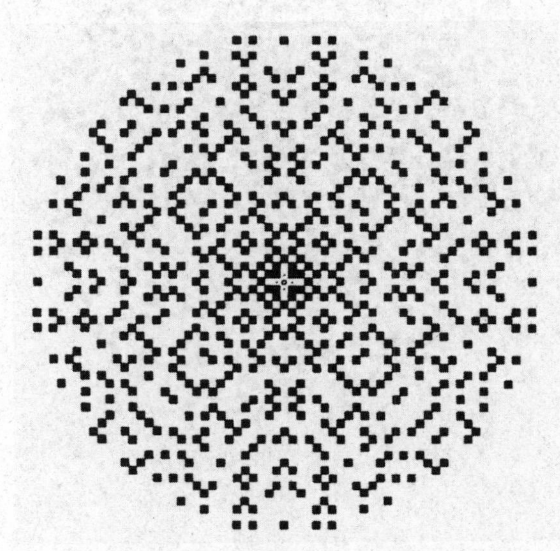

图 9-10　高斯素数分布的阿尔甘图

高斯的学生艾森斯坦（F. G. Eisenstein，1823—1866）基于复三次方

程 $1+\omega+\omega^2=0$ 的根 $\omega=1-\frac{\sqrt{-3}}{2}$ 也定义了一种素数。形如 $n+m\omega$ 的数被称为艾森斯坦整数，而艾森斯坦素数则是艾森斯坦整数的一个子集，即其中不能再被分解的那一类。说来有趣，复整数理论的创立者高斯曾经拒绝承认它也是整数，因为 ω 包含一个分母。但艾森斯坦证明它完全符合高斯的复整数理论，从而最终被公认为一类复整数。与高斯素数不同，普通素数 2 在 ω 平面上是不能再被分解的，因此是艾森斯坦素数；而 3 及所有形如 $6k+1$ 的素数则可以被分解而不是艾森斯坦素数

$$3=(1-\omega)(1-\omega^2);$$
$$7=(2-\omega)(2-\omega^2);$$
$$13=(3-\omega)(3-\omega^2)$$
$$\cdots\cdots$$

艾森斯坦素数的分布也形成了十分有趣的图案，如图 9-11 所示。它是呈六边形对称的，在中心附近有完整的 6 个六边形，与蜂窝非常相似。

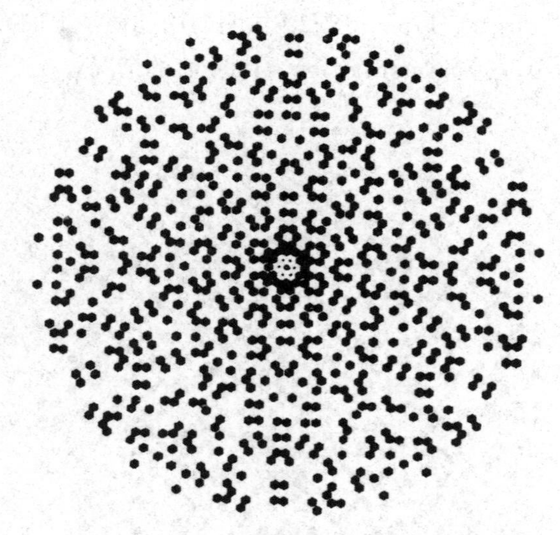

图 9-11　艾森斯坦素数的分布

习　　题

作为第八章和第九章有关素数问题的讨论的结束，我们给出一些习题请读者解答。

［习题 9-1］将 0—7 这 8 个数字分布到一个立方体的 8 个顶角上去，使立方体 12 条边两端的数字之和都是素数，如图 9-12 所示。

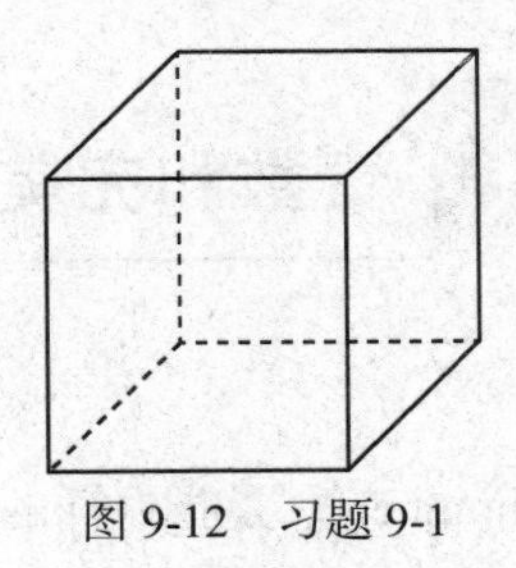

图 9-12 习题 9-1

［习题 9-2］在图 9-13 中的 9 个黑点处填上数字，使 3 条横线、3 条竖线及 10 条斜线上的数正向读和反向读均为素数。如果不考虑将图形旋转所获得的同构解，则本题共有 5 个可能的答案。

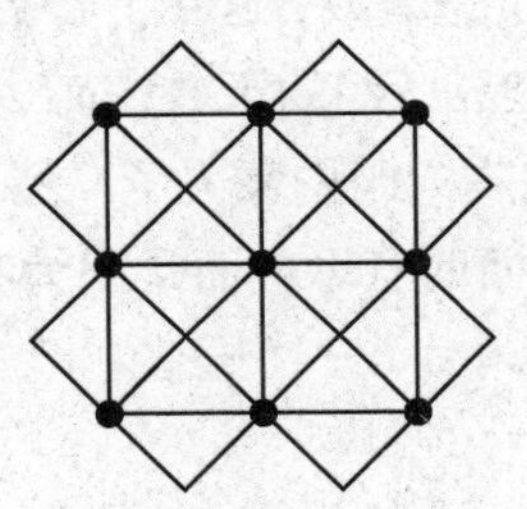

图 9-13 习题 9-2

［习题 9-3］试构成这样一种特殊的 4 阶幻方：在 4×4 的方阵中填入 1—16，使方阵中任意相邻 2 个数（包括左右相邻和上下相邻）之和都是素数。

［习题 9-4］类似于上题，将 1—25 填入 5×5 的方阵，使任意相邻 2 个数之和都是素数，且限制 40 个和数都不得小于 11，又不得大于 41。

10 素数和完美数

所谓完美数（perfect number），是指这样的数，它的所有真因子（包括 1，但不包括这个数本身）之和正好等于这个数本身。例如

6=1×2×3，而 1+2+3=6

28=1×4×7=1×2×14，而 1+2+4+7+14=28

6 和 28 是最小的 2 个完美数，这在古希腊就已经被发现了。由于 6 是古时传说中上帝创造世界所用的天数，而 28 是月亮绕地球 1 周所需的天数，这使得完美数在古人眼中蒙上了一层神秘的色彩。我们今天说“神秘的完美数”不是上面的意思，而是因为我们对完美数还有许多未解决的问题。

10.1 求完美数的公式

怎样判断一个数是不是完美数呢？如果用我们开头的方法把某个数的真因子都找出来，再把它们相加，看其和是否同该数相等，那就太麻烦了。值得庆幸的是，2300 多年前伟大的数学家欧几里得早就解决了这个问题，他指出，只要 2^n-1 是一个素数，那么 $N=2^{n-1}(2^n-1)$ 一定是一个完美数。

利用欧几里得的这个公式，人们很早就找到了最前面的 5 个完美数

n	完美数
2	6
3	28
5	496
7	8128
13	33550336

欧几里得不但正确地给出了求完美数的公式，而且给出了对这个公式的证明：若 2^n-1 是素数，则 $2^{n-1}(2^n-1)$的真因数之和为

$$(1+2+2^2+\cdots+2^{n-1})+[(2^n-1)+2(2^n-1)+2^2(2^n-1)+\cdots+2^{n-2}(2^n-1)]$$

对上式进行化简即得

$$(2^n-1)+(2^{n-1}-1)(2^n-1)=2^{n-1}(2^n-1)$$

1730 年，欧拉在 23 岁时对欧几里得的完美数公式给出了一个严格的数学证明，并证明它是获得所有可能的偶完美数的唯一公式。

10.2 完美数与梅森素数

在欧几里得求完美数的公式中，关键是 2^n-1 必须是素数。而我们在前面已经详细介绍过 2^n-1 形式的素数，它正是梅森素数。这样，完美数和梅森素数之间就建立了一个严格的对应关系：只要找到一个梅森素数 2^n-1，再把它乘上 2^{n-1}，就找到了一个完美数。因此，目前数学界的注意力主要集中在找寻梅森素数而不再专门关注完美数了。前面我们已经提到，到目前为止，人们一共才找到 51 个梅森素数，最大一个是 2019 年找到的 $2^{82589933}-1$，是一个有 24862048 位的数；这样，到目前为止，已知的完美数也只有 51 个，最大的一个是 $2^{82589932}(2^{82589933}-1)$，是一个有 49724095 位的数。从最小的、只有 1 位的 6，到这个有 49724095 位的完美数，横跨如此巨大范围内的数，只有 51 个是完美数，可见完美数确实是十分稀少、十分珍贵的，如同“完人难觅”一样，完美数也难觅啊。

10.3 完美数的一些特征

除了因子和恰等于该数自身以外，完美数还有一些令人瞩目的特点。

（1）除了第一个完美数 6 外，所有的完美数都可以表达为若干个数的立方之和。对于用欧几里得公式表示的完美数 $N=2^{n-1}(2^n-1)$，恰恰等于自然数的最前面 $2^{\frac{n-1}{2}}$ 个奇数的立方和。例如

$n=3$，完美数$28=1^3+3^3$

$n=5$，完美数$496=1^3+3^3+5^3+7^3$

$n=7$，完美数$8128=1^3+3^3+5^3+7^3+9^3+11^3+13^3+15^3$

……

（2）完美数的末尾2位，要么是28，要么是一个奇数后跟6，这可以从前面的表中看出。

（3）除了最小的完美数6外，其余完美数的数字根必为1。所谓一个数的数字根，是指把该数的各位相加，若其和多于一位，则继续把其各位相加……直至最后获得的一位数。例如

完美数28：$2+8=10$，$1+0=1$

完美数496：$4+9+6=19$，$1+9=10$，$1+0=1$

完美数8128：$8+1+2+8=19$，$1+9=10$，$1+0=1$

……

（4）1952年，数学家发现，每个完美数都可以简单地表达成从1开始的（2^n-1）个连续的自然数之和，而n就是求完美数的欧几里得公式中的n。如

$$6=1+2+3$$
$$28=1+2+3+4+5+6+7$$
$$496=1+2+3+\cdots+31$$
$$8128=1+2+3+\cdots+127$$

……

其实这个现象是与欧几里得完美数公式直接联系的。因为表达为若干个连续数之和后，完美数实际上成为一个首项为1、末项为（2^n-1）、项数也是（2^n-1）、公差也是1的算术级数，根据算术级数的求和公式立即可以变换为欧几里得完美数公式

$$\frac{1+(2^n-1)}{2}\cdot(2^n-1)=\frac{2^n}{2}\cdot(2^n-1)=2^{n-1}(2^n-1)$$

由此可知，从1开始的连续(2^n-1)个自然数之和均有$2^{n-1}(2^n-1)$形式的和；但只有当n和(2^n-1)均是素数时，这个和数才是完美数。

（5）每个完美数的所有因子（这次要加上等于该完美数本身的这个因子）的倒数之和都等于2，如

完美数6：$\frac{1}{1}+\frac{1}{2}+\frac{1}{3}+\frac{1}{6}=2$

完美数28：$\frac{1}{1}+\frac{1}{2}+\frac{1}{4}+\frac{1}{7}+\frac{1}{14}+\frac{1}{28}=2$

完美数496：$\frac{1}{1}+\frac{1}{2}+\frac{1}{4}+\frac{1}{8}+\frac{1}{16}+\frac{1}{31}+\frac{1}{62}+\frac{1}{124}+\frac{1}{248}+\frac{1}{496}=2$

……

（6）是否只有偶数才有可能是完美数，奇数中就没有完美数？这是数学家至今没有解决的问题。许多数学家相信，奇完美数是不存在的，但无法给出充分的证明。也有数学家证明 $12m+1$ 或 $36m+9$ 形式的奇数（其中 m 是素数）中有可能存在完美数，但由于至今没有找到这样的 m，这个论断只能作为一种猜想。1968 年，布克曼（B. Buckerman）证明奇完美数如果存在，则至少有 36 位（即 $>10^{36}$）。但 50 多年过去了，人们在 36 位以上乃至 200 位的奇数中仍然没有找到一个完美数，使得完美数世界至今仍然是一个"单极世界"。这个世界级难题的解决有赖于要么"抓"出一个奇完美数来，要么能证明不存在奇完美数，否则将始终困扰着一代又一代的数学家。

10.4 多倍完美数

以上讨论的完美数是普通完美数，一般记作 P_2，因为实际上，如果把这样的数的所有因子（包括该数本身）相加的话，其和恰为该数自身的 2 倍。

已经发现，一个数的所有因子相加，其和可能正好等于该数本身的 3 倍、4 倍、5 倍等。这样的数叫作"多倍完美数"（multiply perfect number）。如果是 3 倍，记为 P_3；如果是 4 倍，记为 P_4……

例如，120 这个数的因子包括 1、2、3、4、5、6、8、10、12、15、20、24、30、40、60、120。把它们相加得 360，是 120 的 3 倍，所以 120 是 3 倍完美数。另一个 3 倍完美数是 672。已发现的 4 倍完美数有 30240，5 倍完美数有 14182439040。6 倍、7 倍的完美数也有发现，都是很大的数了。同普通完美数一样，多倍完美数目前也是"单极世界"，即只有偶数，没有奇数。

10.5 另一种完美

完美数是根据数的因子和等于其自身定义的。如果考察数的因子积的情况，那么可以发现有些数的因子积刚好是一个完全平方（perfect square），或者立方，或者 4 次方……由于已经把完美数定义给前者，再加后一种情况的数相对比较多，而人们的心理状态总是“物以稀为贵”，因此这种数也就没有专门起名了。笔者认为，对这样的数也应该给予一定的重视，因为它们毕竟具有“另一种完美”。现把 100 以内的这样几个数列在下面

数	因子积
12	$1\cdot2\cdot3\cdot4\cdot6=144=12^2$
20	$1\cdot2\cdot4\cdot5\cdot10=400=20^2$
24	$1\cdot2\cdot3\cdot4\cdot6\cdot8\cdot12=13824=24^3$
40	$1\cdot2\cdot4\cdot5\cdot8\cdot10\cdot20=64000=40^3$
45	$1\cdot3\cdot5\cdot9\cdot15=2025=45^2$
48	$1\cdot2\cdot3\cdot4\cdot6\cdot8\cdot12\cdot16\cdot24=5308416=48^4$
80	$1\cdot2\cdot4\cdot5\cdot8\cdot10\cdot16\cdot20\cdot40=40960000=80^4$

第三部分　娱乐数学

其他经典名题

我们在前面两个部分分别介绍和讨论了幻方和素数两个专题。这两个专题的内容都十分丰富，因此占的篇幅比较多。第三部分与之不同，是一组小题目放在一起，有数学黑洞、数字哑谜、数学金字塔、重排九宫、八皇后问题、幸存者问题、梵塔问题等共 11 个。说这些题目“小”，只是因为问题涉及面比较窄，因此所用篇幅不多。就趣味性、复杂性而言，它们并不亚于幻方和素数。下面我们就逐一进行讨论。

11 数学黑洞探秘

茫茫宇宙中存在着一种极其神秘的天体——黑洞（black hole）。黑洞的质量极大、引力极强，任何物质经过它的附近，都要被吸引进去，再也不能出来，包括光线也是这样，因此它是不发光的天体，黑洞的名称由此而来。由于不发光，人们很难通过肉眼或观测仪器发觉它的存在，多通过理论计算或根据光线经过其附近时产生的弯曲现象来判断其存在。虽然理论上银河系中作为恒星演化终局的黑洞总数估计在几百万个到几亿个之间，但至今被科学家确认了的黑洞只有天鹅座 X-1、大麦哲伦云 X-3、室女座 M87 等极有限的几个。证认黑洞成为 21 世纪的科学难题之一。

有趣的是，天体物理学中的黑洞现象在数学中也存在，并被叫作“数学黑洞”。所谓数学黑洞是这样一类数，其他任意的数如果经过某种变换变成这个数后，再按同样规律去变，始终就是这个数，再也跳不出去了。这一章我们就来介绍一些这样的数学黑洞。

11.1 由自恋性数形成的黑洞

自恋性数也叫自生成数，是这样的 n 位数，其各位数的 n 次方之和恰为该数自身。著名的数学家阿姆斯特朗（Armstrong）首先注意到这一现象并进行了研究，因此也把这种数叫作“阿姆斯特朗数”。这样的数很少。显然，对于 n=1 的情况，任意正整数都是自恋性数，叫“平凡自恋性数”，一般不去管它。n=2 时没有自恋性数，除非把 01 看成是 2 位数。n=3 的自恋性数有 4 个，即

$$153=1^3+5^3+3^3$$
$$370=3^3+7^3+0^3$$
$$371=3^3+7^3+1^3$$
$$407=4^3+0^3+7^3$$

尼尔森（H. L.Nelson）经过大量工作，在 1963 年给出了 n=4—10 的全部自恋性数，如下

n=4（3 个）：1634、8208、9474

n=5（3 个）：54748、92727、93084

n=6（1 个）：548834

n=7（4 个）：1741725、4210818、9800817、9926315

n=8（3 个）：24678050、24678051、88593477

n=9（4 个）：146511208、472335975、534494836、912985153

n=10（1 个）：4679307774

自恋性数 153 有一个奇异的特性，即对任意 3 的倍数，取其各位数字的立方相加得一数，把这个数的各位再取立方相加又得一数，……这样重复进行下去，必可在有限步内到达 153。而一经到达 153，因为它是个自恋性数，就再也跳不出去了，始终在 153 上打转，也就是掉进了 153 这个黑洞。

例如，我们取 210 这个 3 的倍数，其变换过程如下

$$2^3+1^3+0^3=9$$

$$9^3=729$$

$$7^3+2^3+9^3=1080$$

$$1^3+0^3+8^3+0^3=513$$

$$5^3+1^3+3^3=153$$

$$1^3+5^3+3^3=153$$

……

这个现象是以色列人科恩（P. Kohn）首先发现的，但由数学家贝尔尼（T. H.O’ Beirne）最早披露并给出了证明。

因为掉进 153 这个黑洞的是 3 的倍数，只占所有自然数集合的 $\frac{1}{3}$（因为每 3 个连续的自然数中必有一个是 3 的倍数）。其他 $\frac{2}{3}$ 的自然数做同样变换怎么样呢？实际上，所有自然数按上述变换进行下去都会掉进黑洞中去，不过不是 3 的倍数的数将掉进不同的黑洞中去。

如果我们在自然数集合中任取连续的 3 个自然数（t，t+1，t+2），对它们做上述变换，则若 t 为 3 的倍数，则必掉进 153 这个黑洞，这已如

前述。对于绝大多数这样的 3 元组，（t+1）将掉进自恋性数 370 这个黑洞，（t+2）将掉进 371 这个黑洞。如我们取 3 元组（342，343，344）

342：$3^3+4^3+2^3=99$，$9^3+9^3=1458$，$1^3+4^3+5^3+8^3=702$，
$7^3+0^3+2^3=351$，$3^3+5^3+1^3=153$，…

343：$3^3+4^3+3^3=118$，$1^3+1^3+8^3=514$，$5^3+1^3+4^3=190$
$1^3+9^3+0^3=730$，$7^3+3^3+0^3=370$，…

344：$3^3+4^3+4^3=155$，$1^3+5^3+5^3=251$，$2^3+5^3+1^3=134$，
$1^3+3^3+4^3=92$，$9^3+2^3=737$，$7^3+3^3+7^3=713$，$7^3+1^3+3^3=371$，…

我们取 3 元组（726，727，728），…结果与上述 3 元组相同。但是有少数 3 元组会发生以下各种例外：

（1）（t+1）掉进黑洞 1。如前所述，1 也可看成是自恋性数，因此这没有什么奇怪。如 112：$1^3+1^3+2^3=10$，$1^3+0^3=1$，…

（2）（t+1）进入某种循环，如

1459−919，133−55−250，217−352−160

显然，可以把这种循环看成是由 2 个、3 个数所组成的黑洞，如

793：$7^3+9^3+3^3=1099$，$1^3+0^3+9^3+9^3=1459$，
$1^3+4^3+5^3+9^3=919$，$9^3+1^3+9^3=1459$，…

520：$5^3+2^3+0^3=133$，$1^3+3^3+3^3=55$，$5^3+5^3=250$，$2^3+5^3+0^3=133$，…

217：$2^3+1^3+7^3=352$，$3^3+5^3+2^3=160$，$1^3+6^3+0^3=217$，…

11.2 由自复制数造成的黑洞

另一类黑洞是一种所谓的自复制数，也叫“卡泼里卡常数”（Kaprekar constant），因为它是印度学者卡泼里卡（D.R.Kaprekar）于 1954 年发现而命名的。自复制数是这样一种奇特的数：由不同数字组成的一个数按降序排好后再按升序排好，从前者减去后者，其差仍由相同的数字组成。自复制数比自恋性数还要稀少，3 位的只有 1 个，即由 4、5、9 所组成的数

$$\begin{array}{r} 954 \\ -\ 459 \\ \hline 495 \end{array}$$

4 位的自复制数也只有 1 个，由 1、4、6、7 所组成

$$\begin{array}{r} 7641 \\ -\ 1467 \\ \hline 6174 \end{array}$$

取任意 4 个数字（不能全相同）组成一个 4 位数，把它按降序排好，减去由这些数字按升序排好的数，得其差，再重复这个过程，必能在有限步内到达 6174。但是因为 6174 是个自复制数，于是就钻进黑洞里去了。这个过程就称作“卡泼里卡过程”（Kaprekar process）。例如，取 2483，其变换过程如下

$$8432-2348=6084$$
$$8640-0468=8172$$
$$8721-1278=7443$$
$$7443-3447=3996$$
$$9963-3699=6264$$
$$6642-2466=4176$$
$$7641-1467=6174$$
$$\cdots\cdots$$

如果取 3 位数，则按上述规则变换的结果是掉进 3 位的自复制数 495 这个黑洞中去了。例如，取 819，其变换过程如下：

$$981-189=792$$
$$972-279=693$$
$$963-369=594$$
$$954-459=495$$
$$\cdots\cdots$$

如果取 5 位数或更多位的数，情况会怎样呢？这时虽然不像前面那样会最后掉到由自复制数形成的黑洞中去，但一定会进入另一个黑洞，即由若干数形成的循环。例如，取 47295，则卡泼里卡过程如下

$$97542-24579=72963$$
$$97632-23679=73953$$
$$97533-33579=63954 \leftarrow$$
$$96543-34569=61974$$
$$97641-14679=82962$$
$$98622-22689=75933$$
$$97533-33579=63954$$

可见这个数仅经过 2 次变换就进入循环，循环中包括 4 个数周期性重复，再也转不出来了。

11.3 由数的因子和形成的黑洞

任取自然数，把它的各个因子（包括 1，但不包括该数自身）相加，得一数；再取该数的因子相加……如此重复进行，会出现什么情况呢？这有以下 3 种情况：

（1）数的所有真因子和恰为该数自身。这样的数叫作“完美数”，我们在前面详细地介绍过它了。

（2）某数的因子和为另一个数，而这个另一个数的因子和恰恰又是某数。这样的一对数称为亲和数或友好数（amicable number）。

亲和数是古希腊的伊安布利霍斯（Iamblichus）在约公元 320 年首先发现的。他注意到 284 的因子和为

$$1+2+4+71+142=220$$

而 220 的因子和为

$$1+2+4+5+10+11+20+22+44+55+110=284$$

他觉得很有意思，向当时的大数学家毕达哥拉斯报告了他的发现。他们想再找出一对这样的亲和数，但是没有成功。直到 1636 年，法国的大数学家费马才找到了另一对亲和数——17296−18416。2 年以后的 1638 年，笛卡儿发现了一对更大的亲和数——9363584−9437056。100 多年后，欧拉经过系统研究，于 1750 年给出了 60 对亲和数。但奇怪的是，他们都漏掉了 220−284 后最小的一对亲和数—— 1184−1210。这对亲和数是 1866 年由当时年仅 16 岁的意大利数学家帕加尼尼（N. Paganini）发现的。

有没有产生亲和数的公式呢？公元七世纪时，阿拉伯数学家泰比特·本·柯拉（Thabit ben Korrah）发现，若 x 是大于 1 的整数，则以下 3 个式都是素数

$$a=3\cdot 2^{x}-1$$

$$b=3\cdot 2^{x-1}-1$$

$$c=9\cdot 2^{2x-1}-1$$

则

$$F_1=2^{x}ab$$

$$F_2=2^{x}c$$

是一对亲和数。当 $x=2$ 时，通过以上公式获得的就是亲和数 220 和 284。亲和数对的例子还有

2620−2924
5020−5564
6232−6368
10744−10856
12285−14595
17296−18416
9363584−9437056
111448537712−118853793424

有了泰比特·本·柯拉的公式，再加上计算机的帮助，目前已知的亲和数有几万对，其中 10^5 以内共有 13 对，10^6 以内共有 42 对。下面是 10 万以内的 13 对

$$\begin{cases}220=2\times2\times5\times11\\284=2\times2\times71\end{cases}$$

$$\begin{cases}1184=2\times2\times2\times2\times2\times37\\1210=2\times5\times11\times11\end{cases}$$

$$\begin{cases}2620=2\times2\times5\times131\\2924=2\times2\times17\times43\end{cases}$$

$$\begin{cases}5020=2\times2\times5\times251\\5564=2\times2\times13\times107\end{cases}$$

$$\begin{cases}6232=2\times2\times2\times19\times41\\6368=2\times2\times2\times2\times2\times199\end{cases}$$

$$\begin{cases}10744=2\times2\times2\times17\times79\\10856=2\times2\times2\times23\times59\end{cases}$$

$$\begin{cases}12285=3\times3\times3\times5\times7\times13\\14595=3\times5\times7\times139\end{cases}$$

$$\begin{cases}17296=2\times2\times2\times2\times23\times47\\18416=2\times2\times2\times2\times1151\end{cases}$$

$$\begin{cases}63020=2\times2\times5\times23\times137\\76084=2\times2\times23\times827\end{cases}$$

$$\begin{cases}66928=2\times2\times2\times2\times47\times89\\66992=2\times2\times2\times2\times53\times79\end{cases}$$

$$\begin{cases}67095=3\times3\times3\times5\times7\times71\\71145=3\times3\times3\times5\times17\times31\end{cases}$$

$$\begin{cases}69615=3\times3\times5\times7\times13\times17\\87633=3\times3\times7\times13\times107\end{cases}$$

$$\begin{cases}79750=2\times5\times5\times5\times11\times29\\88730=2\times5\times19\times467\end{cases}$$

以上我们把所有 13 对亲和数都写成素因子的连乘积，因为这样就可以很容易地验证它们互为亲和数。例如，220=2×2×5×11，因此 220 的真因子就是 1、2、2×2=4、5、2×5=10、11、2×2×5=20、2×11=22、2×2×11=44、5×11=55、2×5×11=110，共有 11 个，其和为 284。而 284=2×2×71，由此可知其真因子为 1、2、2×2=4、71、2×71=142，共有 5 个，其和为 220。由此可见，把数分解为素因子并写成素因子的连乘积可以方便寻找或证明亲和数。

此后，人们又发现了亲和数群或叫亲和数链（amicable number chain），即甲数的因子和是乙数，乙数的因子和是丙数……经过几个环，又回到甲数。例如，有 5 个环的亲和数群

12496−14288−15472−14536−14264−12496

这样的亲和数群又叫"合群数"。目前已知的最大亲和数链中有 28 个环，其中最小的一个数是 14316，最大的一个数是 629072。如果把最小的那个数当作第一个环的话，该亲和数链如图 11-1 所示，包含各数顺序如下

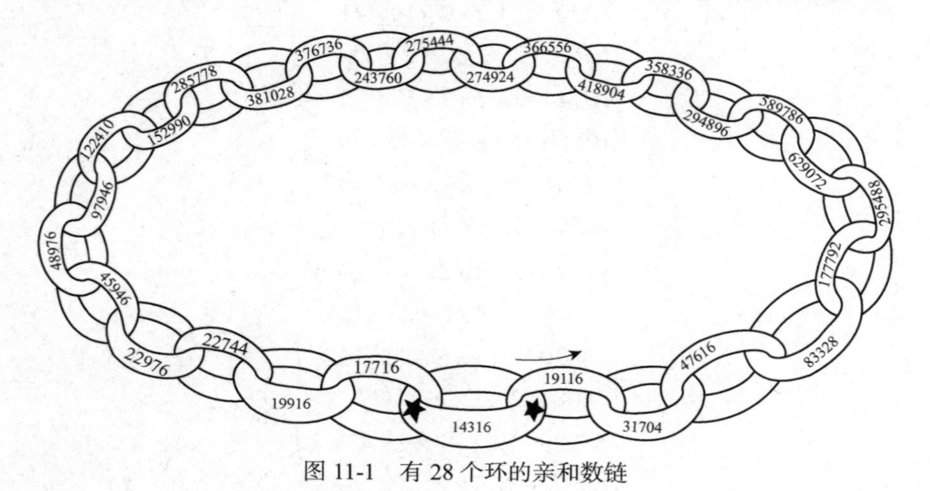

图 11-1　有 28 个环的亲和数链

14316–19116–31704–47616–83328–177792–295488–629072–589786–294896–358336–418904–366556–274924–275444–243760–376736–381028–285778–152990–122410–97946–48976–45946–22976–22744–19916–17716–14316

（3）除了以上两种数［即完美数和亲和数（包括亲和数链中的数）］以外，其余的数重复取因子和的话，绝大多数最后都收敛为 1，即掉进 1 这个黑洞。对于素数，这个结论是不言而喻的；对于合数，在重复取因子和的过程中一旦在某一步的结果为素数，则立即也就掉进 1 这个黑洞了。例如，20 这个数的演变过程如下

20：1+2+4+5+10=22

22：1+2+11=14

14：1+2+7=10

10：1+2+5=8

8：1+2+4=7

7：1

由此可见，对于取因子和这一变换，只有极少的完美数由于其“完美性”能始终保持“金身”不变；亲和数对和亲和数链中的数由于有牢不可破的“友谊”互相提携、支撑，也抗拒了任何黑洞的吸引，能立于不败之地；其他的数由于缺乏以上条件，都经不起变换，或快或慢地要被吸引进黑洞中去。

11.4 由“$3x+1$”变换形成的黑洞

最后，我们向大家介绍一个可能但尚未获得最后确认的黑洞，这个黑洞是由 20 世纪 30 年代以后曾经风靡欧美、引起众多数学家和大学生兴趣的“$3x+1$”游戏引出的。“$3x+1$”游戏是这样的：任取一个自然数，如果它是奇数，则将它乘以 3 再加 1；如果它是偶数，则取它的一半。这样反复变换，看结果是什么。令人惊奇的是，不管你取什么数，这样变换的最后结果一定是 1，也就掉进了黑洞。

这个游戏的结果是有些出人意料的。因为根据游戏规则，遇到奇数要乘以 3 再加 1，是使数增大的；遇到偶数折半，是使数减小的。而奇数乘以 3 再加 1 获得的新数一定是偶数，偶数折半获得的新数则

可能是奇数，也可能仍是偶数。这样，遇奇变大（乘以 3 再加 1）的幅度大于遇偶变小（除以 2）的幅度，但遇奇变大的频率则小于遇偶变小的频率，所以数在变换过程中一会儿变大、一会儿变小，会出现跳跃状态，似乎是极不规则的，这一点事实证明确是如此，但最后都会归结到 1，这是使人大感意外的。

让我们先看一下取最前面几个自然数进行变换的情况。对于 1，它是奇数，乘以 3 再加 1 变成 4，折半得 2，再折半立刻回到 1，将重复上述过程。

对于 2、4、8、16、32 等 2 的方幂，显然在经过若干次折半后都会变成 1。

对于 3，乘以 3 再加 1 得 10，折半得 5，乘以 3 再加 1 得 16，是 2 的 4 次方，经过 4 次折半变成 1。

为了一般性地讨论这个变换的情况，我们定义了两个量。一个是峰值，即变换中达到的最大值；另一个是路径长度，即从开始到最后变为 1 所经历的变换次数。对于 1，我们认为它是个黑洞，不再考虑它经过 1 次乘以 3 再加 1 变为 4 和 2 次折半再回到 1 的过程，认为它的峰值就是 1，路径长度为 0。对于 2，峰值为 2，路径长度为 1。对于 3，峰值为 16，路径长度为 7。再继续取其后自然数做这个游戏，大多在不大长度和不大峰值下最后落进黑洞 1。但到 27 时，意外发生了：它将经过几次上升下降，在 77 步上达到峰值 9232 才往下掉落，“挣扎”几下后在第 111 步上落入黑洞 1。整个变换过程见图 11-2。

日本东京大学的米田信夫（Nobuo Yoneda）用计算机验算到 2^{40}（约 1.2×10^{12}），虽然出现了有些峰值极大、路径极长的情况，但无一例外最后都落入黑洞 1。这就好比孙悟空一个筋斗能翻出十万八千里去，但一旦落入如来的掌心，就再也翻不出来了。在 10 万以内，77671 的峰值最大，达到 1570824736，而 77031 的路径最长，达到 350 步。10 万以内部分被测数据的峰值及路径长度见表 11-1。

由于至今无法从理论上证明对所有的自然数，经“$3x+1$”变换最后必然都落入黑洞 1，因此这个黑洞只能被认为是“可能的”一个黑洞，而“$3x+1$”游戏也被称为是“$3x+1$”猜想，期待着在新世纪中取得突破。

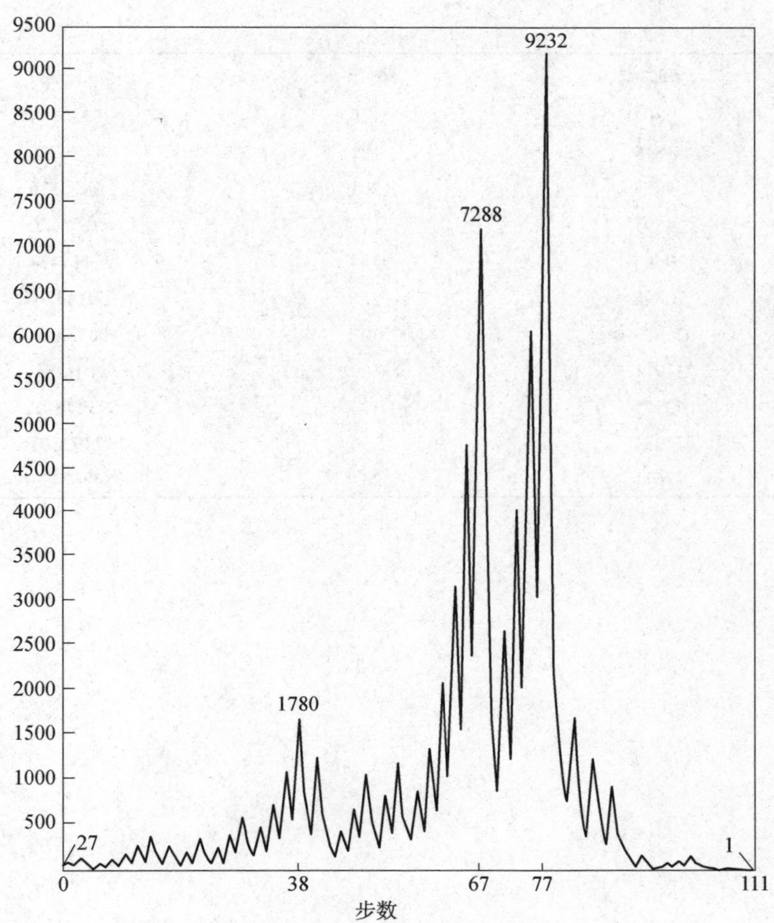

图 11-2　自然数 27 的“3*x*+1”变换过程

表 11-1　部分测试数据“3*x*+1”变换的峰值及路径长度

被测数	路径长度	峰值
1	0	1
2	1	2
3	7	16
7	16	52
15	17	160
27	111	9232
255	47	13120
447	97	39364
639	131	41524

续表

被测数	路径长度	峰值
703	170	250504
1819	161	1276936
4255	201	6810136
4591	170	8153620
9663	184	27114424
20895	255	50143264
26623	307	106358020
31911	160	121012864
60975	334	593279152
77031	350	21933016
77671	231	1570824736

12 枯燥数字中隐藏的奥秘

1、2、3、4、5、6、7、8、9、0是多么单调、乏味的10个数字啊！一般人看到它们就会产生这样的想法。但读者们可千万不要这么认为。这10个数字虽然简单，但在某种意义上却可以说是整个数学的基础，而数学的一个重要分支数论所研究的对象就是由这10个数字所组成的各种各样的数，包括我们前面已介绍过的素数。我们在这里不去讨论数论中那些深奥的问题，如著名的哥德巴赫猜想、费马大定理等，单单利用这10个数字加上一些简单的运算符号，就可以演绎出无数有趣的、足以启发思考的算式来。

12.1 数字1—9上的加法

我们先撇开0这个数，看看1、2、3、4、5、6、7、8、9上的加法。把这9个数字分为3组，成为3个3位数，分得恰当的话，可以使其中1个数正好是另2个数之和。这样的分法有许多可能，例如

$$216+738=954$$
$$127+368=495$$

显然，找到这样1个加式后，把2个加数的百位数交换一下，等式仍然成立，交换十位数或个位数也一样。因此，找到1个答案，立刻可以给出和数保持不变而加数却不同的另外3个答案。笔者编了1个计算机程序，给出可能的基本加法等式共42个，再1变4，全部加法等式为168个。在这168个加法等式中，以下几个是非常有趣的。

（1）和最小的等式。和最小的等式是什么样的呢？我们自然想到1个一百几的数，加1个两百几的数，产生1个三百几的数应该是和最小的等式。但事实上这样的等式却不存在。原来，1、2、3这3个数用作

百位数以后，两个加数的十位数最小就是 4 和 5，相加得 9；2 个加数的个位数只能从 6—9 中挑，相加势必要往十位数 9 上进 1，然后又要往百位数上进 1，从而超出 400。因此一百几加两百几等于三百几这样的等式是不可能的。事实上，用 1—9 分成 3 个 3 位数相加，最小的和数是 459，当然有可能的 4 种加数组合，比如其一为

$$176+283=459$$

（2）反之，要求和数最大的等式，我们想到可能有以下 3 种可能：四百几加五百几、三百几加六百几、两百几加七百几。最大和数应该取九百八十几。这个想法不错，我们果然找到以下 2 种基本等式，和为 981，可以并列冠军

$$327+654=981$$
$$235+746=981$$

而四百几加五百几等于九百几的等式却一个也没有。细细分析一下，这也不奇怪，因为 4、5、9 用作百位数以后，留下 1、2、3、6、7、8 做十位数和个位数，要拼出两个十位数相加得另一个十位数，再也不可能了。

（3）和数均由偶数组成的等式有 6 个基本式

$$173+295=468$$
$$127+359=486$$
$$251+397=648$$
$$319+527=846$$
$$271+593=864$$
$$125+739=864$$

奇怪的是，这些和数全都是由 4、6、8 组成的，包含 2 的和数一个也没有。仔细一分析，这也没有什么奇怪的，比如说，要让和数中包含 2、6、8 三个偶数，那么两个加数必由 1、3、4、5、7、9 组成；为了在和中产生 2（个位或十位上），只能通过 9+3 或 7+5，但去掉这组数字后，剩下的 4 个数怎么组合也不可能使和数中对应出现 6 和 8 了。

同样，和数均由奇数（1、3、5、7、9）组成的等式也一个都没有。乍一看觉得奇怪，仔细一想也是有道理的：5 个奇数被和数用去 3 个的话，只剩下 2 个用于加数，最多分别和 2 个偶数相加在和数中形成 2 位奇数，因此产生不了 3 位都是奇数的和。

（4）最后还有一个很有趣的现象是：有些等式中的 3 个数恰好形成倍数关系：第二加数是第一加数的 2 倍，和是第一加数的 3 倍，即 3 个数恰好有 1∶2∶3 的关系。这样的等式有 4 个，即

$$192+384=576$$
$$219+438=657$$
$$273+546=819$$
$$327+654=981$$

12.2　数字 1—9 分成有倍数关系的 2 组

把 1—9 这 9 个数字分成 2 组，一组形成一个 5 位数，另一组形成一个 4 位数，使前者恰好是后者的某一整数倍。这个问题不算困难，但手工处理相当繁复，而且这种分法并不总是可能的。显然，10 倍、20 倍……这样的关系是不存在的；1 倍、11 倍、21 倍……这样的关系也是不存在的。除此之外就没有什么规律了。可分的最小 5 位数是 13458，是 4 位数 6729 的 2 倍，但能形成 2 倍关系的分法还有许多种，如 15864-7932、13584-6792、14586-7293 等，有 12 组之多。可能存在的最大倍数是 68，即把 1—9 分为 98736 和 1452。不存在的倍数关系还有：

20 倍和 30 倍之间：25 倍；

30 倍和 40 倍之间：33 倍、34 倍、36 倍、39 倍；

40 倍和 50 倍之间：42 倍、45 倍、47 倍、48 倍、49 倍；

50 倍和 60 倍之间：54—58 倍；

60 倍和 68 倍之间：63—65 倍、67 倍。

只有一种可能分法的倍数有：

18 倍：28674-1593

22 倍：51678-2349

28 倍：75348-2691

32 倍：75168-2349

37 倍：65934-1782

43 倍：93654-2178

46 倍：58374-1269

52 倍：95472-1836

59 倍：73986-1254

66 倍：83754–1269

其他倍数关系都有多种可能分法，最不可思议的是 8 倍关系，竟有 46 种分法，不信请看（按数从小到大次序排列）

3187–25496	6741–53928	8439–67512
4589–36712	6789–54312	8932–71456
4591–36728	6791–54328	8942–71536
4689–37512	6839–54712	8953–71624
4691–37528	7123–56984	8954–71632
4769–38152	7312–58496	9156–73248
5237–41896	7364–58912	9158–73264
5371–42968	7416–59328	9182–73456
5789–46312	7421–59368	9316–74528
5791–46328	7894–63152	9321–74568
5839–46712	7941–63528	9352–74816
5892–47136	8174–65392	9416–75328
5916–47328	8179–65432	9421–75368
5921–47368	8394–67152	9523–76184
6479–51832	8419–67352	9531–76248
		9541–76328

除了 8 倍关系以 46 种可能分法高居榜首外，17 倍关系有 27 种分法，名列第二；2 倍关系、5 倍关系以 12 种分法并列第三，其他倍数关系都少于 10 种分法。有兴趣的读者不妨找一找或者编个程序请计算机帮忙。

12.3 数字 1—9 上的乘法

用 1—9 这 9 个数字组成几个数构成乘法等式有多种可能形式，例如

（1）(1 位数)×(4 位数)=(4 位数)

（2）(2 位数)×(3 位数)=(4 位数)

（3）(1 位数)×(3 位数)=(2 位数)×(3 位数)

（4）(1 位数)×(3 位数)=(1 位数)×(4 位数)

（5）(2 位数)×(2 位数)=(1 位数)×(4 位数)

（6）(2位数)×(2位数)=(2位数)×(3位数)

下面选几种做一讨论。

（1）把1—9分成2个4位数和1个1位数，使其中一个4位数等于另一个4位数和那个1位数的乘积，这种方法显然受到的限制较多，因此很少，只有以下2种可能分法

$$6952=1738\times 4$$

$$7852=1963\times 4$$

有趣的是，这2种分法中，1位数都是4，大的那个4位数的后2位都是52。

（2）把1—9分成1个2位数、1个3位数和1个4位数，使2位数和3位数的乘积恰等于4位数，显然这种可能性也不多；但出人意料的是，这比前一种方法多，有7种可能。下面我们给出其中2种，其他的请读者自己先找一找

$$12\times 483=5796$$

$$48\times 159=7632$$

这种等式有一些明显的约束条件，如被乘数与乘数的最低位都不可能是1，也不可能是5；被乘数与乘数的最高位相乘一定要小于10等。无论是手工计算还是计算机计算，这些约束条件都是可以利用的。

（3）把1—9分成3个2位数和1个3位数，使其中2个2位数的乘积正好等于另一个2位数和3位数的乘积。让我们先分析一下有什么约束条件。首先，同3位数相乘的那个2位数肯定要比另外2个2位数小，这样等式两边的乘积应在96×87=8352和23×145=3335之间。由此可知，相乘2个2位数的高位必大于3，而与3位数相乘的那个2位数的高位则必须小于6。此外，3个2位数和1个3位数的个位显然都不可能为5。笔者编了一个程序获得这样的乘法等式共有11个，如下所示

① $46\times 79=23\times 158$

② $54\times 69=27\times 138$

③ $54\times 93=27\times 186$

④ $58\times 69=23\times 174$

⑤ $58\times 96=32\times 174$

⑥ $58\times 67=29\times 134$

⑦ $58\times 73=29\times 146$

⑧ 63×74=18×259

⑨ 64×79=32×158

⑩ 73×96=12×584

⑪ 76×98=14×532

这 11 个等式中，第①个乘积最小，为 3634，第 ⑪ 个最大，为 7448。其中第①和第⑨、第④和第⑤这两对乘式很有趣，等式左边的一个 2 位数和等式右边的 3 位数是一样的，等式左边和右边的另一个 2 位数正好都是把个位数和十位数交换了一下。

（4）我们再来看一下，把 1—9 分成一个 1 位数、一个 2 位数、2 个 3 位数，使其中一个 3 位数乘 1 位数之积正好等于另一个 3 位数乘 2 位数之积的情况，即等式有以下形式

○×○○○=○○×○○○

显然，等式左边的 3 位数的百位和 1 位数相乘必须得 2 位数，以保证乘积是 4 位数而不是 3 位数；而等式右边的 3 位数的百位和 2 位数的十位相乘又只能小于 10，以保证等式右边也是 4 位数而不是 5 位数。这样的等式也不多，只有 12 个，例如

7×658=14×329

9×654=18×327

我们请读者找出等式两边乘积为最小和最大的这样 2 个等式。

如果有 2 组 1—9，那么我们可以把其中的一组分成 2 个数，组成一个乘式，使其乘积恰恰等于另一组所形成的数，例如

3×51249876=153749628

96×8745231=839542176

从 1—9 中抽出一个数字来乘其他 8 个数字所组成的一个数，使形成由 1—9 所组成的一个 9 位数，还有 2 种可能，请读者找一找。

如果不要求用尽 1—9 这 9 个数字，只要求乘式两边有相同的数字，那么这样的等式就更多了。例如，任意包含 5 个相同数字的等式

3×4128=12384

24×651=15624

前一种形式的共有 10 个，后一种形式的共有 12 个。

例如，包含任意 4 个相同数字的等式

$$8\times473=3784$$
$$15\times93=1395$$

前一种形式的只有 2 个，后一种形式的只有 4 个。包含任意 3 个相同数字的等式就更少了，只有 1 种形式、2 种可能，我们下面给出其中的一个

$$3\times51=153$$

12.4 用1—9表示任意整数

用 1—9 这 9 个数字组成一个分式来表示任意正整数，是几百年前就提出的一个饶有兴趣的数学问题。法国大数学家卢卡斯曾经研究过这个问题，而且找到了用这种方法表示 100 的 7 种形式。在当时全凭手工处理的情况下是很了不起的。实际上，我们今天通过计算机可以找到 100 的这种表示法有 11 个，如下所示

$$100=3+\frac{69258}{714}$$
$$100=81+\frac{5643}{297}$$
$$100=81+\frac{7524}{396}$$
$$100=82+\frac{3546}{197}$$
$$100=91+\frac{5742}{638}$$
$$100=91+\frac{5823}{647}$$
$$100=91+\frac{7524}{836}$$
$$100=94+\frac{1578}{263}$$
$$100=96+\frac{1428}{357}$$
$$100=96+\frac{1752}{438}$$
$$100=96+\frac{2148}{537}$$

一个正整数有几个这样的表示方式，是不相同的。在100以内，1、2、3、4、15、18这几个数没有这样的表示方式。6、9、16、20、27这几个数都只有一种这样的表示方式，它们是

$$6=2+\frac{7436}{1859}$$

$$9=6+\frac{5382}{1794}$$

$$16=12+\frac{3576}{894}$$

$$20=6+\frac{13258}{947}$$

$$27=15+\frac{9432}{786}$$

其他正整数都有一个以上这样的表示方式。有趣的是，数字根为8的数一般都有很多这样的表示方式，“冠军”是89，有36个之多；“亚军”是71，有31个；62、83并列季军，表达方式都是26种；26、44和53分别以25、23、22种表达方式位列5—7名（这中间只有83的数字根并非8）。其他数字根为8的数的表达方式为：98有20种，80有15种，35有14种，8有13种，88有11种，17有5种（最少）。

需要指出的是，我们给出的答案中只包括以下3种形式的分数，即

$$①\bigcirc+\frac{\bigcirc\bigcirc\bigcirc\bigcirc}{\bigcirc\bigcirc\bigcirc\bigcirc}$$

$$②\bigcirc+\frac{\bigcirc\bigcirc\bigcirc\bigcirc\bigcirc}{\bigcirc\bigcirc\bigcirc}$$

$$③\bigcirc\bigcirc+\frac{\bigcirc\bigcirc\bigcirc\bigcirc}{\bigcirc\bigcirc\bigcirc}$$

而不包括$\frac{\bigcirc\bigcirc\bigcirc\bigcirc\bigcirc}{\bigcirc\bigcirc\bigcirc\bigcirc}$这种形式的分数，因为这实际上就是把1—9分成5位一组和4位一组，使5位数恰是4位数的整倍数，这我们前面在12.2节中已经讨论过了。另外也不包括更复杂的、但是可能的分数形式。例如，13这个数可以表示为

$$13=6+\frac{\frac{3829}{547}}{1}$$

等号右边确实也是由 1—9 所组成的，但我们不考虑这种过于特别的表达方式了。

除了用 1—9 组成的分式表示任意正整数外，还可以通过在 1—9 这 9 个数字之间插入适当的运算符号，形成某一整数的表达式。在 1—9 这 9 个数字只能升序或降序排列、不能打乱并只允许用加号和减号的情况下，表示 100 的这种表达式就已找到 26 个了，其中只用了 3 个运算符号的最巧妙的一个如下

$$123-45-67+89=100$$

运算符号比它多一个，但数字是降序的一个表达式如下

$$98-76+54+3+21=100$$

你看巧妙不巧妙？读者可自行找找其他可能的这种表达式，看看自己的脑子有多灵。

12.5　累进可除数

到这里，我们相信读者会同意本章开头提出的观点了，即 1—9 这 9 个平平淡淡的数字中实在蕴含着太多有趣的问题了。是的，它们确实既平凡又不平凡，只要你善于动脑子、善于学习，是可以从中发掘出许多宝贵知识的。作为本章的结束，我们将讨论用 1—9 组成一个“累进可除数”问题。但在此之前，我们先介绍另一个有关 1—9 的有趣问题。这个问题是：能否用若干个最简单的数学符号组成一个等式，使 1—9 中的奇数和偶数分居等号两边？读者应该还记得，幻方要求每行、每列、2 条对角线上的数字之和都相等，这势必要求数分布得很均匀；但数学家们还是发明了把所有奇数“扎堆”在中央，而把偶数分布到 4 角去的奇异幻方。所以这个问题也难不住数学家，他们已经设计出了这样的等式，请看

$$79+5\frac{1}{3}=84+\frac{2}{6}$$

现在我们来讨论所谓的累进可除数（polydivisible number）问题。用 1—9 这 9 个数字组成这样一个 9 位数，它的前 2 位能被 2 整除，前 3 位能被 3 整除，前 4 位能被 4 整除……前 8 位能被 8 整除，整个数则刚好能

被 9 整除。这个问题是由一个妇女戈罗德斯基（L. Gorodisky）提出并解决的，并由其丈夫、阿根廷人波尼亚奇科（J. Poniachik）公布在他任编辑的西班牙娱乐数学杂志 *Snark* 上。这个问题不算太复杂，但十分有趣。如果穷举 1—9 的所有可能的排列组合所形成的 9 位数，再逐一去验证其前 n（n=1—9）位能否被 n 整除的话，其工作量将是无法忍受的，因为要验证的数就有 P_9^9=355680 个。实际中当然不需要这样去做，因为显然，若 n 为偶数，则第 n 位（从左往右数起）必应为偶数，所以 2、4、6、8 这几个数字必然分布在 2 位、4 位、6 位、8 位。又 n 若为 5，则第 5 位必为 5。这样，1、3、7、9 这几个数字又必然分布在 1 位、3 位、7 位、9 位上。这样，需要验证的数减少至 P_4^4 · P_4^4=576 个。对于这 576 个数再逐一验证其前 n 位能否被 n 整除也就可以了。这个问题归结为怎样判断一个数能否被 2，3，4，…，9 整除的问题。除了 n=7 以外，整除性都是有简单判据的，我们简要说明一下。

任何数都可以被 1 整除，这是不用说的。

只要是偶数，就可以被 2 整除，这也是显然的。

数字根为 3 或 3 的倍数，则该数可以被 3 整除。我们在前面已经介绍过数字根了，就是将一个数的各个数位相加，若其和多于一位，对其和的各位数位再相加……直至剩一位数，这个数就称为该数的“数字根”。

一个数可被 4 整除当且仅当其最后 2 位数可被 4 整除。道理很简单：任意数 $abc\cdots xy$ 可以分解为 $100(abc\cdots)+xy$，而 100 及其任意倍数是可以被 4 整除的，因此只要末尾 xy 可被 4 整除，则整个数也就可以被 4 整除。

一个数若以 0 或 5 结尾，则该数可被 5 整除。在这个问题里，因为没有 0，所以左起第 5 位只能为 5。

一个数若既能被 2 整除又能被 3 整除，则能被 6 整除。所以数能被 6 整除的条件是当且仅当其为偶数，且其数字根为 3 的倍数。

一个数能被 8 整除，当且仅当其最后 3 位数能被 8 整除，道理也很简单，任意数 $abc\cdots xyz$ 可以分解为 $1000(abc\cdots)+xyz$，而 1000 及其任意倍数是可被 8 整除的，因此只要末尾 xyz 可被 8 整除，则整个数也就可以被 8 整除。可被 4 或 8 整除的判据可以推广至 2 的任意次幂：一个数可被 2^n 整除，当且仅当该数最后 n 位可被 2^n 整除。

一个数能被 9 整除，当且仅当该数数字根为 9。

一个数能被 10 整除，当且仅当该数以 0 结尾，这也是不用说的。

只有 7 的整除性历来没有一个简单的判据。比较古老的一个判别方法如下：把要检查的数从右至左各位分别乘 1、3、2、6、4、5；1、3、2、6、4、5；…然后相加，若其和为 7 的倍数，则该数可被 7 整除；否则，不可被 7 整除，且其余数等于该数被 7 除的余数。

例如，要检查 61671142 是否能被 7 整除，用上述方法求和

$2\times1+4\times3+1\times2+1\times6+7\times4+6\times5+1\times1+6\times3=99$

$99\div7=14\cdots$余 1

所以该数不能被 7 整除。用 7 除该数的余数为 1。

这个方法很麻烦，而且 1、3、2、6、4、5 这个序列也不易记住。1956 年，斯彭斯（D.S.Spence）在 *The Mathematical Gazette* 上提出了一种奇特的检验法：把要检查的数去掉最后一位，把这一位乘 2 后从剩余的数中减去。所得结果再重复这一过程，若最后得到 0 或 7，则原数可被 7 除尽。例如，对上面检查过的数 61671142，用该法的判别过程如下

$$61671142:\ 6167114-2\times2=6167110$$
$$6167110:\ 616711-0\times2=616711$$
$$616711:\ 61671-1\times2=61669$$
$$61669:\ 6166-9\times2=6148$$
$$6148:\ 614-8\times2=598$$
$$598:\ 59-8\times2=43$$
$$43:\ 4-3\times2=-2$$

结论：该数不能被 7 整除。

斯彭斯的方法能判别是否被 7 整除是基于下述原理：把要检查的数 N 分解为 $N=10x+y$，把末位去掉，将其乘以 2 以后从剩余的数中减去，相当于得到新的数 $M=x-2y$。把它的左右都乘 10，变为 $10M=10(x-2y)$。用原数 N 的表达式去减它，得

$$\because 10M-N=10(x-2y)-(10x+y)$$
$$10M-N=-21y$$
$$\therefore N=10M+21y$$

显然，$21y$ 是可以被 7 整除的，因此只要 M 能被 7 整除，N 也就能

被 7 整除了。

斯彭斯的方法比较容易记忆、可行；缺点是在不能整除的情况下，不能根据最后结果获知该数除以 7 的余数。

苏联学者提出了一种简单实用的方法——“火并法”。它的要点是：从右往左把数分成 3 位 3 位的一组，最后一组不足 3 位时用 0 补。然后交替对他们进行加减，若结果能被 7 整除，则原数可被 7 整除；反之则反，且其余数即原数被 7 除的余数。例如，有数 6466358548868156，则按火并法可列出

$$156-868+548-358+466-006=-62=-63+1$$

可知该数不能被 7 整除；被 7 除时余数为 1。

有了以上各种判据，获得累进可除数就不难了。在借助计算机的情况下就更容易了，因为各种程序设计语言中都有“取模”这个函数（即 mod），可以借以判断整除性，而 mod 函数及程序的实现实际上也是利用上述各种判据。最后获得的唯一的累进可除数如下

381654729

在这个累进可除数中，2、4、6、8 这 4 个偶数恰好以逆序分别置于 8、6、4、2 位（从左至右算起）；如果把最低位看成第 1 位，那么 2、4、6、8 这 4 个数所处位数刚好与数字一致。1、3、5、7、9 这 5 个奇数除了 1、3 颠倒了一下次序外，其余 3 个次序是顺着的。塔尔（A. Tarr）还发现了这个累进可除数和“洛书”3 阶幻方之间的奇妙关系：从“洛书”3 阶幻方的右上角出发沿主对角线画一条带箭头的线将幻方一分为二，在其左上方和右下方顺时针各画一条带箭头的弧线。然后从上到下按 3 条线的指示顺次取 9 个数，获得的就是累进可除数，如图 12-1 所示。

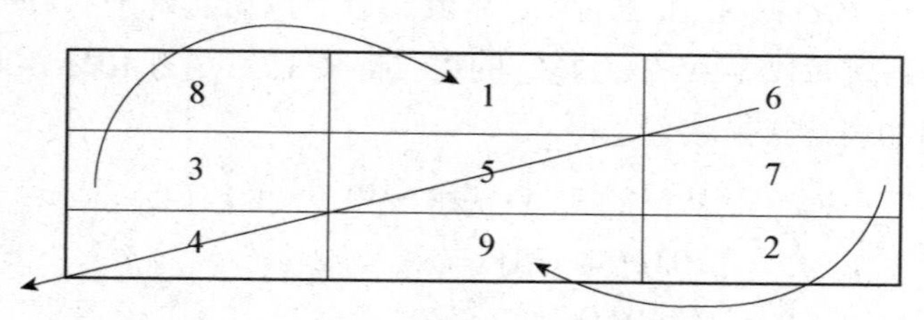

图 12-1　由“洛书”3 阶幻方获得累进可除数

累进可除数问题如果扩充到把 0 也包括进来，形成一个 10 位数，仍维持前 n 位能被 n 整除，最后加上整个 10 位数能被 10 整除，显然只要把 0 加在上述 9 位累进可除数的末尾就可以了，也仍然只有唯一的解。

累进可除数问题也可以扩充到非十进制的其他进制中去。研究表明，所有基数为奇数的情况（即对 3 进制、5 进制…），累进可除数是不存在的；基数为偶数的则有可能存在累进可除数，例如：

对 2 进制，显然有 1 个平凡解 1；

对 4 进制，有 2 个解，即 123 和 321；

对 6 进制，有 2 个解，即 14325 和 54321；

对 8 进制，有 3 个解，即 3254167、5234761 和 5674321。最后这个解非常有趣，除了 5 和 7 对调了一下位置外，其他数字恰好位于对应数位上（如果把末位看作第 1 位的话）；

对 12 进制，无解；

对 14 进制，有唯一解，即 $9c3a5476b812d$（a、b、c、d 分别表示 10、11、12、13）；

16 进制及以上，目前均未发现有解。

数学家桑格（D. M.Sanger）把累进可除数推广到更一般的情况，即不要求数由 1—9 这 9 个不同数字组成，而可以用任意数字的任意组合，只要求满足前 n 位可被 n 除尽这一条件。根据我们前面介绍的整除性的各种判据，很显然，这样的 2 位数有 45 个，即十位上是 1—9 之一，个位上是 0、2、4、6、8 之一的数都可被 2 整除。3 位的累进可除数有 144 个，即在以上 45 个 2 位累进可除数的基础上，每个的末尾再添加一个数，使数字根为 3 的倍数，如 10 后加 2、5、8，即 102、105、108；54 后加 0、3、6、9，即 540，543，546，549 等，都是满足条件的 3 位累进可除数。依此类推，位数越多，累进可除数越多，到 9 位达到最大值，有 2492 个累进可除数，最小一个是 102000564，最大一个是 987654564，最奇特的一个是 300006000。10 位的累进可除数只要在每个 9 位的累进可除数末尾再添加一个 0 就可以了，所以也有 2492 个。11 位的累进可除数怎么获得呢？这就需要知道怎样判定一个数能否被 11 整除。11 整除性的判据很简单：奇数位和偶数位的数字和之差若为 0 或 11 的倍数，则该数可被 11 整除。获得这个判据的来历很简单，看一下任意数 $abcd$ 的 11 倍的乘

式就明白了

$$
\begin{array}{r}
abcd \\
\times \quad 11 \\
\hline
abcd \\
abcd\ \ \\
\hline
abc\ \ \\
a+++d \\
bcd
\end{array}
$$

奇数位和偶数位的数字和必定同为（$a+b+c+d$），所以其差必为 0，判据中为什么又说差是 0 或 11 的倍数呢？那是由于除首末以外的位相加时可能发生进位，一旦出现这种情况，发生进位的数字和少了 10，获得进位的位的数字和多了 1，两者相差总是 11。

有了 11 整除性的判据，我们就可以讨论 11 位的累进可除数如何产生了。在 2492 个 10 位累进可除数的基础上，在每个的末尾添加 0—9 中的某个数，若形成的 11 位数的奇数位和偶数位的数字和之差等于 0 或 11 的倍数，我们就获得了一个 11 位的累进可除数。例如，我们在前面提到的最小的 10 位累进可除数 1020005640 的末尾添加一个 5，在最大的 10 位累进可除数 9876545640 的末尾也添加一个 5，而在非常奇特的 3000060000 末尾则添加一个 3，就都可以形成 11 位的累进可除数。

依此类推，桑格发现，位数越多，累进可除数呈减少的趋势，到 20 位以后其数量如下：

20 位：有 44 个累进可除数

21 位：有 18 个累进可除数

22 位：有 12 个累进可除数

23 位：有 6 个累进可除数

24 位：有 3 个累进可除数

25 位：只有一个累进可除数，即 3608528850368400786036725

26 位：没有累进可除数

这样，由任意数字组合的累进可除数到 25 位就是尽头了，再也没有位数更多的累进可除数了。

显然，这个问题可以通过计算机编程解决。在纪有奎和陈海鸣编著的《趣味程序设计》中就有用 Basic 和 Fortran 求得这样一个 25 位数的程序，作者宣称如有读者发现大于 25 位这样性质的数，可以获得作者从稿费中支付的 1000 元的发明奖。我们从前面的分析中知道，谁也不可能做出这样的发明，因而该书作者的稿费是绝对“安全”的。

12.6 累进不可除数

所谓累进不可除数（progressively not-divisible number），是累进可除数问题的逆问题，即求这样的数，它被任意 n（n 从 2 到 10）除都是除不尽的，而且余数总是 $n-1$，即被 2 除余 1，被 3 除余 2，被 4 除余 3，…，被 10 除余 9。这个问题实际上出现在累进可除数问题之前，在 1893 年出版的一本 *Puzzles：Old and New* 中就被当作一个数学难题提出来了。这个问题乍一看似乎很复杂、很难，实际上是容易解决的，因为只要求出 2，3，4，…，10 的最小公倍数 LCM，然后减去 1，得到的就是满足上述条件的最小整数。在这个整数上加最小公倍数的任意倍数也都满足条件，因此事实上累进不可除数的数量是无限多的。

那么怎样求 2，3，4，…，10 的最小公倍数并从而获得累进不可除数呢？笔者编了一个十分简单的程序让计算机帮忙。程序从初始值 10 开始，以 10 为增量循环检查各个数，这是因为 2，3，4，…，10 的最小公倍数必是 10 的倍数。在每个循环中对数只做模 7、模 8、模 9 三种检查，看它能否被 7、8、9 整除。一旦检查通过，循环即停止，减 1 后输出最小累进不可除数——2519。

13 数的自同构现象

“同构”是数学中的一个重要概念。在图论中，我们说图 G_1 和图 G_2 是同构的，指的是这 2 幅图不仅结点数和边数相等，而且边和结点之间的对应关系也完全一样，实际上它们是同一幅图，只是结点布局不同、边的形状也有差异而已。在代数理论中，我们说 2 个代数系统$\langle S_1, * \rangle$和$\langle S_2, \circ \rangle$是同构的，指的是不但集合 S_1 和 S_2 中的元素个数相同，而且运算“$*$”和运算“$\circ$”的运算法则也是对应的。例如，S_1 中的元素 a、b、c 与 S_2 中的元素 x、y、z 相对应，那么如果 $a*b=c$ 就有 $x\circ y=z$。以上叙述当然只是对同构的通俗说明，并非严格的数学定义。有趣的是，在数中也存在类似的同构现象，本章就来介绍这方面的问题。

13.1 自同构数

“自同构数”或叫“自守数”(automorphic number) 是这样的数，其平方的尾数是这个数自身。例如

$$5^2=25;\qquad 6^2=36$$

$$25^2=625;\qquad 76^2=5776$$

显然，自守数的尾数一定是 1、5 或 6，即只有尾数是 1、5 或 6 的数才可能是自守数。0 和 1 是自守数是显而易见的，这叫“平凡自守数”(trivial automorphic number)，我们不去讨论它们。

自守数的数量多不多呢？一般资料中的说法是“极少”，因为一般具有 n 个数位的数中，最多只有 2 个自守数，有的甚至只有 1 个自守数。例如，1 位数、2 位数、3 位数各有 2 个自守数。1 位数和 2 位数中的自守数在前面已经列出了，此外再无其他自守数。4 位数和 5 位数中就都只有一个自守数，它们是

$$9376^2=87909376$$

$$90625^2=8212890625$$

因此说自守数“极少”。但由于任意 n 位的数中总至少有一个自守数，那么自守数的数量总体上说来又是无限的，说它“极少”似乎又不太确切。

13.2 有关自守数的一些规律

自守数有一些有趣的规律，利用这些规律可以帮助我们很快找到自守数。

首先我们按从小到大的次序列出已知的开头几个自守数：5，6，25，76，376，625，9376，90625，…。

可以发现，序列中较大的一个自守数必是位于它之前的较小的2个自守数中的某一个，并在它前面再添加若干数位而形成的。例如，25是它前面第2个的5之前加2形成的；376是直接位于它之前的76之前加3形成的，如此等等。按照这个规律，我们就可以较快地由小的自守数找到其后较大的自守数。应该遵守的规则是：如果已知自守数以5结尾，则取其平方，把平方数尾部之前但最靠近尾部的非0数位（及可能的后随的若干个0）加到其尾部前，即得其后自守数。例如，5的平方是25，25的平方是625，所以25、625就分别是5和25之后的自守数；而625的平方是390625，所以90625就是625之后的自守数，而90625的平方是8212890625，所以在它之后的自守数是890625。

如果已知自守数以6结尾，则方法类似，但在尾部前应加10减去尾部前的非0数（同样可能后随若干0）。例如，6的平方是36，所以6之后的自守数是6之前加7（10−3=7），即76；76的平方是5776，所以76之后的自守数是76之前加3（10−7=3），即376。376的平方是141376，所以它之后的自守数是9376。9376的平方是87909376，所以9376之后的自守数是109376。

自守数还有一个有趣的现象，即 n 位的自守数若有2个，则其和必有以下形式

$$\underbrace{100\cdots001}_{(n-1)\text{个}}$$

例如，2 位的 2 个自守数之和是 25+76=101，3 位的 2 个自守数之和为 376+625=1001，…。这样，如果我们已经知道了 n 位数的某个自守数，那么，只要用 11 去减它的末位数，用 9 去减其余各位数，获得的就是 n 位数的另一个自守数。用这个办法获得的数的高位如果是 0，则说明另一个自守数不存在，而 0 后面的有效数位必是 $n-1$ 位的一个自守数。例如，已知 4 位的一个自守数是 9376，用这个办法求另一个自守数的时候，获得的是 0625，说明 4 位的另一个自守数不存在，而 625 则是 3 位的一个自守数。

自守数还有一个非常有趣的现象，即同样 n 位的自守数如果有 2 个，则它们的乘积的尾部一定是 n 个 0，例如

$$5\times6=30$$

$$25\times76=1900$$

$$376\times625=235000$$

如果把 625 看作是 3 位的自守数，而把 0625 看作是 4 位的自守数（允许前置 0），那么这个规律仍保持

$$9376\times0625=5860000$$

下面我们以方阵形式给出以 5 结尾的 1—100 位的自守数，如图 13-1 所示，个位在方阵的右下角。根据以上介绍的自守数的规律，读者不难自己画出以 6 结尾的 1—100 位的自守数的方阵。笔者编了一个计算机程序，利用有关规则可以顺序输出 1 位、2 位、3 位……以 5 和 6 结尾的 2 组自守数，只要你愿意，可以无限制地输出任意位数的自守数。

3	9	5	3	0	0	7	3	1	9
1	0	8	1	6	9	8	0	2	9
3	8	5	0	9	8	9	0	0	6
2	1	6	6	5	0	9	5	8	0
8	6	3	8	1	1	0	0	0	5
5	7	4	2	3	4	2	3	2	3
0	8	9	6	1	0	9	0	0	4
1	0	6	6	1	9	9	7	7	3
9	2	2	5	6	2	5	9	9	1
8	2	1	2	8	9	0	6	2	5

图 13-1　包含 1—100 位自守数的自守数方阵

13.3 立方自守数

以上讨论自守数是根据数的平方定义的。1974 年，数学家亨特（J.A.H.Hunter）提出自守数也可以建立在立方的基础上，即某数的立方的尾数恰为该数本身，例如

$$24^3=13824$$
$$49^3=117649$$
$$51^3=132651$$

亨特把这样的自守数叫作 trimorphic。

这样的自守数比普通的自守数多。为了区别，以后我们把这 2 种自守数分别叫作“平方自守数”和“立方自守数”。显然，以 5 和 6 结尾的平方自守数同时也是立方自守数。以 1 位数为例，除了 5 和 6 以外，还有 1、4、9 这 3 个立方自守数。

在 2 位数中，除了 25 和 76 以外，还有 24、49、51、75、99 这 5 个立方自守数。更多位数的立方自守数请读者自己寻找。

13.4 其他进制中的自守数

以上我们讨论平方自守数和立方自守数都是在十进制中进行的。自守数的概念当然也可以推广到任意的计数制中去。对于 p 进制的平方自守数来说，其定义为

$$x^2=x(\mathrm{mod}\,p^n)$$

其中 n 是 x 的位数。

立方自守数的定义与之类似

$$x^3=x(\mathrm{mod}\,p^n)$$

对于平方自守数来说，若 p 是素数或素数的某一方次，则自守数是不存在的，但平方自守数 0 和 1 除外。因此，在十进制以内，只有六进制是有自守数的。基数为 6 的最小自守数为 13，其平方为 213；另一个自守数为 44，其平方为 3344。

值得注意的是，前面讨论十进制自守数的一些性质，在任何数制中都成立。例如，同为 n 位的 2 个自守数之和顺次为 11，101，1001，10001，…。在别的数制中也是这样。例如，前面提到六进制的 2 个 2 位的自守数 13 和 44，其和也是 101（当然这是六进制意义上的 101）。所

以由 n 位的一个已知的自守数，求另一个自守数也可以利用这一规律。在任何进制中，2 个 n 位自守数的末位之和总是（p+1），其他各位之和都是（p−1），p 是基数值。因此在十进制中，2 个 n 位自守数的末位之和是 11，其他各位之和是 9。而在六进制中，其末位数之和也为 11（相当于十进制的 7），而其他各位之和为 5。这从六进制的 2 个 2 位自守数 13 和 44 可以获得证实。

13.5　六边形自守数和同心六边形自守数

1987 年，数学家特里格（C.Trigg）发现在六边形数中也存在自同构现象。所谓六边形数是这样一个函数

$$H(n)=n(2n-1)$$

其对应图形如图 13-2 所示。其中的各六边形左下角的两条边是共有的。

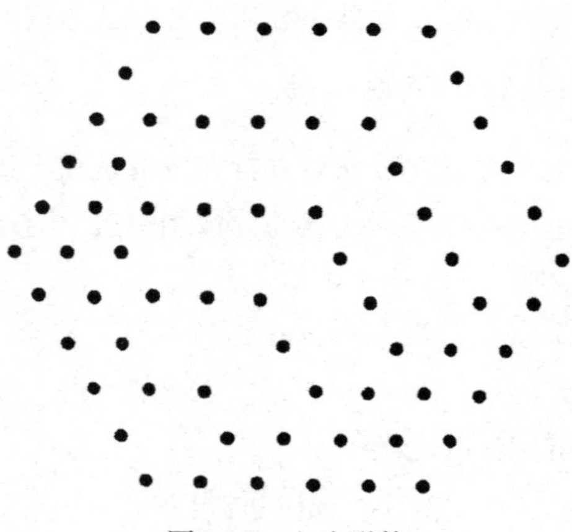

图 13-2　六边形数

当 n 顺次取 1，2，3，…时，$H(n)$的序列为1，6，15，28，45，66，91，120，153，190，231，…

特里格发现，在这个序列中，有些 $H(n)$的尾部正好就是 n，例如

$$n=5,\ H(n)=45$$

$$n=6,\ H(n)=66$$

如此等等，而且这类 $H(n)$是无限的，见表 13-1。特里格把它们叫作六边形自守数（hexamorphic numbers）。

表 13-1　六边形自守数

n	$H(n)$	n	$H(n)$
1	1	376	282376
5	45	500	499500
6	66	501	501501
25	1225	625	780625
26	1326	876	1533876
50	4950	4376	38294376
51	5151	5000	49995000
75	11175	5001	50015001
76	11476	5625	63275625
125	31125		

继特里格之后，IBM 公司的皮寇弗（我们又一次遇见他了）定义了另一种六边形自守数，叫作“同心六边形自守数”（centered hexamorphic numbers）。同心六边形自守数是在同心六边形数的基础上定义的。同心六边形数是这样一个函数：

$$H_c(n)=3n(n-1)+1$$

其对应图形如图 13-3 所示。

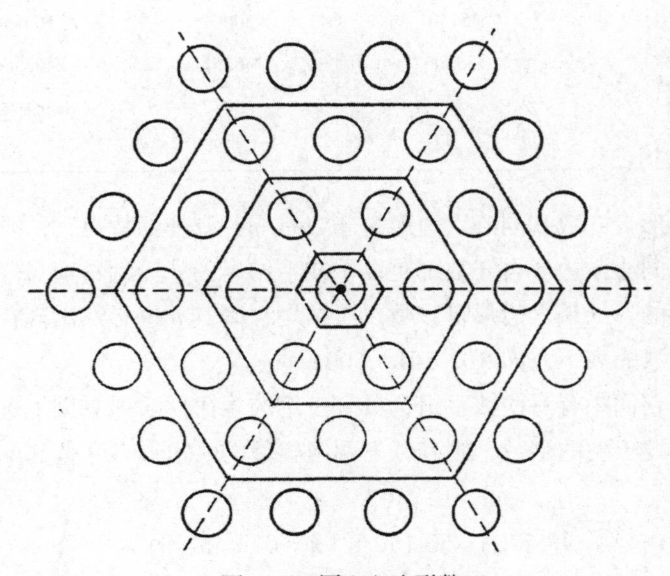

图 13-3　同心六边形数

顺次取 n=1，2，3，…，$H_c(n)$的序列为1，7，19，37，61，91，127，169，217，271，331，…。

皮寇弗发现，有些 $H_c(n)$的尾部也正好是 n，例如：

$$n=7，H_c(n)=127$$
$$n=51，H_c(n)=7651$$

这样的 $H_c(n)$也是无限的，皮寇弗把它们叫作“同心六边形自守数”，见表 13-2。

表 13-2　同心六边形自守数

n	$H_c(n)$	n	$H_c(n)$
1	1	1251	4691251
7	127	1667	8331667
17	817	5001	75015001
51	7651	5417	88015417
67	13267	6251	117206251
167	83167	6667	133326667
251	188251	10417	325510417
417	520417	16667	833316667
501	751501	50001	7500150001
667	1332667	56251	9492356251
751	1689751	60417	10950460417
917	2519917		

六边形自守数和同心六边形自守数有一些有趣的特点：

（1）同心六边形自守数都是以 1 或 7 结尾的，而六边形自守数没有以 7 结尾的。如果六边形自守数以 1 结尾，则其 n 也必然出现在同心六边形自守数的表中，如 51，501，5001，…。

（2）它们中有一些数字组合具有一定的规律性。如果用下标表示某个数字连续出现的个数，则有以下两组类似的六边形自守数和同心六边形自守数

$$H(50_k1)=50_k150_k1,\quad k=0，1，2，\cdots$$
$$H_c(50_k1)=750_{k-1}150_k1,\ k=1，2，3，\cdots$$

例如

当k=1时，n=501，则$H(n)$=501501，$H_c(n)$=751501

当k=2时，n=5001，$H(n)$=50015001，$H_c(n)$=75015001

（3）除此之外，在同心六边形自守数中还有以下两组无限序列

$$H_c(16_k7)=83_k16_k7，k=0，1，2，3，\cdots$$
$$H_c(6_k7)=13_k26_k7，k=0，1，2，3，\cdots$$

前者如：k=0，n=17，$H_c(n)$=817

k=2，n=1667，$H_c(n)$=8331667

后者如：k=0，n=7，$H_c(n)$=127

k=2，n=667，$H_c(n)$=1332667

（4）在连续3个六边形数（不一定是自守数）之间有以下关系

$$H(n+1)-2H(n)+H(n-1)=4$$

而在连续3个同心六边形数（也不一定是自守数）之间有以下关系

$$H_c(n+1)-2H_c(n)+H_c(n-1)=6$$

两者之比是$\frac{3}{2}$。这与相同n下$H_c(n)$和$H(n)$之比一样

$$\frac{H_c(n)}{H(n)}=3\left(\frac{1}{2}-\frac{1}{4n}-\frac{1}{8n^2}-\frac{1}{16n^3}-\cdots\right)=\frac{3}{2}$$

而不管对多大n，$H_c(n)$和$H(n)$之差永远是$(n-1)^2$。

13.6 “蛋糕自守数”

继同心六边形自守数之后，皮寇弗试图寻找所谓“蛋糕自守数”（cakemorphic numbers）。蛋糕自守数是基于蛋糕整数定义的

$$\text{Cake}(n)=\frac{n^2+n+2}{2}$$

之所以把这个函数叫作“蛋糕整数”是因为它指出了把蛋糕切n刀时，蛋糕所能分成的最多块数。例如，切2刀，最多分4块；切3刀，最多分7块，其序列为2，4，7，11，16，22，29，37，…。图13-4表示切6刀时蛋糕最多分成22块的切法，你能切出更多的块数吗?

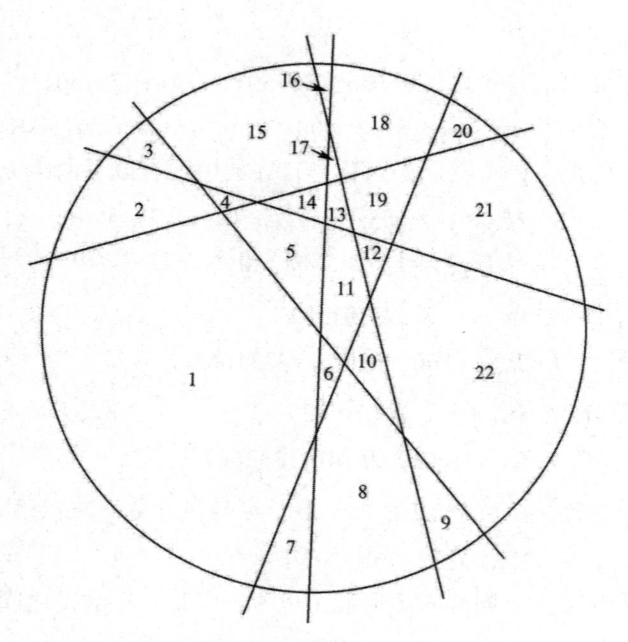

图 13-4　蛋糕切 6 刀最多分成 22 块

皮寇弗原以为在 Cake(n)的序列中能找到一些尾部恰为 n 的，也就是蛋糕自守数。但令他大为失望的是，他从 n=1 一直找到 $n=10^7$，竟没有找到一个自守数。继续增大 n 能冒出自守数来吗？他的同事安格罗（M. Angelo）后来证明，蛋糕自守数是不存在的。他的证明方法如下：

考察 $\text{Cake}(n)=\dfrac{n^2+n+2}{2}$ 的最后一位的可能情况。这相当于对 Cake 做模 10 运算。首先考虑 n 是 10 的倍数（即 n=10x）时的情况。这时（Cake mode 10）相当于 $\dfrac{100x^2+10x+2}{2}$ mod10，该式可以化简为(5x+1) mod10。对于所有 x，这个表达式只有 2 个不同的值——1 和 6，因此可知 n 为 10 的倍数，即以 0 结尾时，其蛋糕数必以 1 或 6 结尾，因此不可能是蛋糕自守数。

其次考虑 n 以 1 结尾（即 n=10x+1）时的情况。这时， Cake(n)= $\dfrac{100x^2+20x+1+10x+1+2}{2}=50x^2+15x+2$，因此 Cake mode 10=5$x$+2。

对于所有 x，这个表达式也只有 2 个可能的值——2 和 7，和 n 的结尾不同，因此也不可能产生蛋糕自守数。

以同样方式顺次考察 n 以 2，3，…，9 结尾的情况可以知道，所有蛋糕数的末尾都不可能和 n 相同，由此可知不存在蛋糕自守数，也就是皮寇弗希冀的“蛋糕”最后成了“水中捞月”。

14 棋盘上的哈密顿回路

14.1　问题的提出

哈密顿回路问题是图论中的一个著名的、至今尚未完全解决的难题。它是爱尔兰数学家哈密顿（W.Hamilton，1805—1865）在研究数学游戏“周游世界”时首先提出的。这个问题是这样的：在有 n 个结点的图上找出一个回路，经过每个结点一次也仅一次。与哈密顿回路相联系的、类似的问题是哈密顿通路问题，即在有 n 个结点的图上找一个通路，经过每个结点一次也仅一次。通路与回路的区别在于：通路的起始结点与终止结点不是同一个，所以不是封闭的；回路的起始结点与终止结点是同一个，所以是封闭的。在图论中，若通路或回路中的结点是不重复出现的，这样的通路或回路叫作“基本通路”或“基本回路”。所以，找哈密顿通路或哈密顿回路的实质是找包含所有结点的基本通路或基本回路。

自 1862 年哈密顿提出这个问题以来，吸引了许多数学家去研究。但至今尚未找到在一个图中判断其是否存在哈密顿通路或回路的充分必要依据。数学家们还在为此继续努力。

我们这里不准备一般性地讨论哈密顿通路或回路的问题，而讨论这个问题的一个特殊形式，即把国际象棋 8×8=64 个方格的每个方格当作一个结点，以国际象棋中的某种棋子的走步作为结点间的边，问这样的图中是否存在哈密顿回路？换一种说法是，以马为例，国际象棋中的一匹马，能否从任意方格出发，按“一步一斜角”的走法，经过棋盘上的每个方格一次也仅一次，跳回出发时的方格？这个问题的出现，实际上比哈密顿回路问题的出现还早 1 个多世纪，最早是由瑞士数学家贝尔特兰德（L.Bertrand）提出的，著名数学家欧拉在 1759 年就开始研究这个问题而且获得了一般解法。下面就首先介绍欧拉解决这个问题的方法。

14.2 马步哈密顿回路的欧拉解法

欧拉解决这个问题的方法如下：

从任意方格出发，按马步以任意次序遍历尽可能多的方格，直至无法继续前进为止。把余下来的空格标以 a，b，c，…。接下来的工作是想办法把这些空格与前面的路径连接起来并使之封闭。下面我们用例子来说明这个过程。

如图 14-1(a)，我们从 1 开始，按马步一格一格地走到 60 步，余下 4 个格标为 a、b、c、d。

55	58	29	40	27	44	19	22
60	39	56	43	30	21	26	45
57	54	59	28	41	18	23	20
38	51	42	31	8	25	46	17
53	32	37	*a*	47	16	9	24
50	3	52	33	36	7	12	15
1	34	5	48	*b*	14	*c*	10
4	49	2	35	6	11	*d*	13

(a)

22	25	50	39	52	35	60	57
27	40	23	36	49	58	53	34
24	21	26	51	38	61	56	59
41	28	37	48	3	54	33	62
20	47	42	13	32	63	4	55
29	16	19	46	43	2	7	10
18	45	14	31	12	9	64	5
15	30	17	44	1	6	11	8

(b)

图 14-1 欧拉法形成马步哈密顿回路示例

第 1 步先把 1—60 这个通路改为回路。为此，我们注意到 1 可以跳到 32、52、2，把这些格标为“p”；60 可 跳 至 29、59、51，把它们标为“q”。我们要找出其间正好差 1 个马步的 p 和 q。显然 p=52 和 q=51 满足要求。即 1，2，…，51；60，59，…，52 是一个回路。所以把“；”后的半截前后颠倒次序，即把 60 改为 52，59 改为 53，…，52 改为 60 即可。

第 2 步，把互相正好只差 1 个马步的空格先连到由第 1 步形成的回路中去。我们注意到，a、b、c、d 这 4 个空格中，a、b、d 这 3 个空格是互相正好只差 1 个马步的。而在改过顺序号的图上，a 可跳至 51、59、41、25、7、5、3、6。我们任取其中之一，设取 51。这样应把前面以 60 作为终点的回路改为以 51 为终点，这只要把 1—51 均加 9 变成 10—60，而 52—60 均减 51 变成 1—9 就行了。这样改了以后，a、b、d 这 3 个空格就可以相应变成 61、62、63，与已经形成的回路相连接。

第 3 步要把剩下来的空格 c 也连接到回路中去。我们看到，c 可以跳至改造过的 25、33、45、15；而 63（原来的空格 d）可以跳至 16、24、

62，其中的 24 和 25 只差 1 个马步。这样，我们又可以用第 1 步中用过的方法，把 63，62，…，25 的前后次序颠倒一下，重新形成 1—63 这样一个回路，空格 c 就可以编为 64 与它相连了。

这样形成的 1—64 是一个通路，64 不能跳回 1，所以最后 1 步是要进一步对它进行改造。我们看到，1 可以接 50、53、28；64 可以接 55、63、43、15，其间并无正好只差 1 个马步的。这怎么办呢？不要着急，我们可以先取 1 能跳到的 50、53、28 中的一个，比如 28。则回路变为 64，63，…，28；1，2，…，27。同以前一样，把 1—27 颠倒为 27—1 以后再来考察，这时 1 可以跳至 14，64 可以跳至 13，其间只差 1 个马步，所以又一次用老办法，把回路 64，63，…，14；1，2，…，13 中的 1—13 颠倒一下前后次序，最后就形成了如图 14-1(b)所示的马步哈密顿回路。

14.3 内外分层法求哈密顿回路

上面介绍的欧拉法的优点是通用性强，即从任意方格出发按任意次序进行，总可以获得哈密顿回路。但欧拉法的麻烦也是显而易见的，多次调整的过程把人弄糊涂了，非得十分细心、耐心不可。19 世纪初，法国数学家德・蒙特莫特（de Montmort）和德・莫芙尔（de Moivre）提出了一种较简单的办法。他们把 8×8=64 的方阵分为内、外 2 层，内层是中心的 4×4=16 方阵，外层为周边的 48 个方格。从外层的某个方格出发，以马步始终按同一方向在外层中前进，不到万不得已绝不要进入内层。外层填满以后再填内层就不难了。德・莫芙尔给出的一个例子如图 14-2 所示。当然，这样获得的只是哈密顿通路，最后还要用一次欧拉的方法把它改造成回路。我们看到，在图 14-2 的前面 48 步中，只有第 25 步和第 38 步不得已进入了内层，其他各步都是按顺时针方向在外层中进行的。

34	49	22	11	36	39	24	1
21	10	35	50	23	12	37	40
48	33	62	57	38	25	2	13
9	20	51	54	63	60	41	26
32	47	58	61	56	53	14	3
19	8	55	52	59	64	27	42
46	31	6	17	44	29	4	15
7	18	45	30	5	16	43	28

图 14-2　内、外分层法求哈密顿通路

14.4 罗杰特的巧妙方法

1840 年，数学家罗杰特（Roget）提出了一种更简单而巧妙的在棋盘上形成马步哈密顿回路的办法。他把棋盘分为上下左右 4 个部分，再把每个角又一分为四，如图 14-3(a)所示。在每个小组的 4 个方格中，分别标以同样的字母 *a*、*e*、*l*、*p*，位置在一个方角的 4 个小组中是互不相同的，而 4 个方角则对应相同。

l	*e*	*a*	*p*	*l*	*e*	*a*	*p*
a	*p*	*l*	*e*	*a*	*p*	*l*	*e*
e	*l*	*p*	*a*	*e*	*l*	*p*	*a*
p	*a*	*e*	*l*	*p*	*a*	*e*	*l*
l	*e*	*a*	*p*	*l*	*e*	*a*	*p*
a	*p*	*l*	*e*	*a*	*p*	*l*	*e*
e	*l*	*p*	*a*	*e*	*l*	*p*	*a*
p	*a*	*e*	*l*	*p*	*a*	*e*	*l*

(a)

34	51	32	15	38	53	18	3
31	14	35	52	17	2	39	54
50	33	16	29	56	37	4	19
13	30	49	36	1	20	55	40
48	63	28	9	44	57	22	5
27	12	45	64	21	8	41	58
62	47	10	25	60	43	6	23
11	26	61	46	7	24	59	42

(b)

图 14-3 罗杰特的巧妙方法

在这种安排方式下，我们看到，在每个方角中，元音 *a* 和 *e* 分别处于一个正方形的 4 个角，辅音 *l* 和 *p* 分别处于一个菱形的 4 个角；而由同一字母标注的 16 个方格则正好形成一个回路，整个棋盘形成 4 个回路。这样，我们可以对称方式在 16 个 *p* 中填入 1—16，在 16 个 *a* 中填入 17—32，在 16 个 *l* 中填入 33—48，在 16 个 *e* 中填入 49—64，形成 4 个回路。现在的问题是怎样把这 4 个回路合并成一个大回路。为了使合并的过程尽可能简单，要遵守以下 2 条规则。

（1）所选的起始方格和终止方格应分别标注辅音字母和元音字母。为此，要轮流取标辅音的回路和标元音的回路，以起始方格所标辅音的回路开始，以终止方格所标元音的回路结束。

（2）每个回路的旋转方向要一致，而且不要在方阵的 4 个角或边缘方格上终止。

以图 14-3 为例，我们以标 *p* 的方格开始，第 1 个回路是标 *p* 的 16 个方格，按顺时针方向前进；第 2 个回路是标 *a* 的 16 个方格，第 3 个回路

是标 l 的 16 个方格，最后是标 e 的 16 个方格，都取顺时针方向。这 4 个回路都是对称的，且具有连贯性，仅从 32 到 33 是例外，没有转入下一方角，而在本方角中接续。这样形成的哈密顿回路见图 14-3(b)。

14.5 几个有特色的马步哈密顿回路

求棋盘上马步形成的哈密顿回路，还有一些其他办法，这里就不一一列举了。下面我们介绍几个有特色的马步哈密顿回路。

图 14-4 所示的马步哈密顿回路是一位 19 世纪的俄国国际象棋大师给出的。我们仔细看一下其马步顺序就可以发现，它的形成和罗杰特的方法十分类似，但在某些点上似乎故意破坏了罗杰特的规则，所造成的效果是：每行、每列上的数字之和都相等，是 260。可惜 2 条对角线上的数字之和一为 168，一为 348，不相等，否则它就也是幻方了。

图 14-5 的棋盘上有 4 个马步哈密顿回路，上半个棋盘和下半个棋盘上各有 2 个，各以 1 个顶角为始点和终点。这 4 个哈密顿回路的上下左右是完全对称的。

63	22	15	40	1	42	59	18
14	39	64	21	60	17	2	43
37	62	23	16	41	4	19	58
24	13	38	61	20	57	44	3
11	36	25	52	29	46	5	56
26	51	12	33	8	55	30	45
35	10	49	28	53	32	47	6
50	27	34	9	48	7	54	31

图 14-4 俄国国际象棋大师的马步哈密顿回路

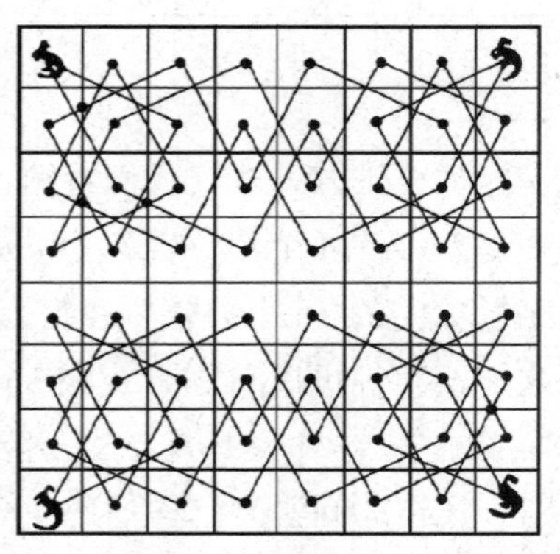

图 14-5 有 4 个马步哈密顿回路的棋盘

图 14-6 的棋盘上也有 4 个马步哈密顿回路，但与前者不同，这里不是俩交织在一起的，而是完全不交叉的，每个都占 $\frac{1}{4}$ 个方阵，即 16 个方格，但不是 4×4 的方阵，而是如图中粗线所示的不规则方阵，但形状完全一样。已经证明，在 4×4 的方阵中是不可能构成马步哈密顿回路的。

图 14-7 的马步哈密顿回路是这样形成的：将整个棋盘划分为 2 个

3×4 和 2 个 5×4 的矩形块，在每个矩形块中可以先构成不封闭但互相独立的马步哈密顿通路，但故意将始点和终点都设在中线两旁，然后将始末结点两两相连从而构成 1 个完整的马步哈密顿回路。

在棋盘马步哈密顿回路中，具有良好对称性的棋盘马步哈密顿回路是令人特别感兴趣的。加德纳曾在《科学美国人》杂志上给出过 4 个这样的回路，形成美丽的图案，如图 14-8 所示。

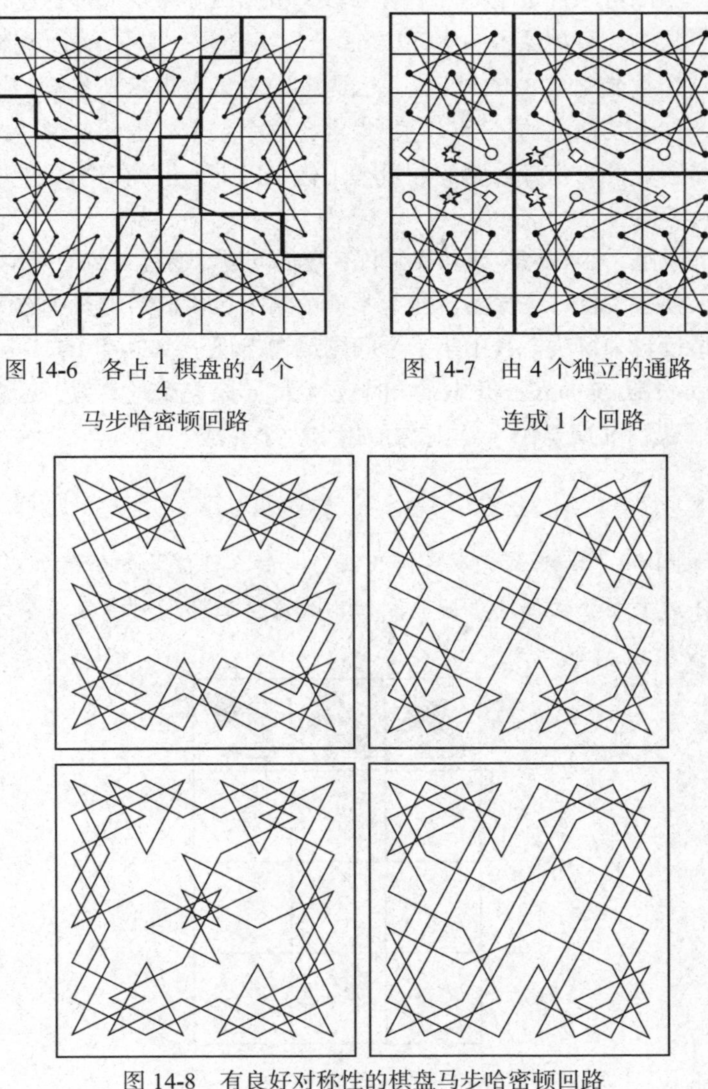

图 14-6　各占 $\frac{1}{4}$ 棋盘的 4 个马步哈密顿回路

图 14-7　由 4 个独立的通路连成 1 个回路

图 14-8　有良好对称性的棋盘马步哈密顿回路

人们曾经试图找出具有四重对称性的棋盘马步哈密顿回路，即把棋盘转 90°、180°、270°，回路都一模一样，但始终不能如愿。最后证明，在标准棋盘上是不可能构成这样的回路的。

14.6 棋盘上的不解之谜

棋盘上以马步形成的哈密顿回路有多少个？这是个至今没有解决的难题。一方面可以肯定这是一个有限数，俄国国际象棋大师曾经证明这个数小于从 168 个物品中一次任取 63 个的组合数；另一方面，克赖希克又证明这个数要比 122802512 大，因为该数是某类棋盘马步哈密顿回路的数量，加上其他类的，所以总数肯定比这个数大。也就是说，棋盘上可以马步形成的哈密顿回路的数量在 1 亿个以上。但确切的数量至今无人能够回答。

由此可见，小小的棋盘上有无数有趣的问题，也有大量的未解之谜，等待着人们去发掘、去探索。作为本章的结束，我们给出几个有关的智力游戏请读者来解决。其中第 1 个问题最初出现于 1974 年的 *Journal of Recreational Mathematics* 杂志，当时认为 26 步解是最佳答案，后来步数减至 18，最后又减至 16。看看你能用多少步完成？

习　题

［习题 14-1］试以最少步数将 3 匹白马和 3 匹黑马的位置加以互换。可以以任意次序移动任意 1 匹马，但不允许 2 匹马同时占领 1 个方格，如图 14-9 所示。

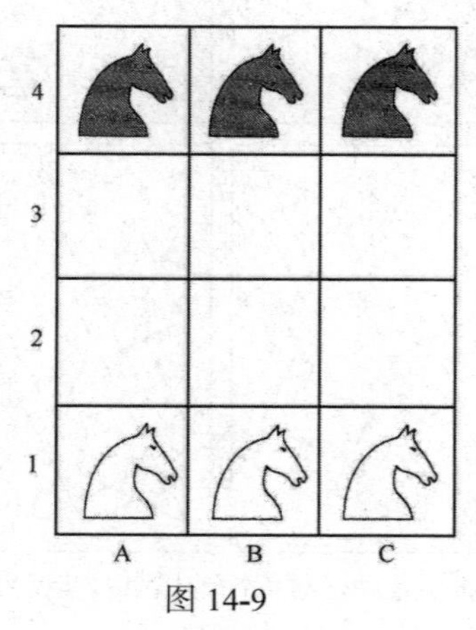

图 14-9

［习题 14-2］瓜里尼问题（Guarinis problem）。这仍然是黑、白马交换位置的问题，但不同于习题 14-1 的是：开始时，在 3×3 的棋盘上，最下一行靠边的 2 个方格中有 2 匹黑马，最上一行靠边 2 个方格中有 2 匹白马，如图 14-10 所示。

图 14-10

这个问题比上一个问题古老得多，早在 16 世纪初的欧洲就出现了，法国数学家卢卡斯曾经研究过它，最少也要 16 步完成，但移动具有规律性。

［习题 14-3］这道题中要交换位置的是 bishop（主教或象），如图 14-11 所示。他只能沿 45°方向直线走步。同样，1 个方格中不能同时有 2 个棋子，还要求任何时候黑、白主教之间不能互相威胁（即黑、白主教不能处在同一 45°斜线上）。

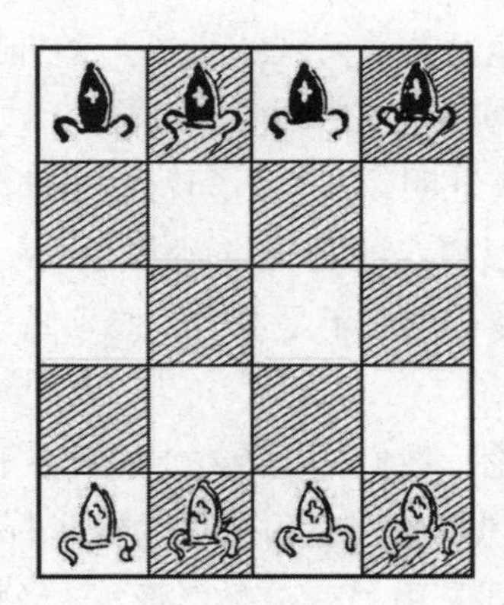

图 14-11

15 八皇后问题

在国际象棋中，皇后是一个威力很大的棋子。它可以“横冲直撞”（在水平或垂直方向走任意步数），也可以“斜刺冲杀”（在正负45°对角线上走任意步数），所以在8×8的棋盘上要布互相不受攻击的皇后，最多只能布8个，共有92种布法，再也不能有别的布法了。这就是著名的八皇后问题。

15.1 八皇后问题的起源与解

在许多书籍与文章中，这个问题常常被错误地说成是由德国的大数学家高斯提出的，从而被称为“高斯八皇后问题”。实际上，这个问题首先是1848年9月由拜泽尔（M. Bessel）在《柏林棋报》上提出的。德国的另一位数学家诺克（F. Nauck）于1850年首先在《莱比锡画报》上给出了12个不同的解。高斯看到后很感兴趣，与另一个朋友一起进行了研究，给出了72个解，约占全部可能解的$\frac{4}{5}$。这在当时的条件下是很不简单的，充分显示了他的数学天赋。此外，高斯通过分析认为这个问题应该有96个解。这与实际上有92个解不符。1874年，英国数学家格莱舍（J. W. L. Glaisher）证明，八皇后问题的全部解实际上是由诺克给出的12个基本解，并通过棋盘的旋转与镜像获得的；而其中一个基本解由于对称性，派生解只有3个而不是7个，高斯疏忽了这一点而造成了推断上的错误。

为了后文方便讨论，我们先把92个解列在下面。每个解的8位数分别对应于从第1列到第8列皇后所处的纵坐标（也就是行号）。92个解以如此次序整齐排列是由另一位数学家安德烈斯（J.M.Andreas）完成的。

(1) 1586 3724
(2) 1683 7425
(3) 1746 8253
(4) 1758 2463
(5) 2468 3175
(6) 2571 3864
(7) 2574 1863
(8) 2617 4835
(9) 2683 1475
(10) 2736 8514
(11) 2758 1463
(12) 2861 3574
(13) 3175 8246
(14) 3528 1746
(15) 3528 6471
(16) 3571 4286
(17) 3584 1726
(18) 3625 8174
(19) 3627 1485
(20) 3627 5184
(21) 3641 8572
(22) 3642 8571
(23) 3681 4752
(24) 3681 5724
(25) 3682 4175
(26) 3728 5146
(27) 3728 6415
(28) 3847 1625
(29) 4158 2736
(30) 4158 6372
(31) 4258 6137
(32) 4273 6815
(33) 4273 6851
(34) 4275 1863
(35) 4285 7136
(36) 4286 1357
(37) 4615 2837
(38) 4682 7135
(39) 4683 1752
(40) 4718 5263
(41) 4738 2516
(42) 4752 6138
(43) 4753 1682
(44) 4813 6275
(45) 4815 7263
(46) 4853 1726
(47) 5146 8273
(48) 5184 2736
(49) 5186 3724
(50) 5246 8317
(51) 5247 3861
(52) 5261 7483
(53) 5281 4736
(54) 5316 8247
(55) 5317 2864
(56) 5384 7162
(57) 5713 8642
(58) 5714 2863

（59）5724 8136
（60）5726 3148
（61）5726 3184
（62）5741 3862
（63）5841 3627
（64）5841 7263
（65）6152 8374
（66）6271 3584
（67）6271 4853
（68）6317 5824
（69）6318 4275
（70）6318 5247
（71）6357 1428
（72）6358 1427
（73）6372 4815
（74）6372 8514
（75）6374 1825
（76）6415 8273
（77）6428 5713
（78）6471 3528
（79）6471 8253
（80）6824 1753
（81）7138 6425
（82）7241 8536
（83）7263 1485
（84）7316 8524
（85）7382 5164
（86）7425 8136
（87）7428 6135
（88）7531 6824
（89）8241 7536
（90）8253 1746
（91）8316 2574
（92）8413 6275

前面已经说过，以上 92 个解并不都是互相独立的，如果把其中某些解当作基本解，那么其他解可以通过把棋盘转 90°、180°、270°获得；另外一些解又是上述解的镜像。这样，由 1 个基本解一般可以形成 7 个派生解。例如，在上述解中，可把（29）—（38）及（42）、（45）这 12 个解看成是一组基本解，其中（38）是对称的，棋盘转 180°所得解与基本解一样，棋盘转 90°与转 270°所得解也是一样的，所以通过转棋盘只派生一个解，即（14）；通过镜像得另外 2 个解，即（55）和（79），共派生 3 个解。其他每个基本解都派生 7 个解。例如，由基本解（29）可以派生出（87）、（19）、（39）、（74）、（54）、（64）、（6）。当然也可以选择别的解做基本解，比如把（1）、（2）、（5）—（11）、（14）、（17）、（18）这 12 个解当成一组基本解。在这组基本解中，（14）是对称的，只派生 3 个解。图 15-1 给出的就是这组基本解。

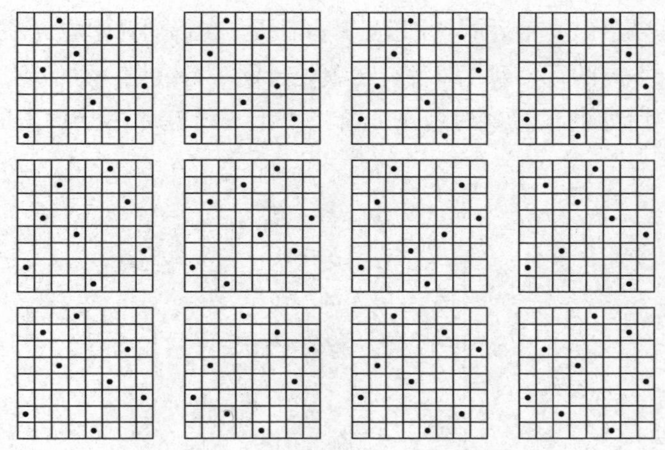

图 15-1　八皇后问题的 12 个基本解

15.2　小棋盘上的皇后问题

如果把棋盘缩小，该如何解决类似的问题呢？研究表明，$n<4$ 时，该问题无解；$n=4$ 时，仅有 1 个基本解；$n=5$ 时，有 2 个基本解，$n=6$ 时，也只有 1 个基本解；$n=7$ 时，有 6 个基本解。这些解如图 15-2 所示。

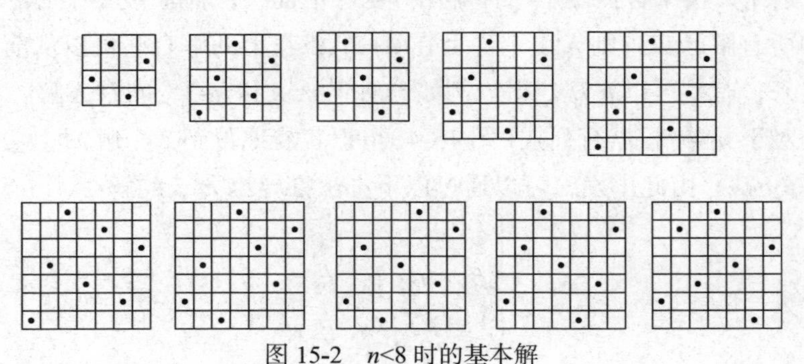

图 15-2　$n<8$ 时的基本解

15.3　八皇后问题的解法

历史上，许多数学家研究过八皇后问题的解法。诺克是如何获得 12 个基本解的已不得而知。高斯显然也研究过，但他没有提出一般解法。后来，龚泽（S.Günther）在 1874 年提出了用行列式解任意 n 阶棋盘上的皇后问题的办法。他指出，如果构成如图 15-3 所示的行列式，其中没有 1 个字母和 1 个下标在 1 行或 1 列中出现 1 次以上，那么由这个行

列式就可以给出 n 皇后的全部解。其办法是：在行列式中取 n 项，这 n 项分别来自不同的行、列，即没有 2 项处于同一行或同一列，则这 n 项在行列式中所处的位置就对应于 n 阶棋盘上 n 个互相不受攻击的皇后的一种布法。

$$\begin{vmatrix} a_1 & b_2 & c_3 & d_4 & \cdots \\ \beta_2 & a_3 & b_4 & c_5 & \cdots \\ \gamma_3 & \beta_4 & a_5 & b_6 & \cdots \\ \delta_4 & \gamma_5 & \beta_6 & a_7 & \cdots \\ & & \vdots & & \\ \cdots & a_{2n-3} & b_{2n-2} & & \\ \cdots & \beta_{2n-2} & a_{2n-1} & & \end{vmatrix}$$

图 15-3　用行列式解 n 阶皇后问题

龚泽的这个办法在理论上是对的，但实际上却不可行，因为当 n 较大时，需要检验的项太多。例如，对于普通棋盘，行列式为 8 阶，检验项将高达 8!=40320，人工进行检验仍然是一大难题。

后来，格莱舍提出了一种实用办法。他证明，若 n 个皇后在 n^2 棋盘上的所有解已知，则 $n+1$ 个皇后在$(n+1)^2$ 棋盘上的解有些可以从前者推导出来，有些可以直观获得。例如，对于 $n=2$ 和 $n=3$，问题无解。

对于 $n=4$，根据行列式（图 15-4）可以容易地得到 2 个解，即 $b_2c_5\gamma_3\beta_6$ 和 $c_3\beta_2b_6\gamma_5$。由此出发，可以通过以下办法推导出 $n=5$ 的解

$$\begin{vmatrix} a_1 & b_2 & c_3 & d_4 \\ \beta_2 & a_3 & b_4 & c_5 \\ \gamma_3 & \beta_4 & a_5 & b_6 \\ \delta_4 & \gamma_5 & \beta_6 & a_7 \end{vmatrix}$$

图 15-4　解 4 皇后问题的行列式

在 4 阶行列式的基础上，把它扩充为图 15-5(a)所示的 5 阶行列式。

从这个行列式中，考虑 4 个角的元素可以获得第一类解。即：

（1）把右下角元素 a_9 加到 $n=4$ 的 2 个解中去，获得 2 个解 $b_2c_5\gamma_3\beta_6a_9$ 和 $c_3\beta_2b_6\gamma_5a_9$。

（2）根据对称性，考虑左下角元素，类似地获得 2 个解 $c_3d_6\beta_4a_7\varepsilon_5$ 和 $d_4a_3c_7\beta_6\varepsilon_5$。

（3）同理，考虑左上角元素获得解 $b_4c_7\gamma_5\beta_8a_1$ 和 $c_5\beta_4b_8\gamma_7a_1$。

（4）同理，考虑右上角元素获得解 $a_3b_6\delta_4\gamma_7e_5$ 和 $b_4\gamma_3a_7\delta_6e_5$。

$$\begin{vmatrix} a_1 & b_2 & c_3 & d_4 & e_5 \\ \beta_2 & a_3 & b_4 & c_5 & d_6 \\ \gamma_3 & \beta_4 & a_5 & b_6 & c_7 \\ \delta_4 & \gamma_5 & \beta_6 & a_7 & b_8 \\ \varepsilon_5 & \delta_6 & \gamma_7 & \beta_8 & a_9 \end{vmatrix} \quad \begin{vmatrix} 0 & b_2 & c_3 & d_4 & 0 \\ \beta_2 & a_3 & b_4 & c_5 & d_6 \\ \gamma_3 & \beta_4 & a_5 & b_6 & c_7 \\ \delta_4 & \gamma_5 & \beta_6 & a_7 & b_8 \\ 0 & \delta_6 & \gamma_7 & \beta_8 & 0 \end{vmatrix} \quad \begin{vmatrix} 0 & 0 & c_3 & 0 & 0 \\ 0 & a_3 & b_4 & c_5 & 0 \\ \gamma_3 & \beta_4 & a_5 & b_6 & c_7 \\ 0 & \gamma_5 & \beta_6 & a_7 & 0 \\ 0 & 0 & \gamma_7 & 0 & 0 \end{vmatrix}$$

(a)　　　　(b)　　　　(c)

图 15-5　解 5 皇后问题的行列式

这样，根据对称性，考虑 4 个角的元素共获得第一类 8 个不同的解。

第二类解是这样获得的：首先把 4 个角的元素置为 0，如图 15-5(b)所示。然后，如果要获得所有包含 b_2 的解，怎么办呢？办法是把行列式中包括字母 b 或包括下标 2 的所有项都用 0 代替，就很容易找出解 $d_6a_5\delta_4\beta_8$，再把 b_2 加上就是所需解 $b_2d_6a_5\delta_4\beta_8$。再利用对称性，即可获得包括 β_2、δ_4、δ_6、β_8、b_8、d_6、d_4 的 7 个解。但这样获得的 8 个解中只有 2 个是不同的，除上述一个外，另一个是 $d_4\beta_2a_5b_8\delta_6$。

再看第三类解。进一步把刚才考察过的 β_2、δ_4、b_2、δ_6、d_4、β_8、d_6、b_8 8 项也置为 0，如图 15-5(c)所示，然后考察包括 c_3 的所有解，办法也是把行列式中或包括字母 c 或包括下标 3 的所有项都用 0 代替，然后找出解。但这里这样的解不存在。再利用对称性找出包含 γ_3、γ_7、c_7 的解，这里也不存在。

这样，从 n=4 的 2 个解可以获得 n=5 的一类解 8 个、二类解 2 个、三类解 0 个，即总共 10 个解。

如法炮制，依次推下去，可知：

n=6 时，一类解 0 个、二类解 4 个、三类解 0 个，总共 4 个解。

n=7 时，一类解 16 个、二类解 24 个、三类解 0 个、四类解 0 个，总共 40 个解。

n=8 时，一类解 16 个、二类解 56 个、三类解 20 个、四类、五类解 0 个，总共 92 个。

n=9 时，总解数为 352 个。

n=10 时，总解数为 724 个。

n=11 时，总解数为 2860 个。

n=12 时，总解数达到 14200 个。

⋮

如果不考虑旋转与镜像，只考虑基本解，那么相应的数量如下

n=4，1 个。

n=5，2 个。

n=6，1 个。

n=7，6 个。

n=8，12 个。

n=9，46 个。

n=10，92 个。

n=11，341 个。

n=12，1784 个。

⋮

当然，有了计算机，解八皇后问题就轻而易举了。在“算法设计与分析”课程中，八皇后问题是采用回溯算法的典型问题。利用计算机的高速运算能力，以前的数学家用几十年时间才找到的 92 个解，计算机在一瞬间就可以全部找出来了。

15.4　八皇后问题的解可以叠加吗

八皇后问题的解全部找到以后，有人曾经认为在其中可以找出这样 8 个解，它们的 8×8=64 个皇后正好互不冲突地占满整个棋盘。但实际上，这样的一组 8 个解却是不存在的，也就是说是不可能的。可以同时叠加在一张棋盘上而皇后们的位置不发生冲突的最多是 6 个解、48 个皇后，如（2）、（10）、（16）、（30）、（51）、（80）这 6 个解。除了这一组外，还有几组可以满足上述要求，读者可以自己找一找。数学家们经过研究总结出了这个问题的一般规律，即如果 n 不可以被 2 或 3 整除，则 n 个可能的解可以叠加而使 n^2 个皇后占满整个棋盘，否则是不可能的。因此，对于 5×5，7×7，11×11，……的棋盘，可以找到相应的 5 个，7 个，11 个，……解使它们的皇后叠加占满整个棋盘，而 8 可以被 2 整除，因

此八皇后问题的解不可以叠加。

15.5　没有3个皇后成一直线的解

在八皇后问题的解中还有 1 个很有趣的现象，即在绝大多数解中，总是至少有 3 个皇后处于 1 条直线上（当然这条直线不会是水平、垂直或成 45°角的直线）。例如，(1) 号解，第 2、第 4、第 6 列上的皇后分别处于 第 5、第 6、第 7 行上，形成 1 条直线。少数解中还有 4 个皇后同处 1 条直线上的，如 (5)，第 1、第 2、第 3、第 4 列上的 4 个皇后成 1 条直线；或者有 2 组各 3 个皇后同处 1 条直线，如 (18)，第 1、第 4、第 7 列上的 3 个皇后和 第 3、第 4、第 5 列上的 3 个皇后都形成 1 条直线。但在任意 1 组基本解中，也有 1 个解不发生这种现象，找不出 3 个皇后同处 1 条直线的现象。在上述前 1 组基本解中是 (35)，后 1 组中是 (17)。

15.6　控制整个棋盘需要几个皇后

八皇后问题后来经过发展产生了许多变形。原始的八皇后问题所获得的任意 1 个解，都将使整个棋盘处于这 8 个皇后的控制下，即在任意空格上布任何棋子，都至少会有 2 个皇后可以把它吃掉。实际上，如果只为了控制整个棋盘的话，是不需要劳驾 8 个皇后的。但是，为了控制整个棋盘、互相又不受攻击，需要布几个皇后呢？研究表明，这至少要 5 个皇后，少于 5 个就控制不住整个棋盘了。5 个皇后布局能做到这一点的基本解就有 638 个，总解数达 4860 个。我们下面给出的几个解中，前 2 个最有意思，它们正好是正方形的 4 个顶点及其中心。

(33，46，54，62，75)

(24，37，45，53，66)

(13，36，41，64，77)

在以上表示法中，以左下角方格为 11，右上角方格为 88。

奇怪的是，如果不要求皇后之间互相不受攻击，而要求她们能控制全局，还能互相保护（即如果有别的棋子要吃其中任一个皇后的话，别的皇后可以把该棋子吃掉），那么最少也要布 5 个皇后，也有几十种可能的方案，我们也只给出其中 3 个作为示例，它们要么位于 1 条水平线上，要么位于 1 条垂直线上，要么位于 1 条对角线上。

（11，33，44，55，77）

（24，34，44，54，84）

（41，44，45，46，47）

15.7　怎样使八皇后的控制范围最小

这是与原始的八皇后问题恰恰相反的问题：棋盘上的 8 个皇后如何布局，其控制范围最小，也就是不受她们攻击的自由空格最多？（允许皇后本身可以处在互相受攻击的位置）杜德尼在详细研究了这个问题后得出的结论是，不可能有比 11 个自由空格更多的八皇后布局了。他给出的一种布局方案如图 15-6 所示。不知道有没有读者能打破他的纪录，找出自由空格更多的八皇后布局，图中标黑点的格子为自由空格。

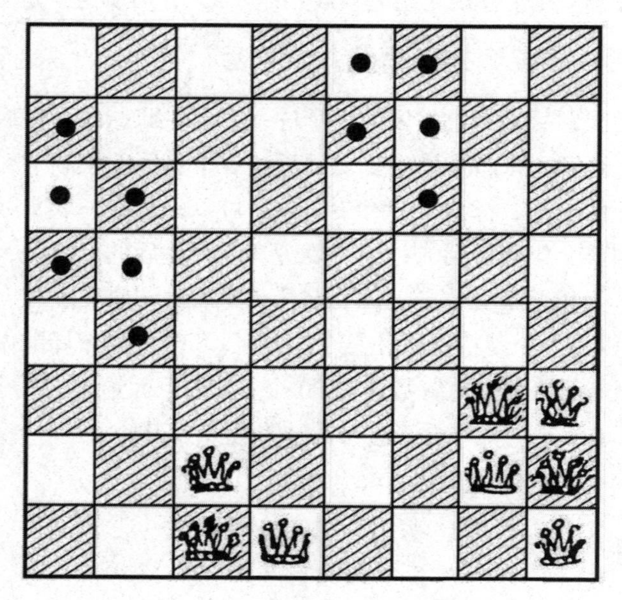

图 15-6　势力范围最小的八皇后布局

八皇后问题除了围绕皇后在棋盘上的布局产生许多变形以外，还围绕其他棋子在棋盘上的布局引申出许多有趣的问题。比如，马这个棋子只允许走“一步一斜角”，活动范围很小，其可控方格只是它四周的 8 个，但也是 1 个很有意思的角色。作为本章的结束，我们给出一些有关问题请读者去解决。

习　题

[习题 15-1] 在棋盘上需要布几匹马，从而使这些马能控制整个棋盘，而且这些马还能互相保护，即如果其中任意 1 匹马被别的棋子吃掉时，总有别的马能把该棋子吃掉？这些马应该如何布局？

[习题 15-2] 如果上题中不要求马能互相保护，那么控制整个棋盘需要多少匹马？

[习题 15-3] 在普通棋盘上如何放 4 个皇后，可以使她们的控制范围最大。

16 数字哑谜——有趣的算式复原问题

所谓算式复原（arithmetical restoration），是指把一个算式（加、减、乘、除或开方等）中的全部数字或部分数字用字母或符号代替，然后再通过逻辑推理加以复原。这种智力游戏，根据娱乐数学大师亨特（J.A.H.Hunter）考证，也是发源于数千年前的中国，然后传入欧美。在西方，这种游戏先被叫作“字母算术”（letter arithmetic），后来被叫作“算式破译”（cryptarithm）。1955 年，亨特新造了一个词 alphametic，并在这种游戏中使代替数字的字母形成有意义的单词或短语，使游戏更富有趣味，成为一种数字哑谜。比如，在冷战时期出现的一个著名的数字哑谜就是

USA+USSR=PEACE

算式复原问题的难易程度相差很大。有些是比较简单的，只要通过简单的分析就能破解；有些十分复杂，需要通过繁复的推理过程步步为营才能真相大白。但也正因为如此，它才能使人兴趣盎然，乐此不疲。在这里，我们先由简到繁举一些例子，最后给出较多的习题。

16.1 解 USA+USSR=PEACE

让我们首先来破译一下前面提到的 USA+USSR=PEACE。这个算式最早见于印度数学家喀普尔（J.N.Kapur）的 8 卷文集 *Fascinating World of Mathematical Sciences*（1989）。隐藏在 USA 、USSR 和 PEACE 这 3 个单词后面的到底是什么数呢?

我们首先注意到，这是一个 3 位数加 4 位数，和是 5 位数，因此 USSR 一定是 9000 多（也因此 USA 一定是 900 多），而 PEACE 是一万零几百。这样，P=1，U=9，E=0 就先定下来了。

其次，根据和的末位 E 是 0，可见 2 个加数的末位 A 和 R 之和必为

10。因为 1 和 9 已分别被 P 和 U 所代表，因此 A 和 R 只有 4、6，3、7，2、8 三种组合可能。由于和的百位上也是 A，所以我们逐一取 A=8、7、6、4、3、2 来试探。若 A=8，则因为第 1 个加数的百位 U=9，第 2 个加数的百位 S 只能取 9 或 8，但 9 已被 U 代表，8 是设定给 A 了，均产生矛盾，所以不可能。往下设 A=7，则 S 只能取 8 或 7（但已设定 A=7，所以可能性不成立），但 S 若取 8，则 2 个加数的十位也都是 S，会产生进位，又使百位上的加法产生矛盾，所以又都不能成立。同理，A=6、4，也不成立。再取 A=3，则 3 个 S 应为 4，个位进 1，十位上的和数应为 9，但 9 已知由 U 表示，而和数上此处为 C，肯定不该是 9，所以也不成立。最后试 A=2，则 S=3，C=7，无冲突发生，由此可以确定该算式实为

$$932+9338=10270$$

由此可见，这个算式复原题设计得很巧妙，但破译起来不算困难。

16.2 解 FORTY+TEN+TEN=SIXTY

试破译以下字母算式

$$\begin{array}{r} \text{FORTY} \\ \text{TEN} \\ +\quad \text{TEN} \\ \hline \text{SIXTY} \end{array}$$

这道题是纽约的一个数学教师韦恩（A. Wayne）出的，最先发表在 1947 年 8—9 月的《美国数学月刊》(*American Mathematical Monthly*)上。它也出得很巧妙：字面上，一个 40，加 2 个 10，不正好等于 60 吗？而且算式中有 10 个不同的字母，说明应该包含 0—9 全部 10 个数字。那么实际的算式到底是什么呢？

我们首先注意到，第 1 加数及和数的末尾都是“TY”，这使我们立刻可以判定 E=5，N=0，并且知道从十位到百位有进位“1”。

其次，因为第 2 和第 3 加数都没有千位和万位，因此 FORTY 中的 O 必为 9，从百位到千位必有进位 2 使和数 SIXTY 中的 I 为 1。因为另 2 种可能性：O=8 加进位 2 及 O=9 加进位 1 将使 I=0，而 0 已知由 N 表示。同时可以知道，F+1=S。至此，0、1、5、9 四个数字已“各有其主”，剩下 2、3、4、6、7、8 需要确定代表字母。

由于百位到千位有进位 2，所以百位上的 2 个 T 加一个 R 再加从十位上来的进位 1 必须大于等于 22（因为 0 和 1 分别已由 N 和 I 表示，X 不可能为 0 或 1），因此 T 和 R 都必须大于 5。也就是说，剩下的大于 5 的 3 个数 6、7、8 中一个由 T 表示，一个由 R 表示。这样，F 和 S 只能表示剩下的 2、3、4 中的 2 个连续数了。由此可知，另一个字母 X 不可能为 3，只能取 2（留下 3、4 给 F、S）或 4（留下 2、3 给 F、S）。回过头来看 T，我们在前面分析过，它必须大于 5，现设 T=6，2T=12，剩下 R 最大是 8，2T+R+进位 1 达不到 22，不行；设 T=7，2T=14，取 R=6 则 2T+R+进位 1 也达不到 22，也不行；取 R=8 则 2T+R+进位 1=23，但我们前面分析过，X≠3，所以 T 只能取 8。剩下 R 可取 6 或 7，但若取 6，则又使 2T+R+进位 1=23，不可以，所以 R 只能取 7，导致 X=4。百位上的数字至此完全确定。从而也附带确定了万位上的 F 必为 2，S 为 3。最后唯一剩下的数字 6 只能分配给 Y 了。至此，算式可确定为

$$\begin{array}{r} 29786 \\ 850 \\ +\quad 850 \\ \hline 31486 \end{array}$$

16.3 由"THE+TEN+MEN=MEET"形成的一道算式

试破解下列算式

$$\begin{array}{r} \text{THE} \\ \text{TEN} \\ +\quad \text{MEN} \\ \hline \text{MEET} \end{array}$$

这个算式不像前 2 个算式，一眼就能看出一点眉目，能先确定几个字母各代表什么。这个算式要从十位上有 3 个 E 入手，它说明"H+E+E+个位向十位的进位=10"。再看百位，应有"2T+M+十位向百位的进位 1=ME"，千位进位 M 只能为 1 或 2。把上述表达式改造一下，表示为"2T+M+1=10M+E"，可知"2T=E+9M−1"，其中 M 为 1 或 2，2T 当然是偶数。

进一步推断，若 M=1，则 E 必为偶数；若 M=2，则 E 必为奇数，且根据百位的表达式，T 必为 9，E 必为 1。这样，我们可列出 M、E、T 可能的取值组合及由个位表达式获知 N 的可能取值如下所示

$M=$	1	1	1	1	1	2
$E=$	0	2	4	6	8	1
$T=$	4	5	6	7	~~8~~	9
$2N$	4	~~3~~	2	~~1~~	–	8
N	2　7	–	~~1~~	–	–	4

其中，因为假定 M=1，E=8，所以 T 不能也为 8，T=8 被勾掉；因为 $2N$ 必为偶数，所以 $2N$=3 和 $2N$=1 也被勾掉；因为已假定 M=1，所以由 $2N$=2 导出 N=1 也是不可能的，将其勾掉。这样剩下 3 种可能组合——M=1、E=0、T=4、N=2，个位无进位至十位；M=1、E=0、T=4、N=7，个位向十位进 1；M=2、E=1、T=9、N=4，个位无进位。据此再考察十位数表达式，在第 1 种和第 3 种组合下，应有“$H+E=10$”而 E 假定为 0，H=10 是不可能的，所以此 2 种组合不成立。在第 2 种组合下，得“$H+E=9$”，因为设 E=0，所以 H=9，该结果成立。至此，获得唯一一组可能的取值组合，实际算式应为

```
   490
   407
+  107
------
  1004
```

16.4　只给出一个 8 的除法算式

试破解下列除法算式

```
              * * 8 * *
* * *  ) * * * * * * * *
           * * *
         ---------------
             * * * *
               * * *
         ---------------
                 * * * *
                 * * * *
         ===============
```

这个除法算式中只给出了商的中间 1 位是 8，其余全部数字都是用*号来代替的。这怎么破解呢？

我们首先从第 1 次余式和第 2 次余式都从被除数中下移了 2 位这一点上，立即可以推出商数 8 的前后位都应该是 0。其次从 8 和除数相乘只得 3 位，而商的末位和除数相乘却是 4 位这一点上，又可以得知商的末位必为 9。再其次，我们可以推断除数必小于 125，因为 125×8=1000，而算

式中，除数×8只有3位。往下，我们看商的第1位可能是什么数，它一定小于9，因为前面我们分析过，除数同9相乘得4位数，而商的第1位同除数相乘只得3位；但它同时又必须大于7，因为如果是7，它与除数的上限125相乘得875，同被除数前4位的下限1000相减正好是125，而这是不可能的（因为已知除数小于125），所以商的第1位一定也是8。这样商肯定是80809。再看除数小于125，但我们若用123×80809=9939507，只得7位，而现在被除数有8位，可知除数必须要大于123。由此可知，除数只能是124。这样整个除法算式也就可以定下来了

```
          8 0 8 0 9
124 ) 1 0 0 2 0 3 1 6
        9 9 2
        1 0 0 3
          9 9 2
            1 1 1 6
            1 1 1 6
```

由此可见，这道题虽然乍一看似乎无从下手，但算式的形状和商中的一个数字“8”还是给人留下了充分的推理空间，只要细心琢磨，不难恢复其本来面目。

16.5 只给出一个4的开平方算式

请将下列开平方根算式复原

```
     *    *    *
  √ * *, * *, * *
     *
     * * *
       * *
       4 * * *
       * * * *
```

在这个算式中，只有最后1个余式中最高位标明为4，其余数位全部用*号代表。这怎么破解呢？我们先考察根的第1位（最高位），它乘方后也只有1位，从开方根数的第1节2位数中减去后也只得1位，由此可以判断根的第1位必为3。

再考察根的第2位。根的第1位3×20=60，60加这1位后乘上这1位仅是2位数，由此可见根的第2位必为1。

最后考察根的第 3 位。根的前 2 位 31×20=620 加这 1 位后乘上这 1 位是 1 个 4000 多的数。这只有 7 才可能实现（如果是 6，积不足 4000，如果是 8，积超出 5000）。因此根是 317，这样整个算式也就可以露出本来面目了

```
                      3  1  7
                    √10,04,89
(3×20+1)×1           9
                    ---------
                     1 04
(31×20+7)×7             61
                    ---------
                        43 89
                        43 89
                    =========
```

由此可见，如果对开平方根的过程十分熟悉，这个题的破解其实不算困难。由于限定了 1 个 4，这个算式的解才是唯一的。如果在 4 的位置上改放 1 个 5，它的解就不唯一了，可能是 318，也可能是 319。而在这个位置上放 4 和 5 以外的数字都将是无效的。（为什么？）

16.6 不给出一个数字的除法算式

试复原下列除法算式

```
             * * * * . * * * *
      * * * ) * * * * * *
              * * *
            -----------------
                * * *
                * * *
            -----------------
                  * * *
                  * * *
            -----------------
                    * * *
                    * * *
            -----------------
                      * * * *
                      * * * *
            =================
```

这个除法算式中也没有一个数字，全部数字都用*号代替。我们首先注意到，这是一个 3 位数去除 6 位数，不能整除，商的小数点后还有 4 位数。由此可知，算式中小数点后挪下来的数字必为 0，此其一。第二，被除数减第 1 个部分积后只得 1 位，从被除数中一次挪下了 2 位。由此可见，商的第 2 位也必为 0。第三，最后一个部分积也是一次挪了 3 个 0 下来的，可见商的小数部分的第 2 位和第 3 位也都是 0。这样，我们先

把算式改造成如下形式，把已知为 0 的数位先写上，其他很关键的数位则在后面的进一步分析中用符号 a、b、c、d、e 分别表示。

```
             * 0 * * . b 0 0 c
      * * a ) * * * * * * *
              * * *
              ---------------------
                  * * *
                  * * *
              ---------------------
                    * * *
                    * * *
              ---------------------
                      * *   0
                      * *   d
              ---------------------
                            e 0 0 0
                            e 0 0 0
              =====================
```

为了获得 e000 结束除法，a 要么等于 0（不管 c 是什么数，相乘尾部总得 0），要么等于 5（与偶数 c 相乘，保证尾部为 0）。但若 a=0，则将使上一次相乘中的 d=0，从而使 e=0，这是不可能的。因此 a 必为 5，c 是一个偶数。

为了保证最后一个部分积的后 3 位都是 0，除数要么以 75 结尾，要么以 25 结尾。刚才说过，d 不可能为 0，因此必为 5，从而使 e=5，最后一个部分积为 5000。3 位数以 25 或 75 结尾，能成为 5000 的因子的数只有 625。除数确定后，再考察算式中的各部分积，除最后一个外都是 3 位数。显然，商中除 0 和末尾外的各位都只能是 1，而末位为 8，这样商是 1011.1008。至此整个算式可复原如下

```
             1 0 1 1 . 1 0 0 8
      6 2 5 ) 6 3 1 9 3 8
              6 2 5
              ---------------------
                  6 9 3
                  6 2 5
              ---------------------
                    6 8 8
                    6 2 5
              ---------------------
                      6 3   0
                      6 2   5
              ---------------------
                            5 0 0 0
                            5 0 0 0
              =====================
```

16.7 给出7个7的除法算式

复原下列除法算式。算式中给出了 7 个 7，但并不排除其他位置上也可能有 7。

为了方便，我们把除数标为 D，其各位从高到低依次为 d_1，d_2，…，d_7。类似地，把商标为 Q，其各位从高到低依次为 q_1，q_2，…，q_{10}。算式中各行分别标为余式 n，$q_i \cdot D$。由算式可见，$q_4=7$。由于余式 7 中一次从被除数中下移了 2 位，可见 $q_8=0$。

```
                                       * * * 7 * * * * * *
                      * * * * 7 * * ) * * * * * * 7 * * * * * * * * *
q1 · D                                * * * * * * *
余式 1                                * * * * * * * *
q2 · D                                * * * * * * * *
余式 2                                  * * * * * * * *
q3 · D                                    * * * * * * *
余式 3                                      * * * * * * *
q4 · D                                      * * * * * * *
余式 4                                      * * * * * * 7 *
q5 · D                                        * * * 7 * * *
余式 5                                        * * * * * * * *
q6 · D                                        * * * * * * * *
余式 6                                          * * * * * * * *
q7 · D                                            * * * * * * *
余式 7                                                * 7 * * * * *
q9 · D                                                * * 7 * * * *
余式 8                                                  * * * * * * * *
q10 · D                                                 * * * * * * * *
```

由余式 3 为 7 位，余式 2 和余式 6 为 8 位，但余式 3−$q_4 \cdot D$ 仍为 7 位，而余式 2−$q_3 \cdot D$ 和余式 6−$q_7 \cdot D$ 分别只有 6 位和 5 位，可以断定 q_3 和 q_7 都大于 q_4，也就是都大于 7；但从 $q_3 \cdot D$ 和 $q_7 \cdot D$ 都只有 7 位，而 $q_2 \cdot D$ 和 $q_6 \cdot D$ 却有 8 位，又可以断定 q_3 和 q_7 都小于 q_2 和 q_6。由于比 7 大的只有 8 和 9 两个数字，因此显然 $q_2=q_6=9$，$q_3=q_7=8$。商的这 4 位数就这样可以通过比较算式容易地确定下来。

下面来判定除数的范围。因为 $q_7=8$，但 $q_7 \cdot D$ 只有 7 位，可知 $8 \cdot D$

小于 10000000；因为余式 $6-q_7 \cdot D$ 只有 5 位，从余式 7 可见这 5 位数最大为 97999（余式 7 的第 2 位为 7），因此 $8 \cdot D$ 至少要等于 10000000−97999=9902001。这样，D 的取值范围可以确定为

$$1237750<D<1250000$$

于是，$d_1=1$，$d_2=2$ 就可以定下来了。至于 d_3，可能为 3，也可能为 4，暂时不能确定。但这里顺带可以确定 $q_5=8$，因为余式 4 有 8 位，$q_5 \cdot D$ 有 7 位，根据 D 的取值范围，q_5 不可能取小于 8 的数，但又不可能为 9（因为已知 $9 \cdot D$ 有 8 位）。

我们看到，$q_5 \cdot D$ 的第 4 位是 7，即有下式

```
  12**7**     D
×       8     q5
---------
  ***7***     q5·D
```

由于 7×8=56 有 1 个进位 5，这样 d_4 只有 2 种可能：要么是 4，要么是 9，与 8 相乘后个位是 2，与进位 5 相加使乘积的第 4 位为 7。同时可以看出，d_6 最大为 4，因为 d_6 若超出 4，它与 8 相乘产生的进位将使 7×8 的进位为 6，而 d_4 不管取什么数都无法与 8 相乘产生 1 这样的个位，使之与低位进位 6 合成出乘积第 4 位上的 7。

现在我们假定 $d_3=3$。因为已知 $D>1237750$，所以这导致 $d_4=9$。再看 $q_9 \cdot D$，它的第 3 位是 7，即有下式

```
  12397**
×      q9
---------
  **7****
```

由此可见，q_9 应为 2 或 7。但从余式 6 看，显然 $(800+q_9+1) \cdot D$ 是一个 10 位数（式中 800 的 8 是 q_7，第 1 个 0 是 q_8）。然而我们若取 $d_3=3$ 时，D 的最大可能值 1240000 与 803 相乘，得乘积 995720000，只是一个 9 位数，可见 $q_9=2$ 是不可能的。再考察若 $q_9=7$ 有什么情况，这时余式 7 表明，$7q_{10} \cdot D$ 获得的积的第 2 位是 7。然而，取假定中的 D 的最大值，即 $12397d_6d_7$ 与 $7q_{10}$ 相乘，得下式

$$7q_{10} \cdot 12397d_6d_7=86779000+(q_{10} \cdot 12397d_6d_7)+(70 \cdot d_6d_7)$$

q_{10} 不管取可能的 1，2，…，8（9 不可能，因为 $q_{10} \cdot D$ 只有 7 位）中的哪个值代入上式，乘积的第 2 位都不会是 7。因此，$q_9=7$ 也是不可

能的。这就说明前面假定 $d_3=3$ 是不正确的，从而可以确定 $d_3=4$。

再来看 d_4。前面已论证过，d_4 应为 4 或 9。如果 d_4 为 9，则 $q_9 \cdot 12497d_6d_7$ 的结果中，不管 q_9 取可能值中的哪一个，其第 3 位都不是 7，这与算式中的 $q_9 \cdot D$ 相矛盾，因此 d_4 必为 4。再根据 $q_9 \cdot 12447d_6d_7$ 的积的第 3 位应为 7 这一事实，可以确定 $q_9=4$。

根据余式为 7，$4q_{10} \cdot D$ 所得积的第 2 位是 7，而 $4q_{10} \cdot 12447d_6d_7=49788000+(q_{10} \cdot 12447d_6d_7)+(40 \cdot d_6d_7)$，可见 $q_{10}=6$。至此，商的后 9 位（q_2—q_{10}）和除数的前 5 位（d_1—d_5）都已确定下来，只剩 q_1、d_6、d_7 这 3 个数位了。

我们用已知的商的后 6 位去乘除数

$$898046 \cdot 12447d_6d_7=1117797856200+898046 \cdot d_6d_7$$

根据余式 4，其积的第 7 位是 7。前面已经分析过，d_6 最大为 4，即 $d_6d_7<50$。我们取 d_6d_7 从 0 到 49 逐一去试，发现只有 00、11、22、33、44 这 5 种情况能使上式产生的积的第 7 位是 7，由此我们设

$$d_6d_7=k \cdot 11 \qquad (k=0，1，2，3，4)$$

于是 $Q \cdot D$ 有以下算式

$q_1987898046 \cdot 12447d_6d_7=$

$(q_1 \cdot 1244700000000000)+1229636697856200+(k \cdot 10866878506)+$

$(q_1 \cdot k \cdot 11000000000)$

这个数的第 7 位（也就是被除数的第 7 位）是 $6+k \cdot (q_1+1)$的最后一位，因为它是由 4 项相加而得的：第 1 相加项的第 7 位是 0；第 2 相加项的第 7 位是 6；第 3 相加项以 $k=0$，1，2，3，4 代入时，第 7 位相应为 0，0，1，2，3，我们仍以 k 表示；第 4 相加项的第 7 位为 $q_1 \cdot k$ 的末位。根据题目，这位是 7，因此 $k \cdot (q_1+1)$的末位应为 1。由于 $q_1 \neq 0$，因此 $k=3$，而 $d_6=d_7=3$，$q_1=6$ 也都随之定下来了［因为 $k \cdot (q_1+1)$末位为 1，所以只有 $3 \cdot (6+1)$一种可能］。至此，可以真相大白

$$D=1244733 \qquad Q=6987898046$$

而被除数则为

$$Q \cdot D=8698067298491718$$

这道题是比较难的。通过上面的破解过程，我们看到，算式中给定的 7 个 7 在破解过程中都发挥了作用，如果少给任意的一个 7，这个题

就无法恢复。

16.8 一个复杂的乘法算式

试恢复下列乘法算式

```
              E S T M O D U S
×               I N R E B U S
-----------------------------
            * * * * * * * * *
          * * * * * * * * *
        * * * * * * * * *
      * * * * * * * * *
    * * * * * * * * *
  * * * * * * * * *
* * * * * * * * *
-----------------------------
* * * * * * * * I N R E B U S
```

这个乘法算式中既有用英文字母表示的数位，又有用*号表示的数位。我们注意到，英文字母共有 12 个，这意味着除了相同的英文字母肯定应该表示同一数字外，同一数字还可能由不同的英文字母表示。

这个题目出自荷兰数学家 Fred Schuh 的娱乐数学名著 *Wonderlijke Problemen*：*Leer zeamTijdverdrijf Door Puzzle en Spel*，1943①。题目中的 *Est modus in rebus* 是古罗马著名诗人贺拉斯（Horace，公元前 65—前 8）的一句名言，大意是“凡事均有度”。Schuh 表示这道题虽然很不容易，但希望仍像这句话所说的那样，没有超出限度。让我们来看看如何破解这道题吧。

为了方便，我们把 8 位被乘数叫作 X，把 7 位乘数叫作 Y。由于算式中有 7 个部分积，可见 Y 中没有 0。我们注意到算式中的一种奇异现象，就是乘数、被乘数和积的最后 2 位相同，都是 US，类似于“自守数”，即数取平方后的末尾是该数自身，如 $25^2=625$，$76^2=5776$。2 位数中只有这 2 个自守数。我们这道题中虽然不是自守数，但积的末 2 位与乘数和

① 该书于 1943 年由 W.J.Thieme & Cie 出版，英译本书名为 *The Master Book of Mathematical Recreations*，由 Dover Pub.Inc.于 1968 年出版。

被乘数的末 2 位都一样，也只有 25 和 76 这 2 种可能，这一点可证明如下：将 X、Y 末尾的 US 这个 2 位数叫作 z，则积 $X \cdot Y$ 的末尾为 z^2，而 z^2 的末 2 位也是 z，因此 $z^2-z=z(z-1)$ 必是 100 的倍数，可被 100 整除。由此可知，要么 z 能被 4 整除而 $(z-1)$ 能被 25 整除，要么 z 能被 25 整除而 $(z-1)$ 能被 4 整除。在前一种情况下，$z=76$；在后一种情况下，$z=25$。证毕。

为了确定这个算式中的 z 到底是 76 还是 25，我们把 X 中除末 2 位外的 6 位数叫作 x，把 Y 中除末 2 位外的 5 位数叫作 y。则显然有

$$X=(100 \cdot x)+z$$
$$Y=(100 \cdot y)+z$$

由于 7 个部分积中只有第 3 个部分的积为 8 位，其他都是 9 位，可见 y 的末位 B 是 Y 的 7 位中的最小者，而且 $B \cdot E<10$，因为 E 是 X 的最高位，如果 $B \cdot E \geqslant 10$，第 3 个部分积就不会只有 8 位了。而根据第 4 个部分积（这是 y 的倒数第 2 位 E 和被乘数 E*******相乘的结果）是 9 位这一事实，可知 $E>2$，因为若 $E \ngtr 2$，则该部分积不可能是 9 位。由此推断，B 只能为 1 或 2，因为在已知 $E>2$ 的情况下，若 $B>2$，则 $B \cdot E$ 就可能不会小于 10 了，与前面已知结论矛盾。

由于 $X \cdot Y$ 的积和乘数 Y 的末 7 位都一样，因此 $X \cdot Y-Y=Y \cdot (X-1)$ 可被 10^7 整除。这样，如果 $z=76$，则 Y 显然不可能被 5 整除而能被 $2^7=128$ 整除，$(X-1)$ 不可能被 2 整除而能被 $5^7=78125$ 整除。因为 $Y=(100 \cdot y)+76$，$(X-1)=(100 \cdot x-1)+76=(100 \cdot x)+75$，因此 $(25 \cdot y)+19$ 必能被 32 整除，而 $(4 \cdot x)+3$ 可被 3125 整除。设 $(4 \cdot x)+3=3125 \cdot t$，而 3125 是 4 的倍数加 1，因此 t 必为 4 的倍数加 3，这可以分别设这 2 个倍数为 u 和 v 看出

$$\begin{aligned}(4 \cdot x)+3&=[(4 \cdot u)+1][(4 \cdot v)+3]\\&=4(4 \cdot u \cdot v+v+3u)+3\end{aligned}$$

由此，$x=3125 \cdot v+2343$。

前面提到，$(25 \cdot y)+19$ 能被 32 整除，因此也必能被 4 整除，而 $(25 \cdot y)+19=25(y-1)+44$。由此可见，$y-1$ 必能被 4 整除。前面已论证 y 的末 2 位 $E>2$，B 只能为 1 或 2。为了满足 $y-1$ 被 4 整除的条件，B 不可能为 2，E 只能取 4、6 或 8。于是 X 就是以下 3 种可能的数

46∗∗∗∗76

66∗∗∗∗76

86∗∗∗∗76

考虑到前面得到的结果，$x=3125 \cdot v+2343$，对应于X的第1种可能，x是461718、464843、467968之一；对应于X的第2种可能，x是661718、664843、667968之一；对应于X的第3种可能，x是861718、864843、867968之一。如果注意到①所有这些数中都包含多个相同的数字，将造成X和Y中的数字加在一起不足10个；②这些数中都没有0，而我们已知Y中不可能有0，那么X中也没有0是不合理的。这样我们可以判断$z=76$是不合理的，并转而考察$z=25$的可能性。

当$z=25$时，Y不能被2整除而能被$5^7=78125$整除，$(X-1)$不能被5整除而能被$2^7=128$整除。因为$Y=(100 \cdot y)+25$，$(X-1)=(100 \cdot x-1)+25=(100 \cdot x)+24$，因此$(4 \cdot y)+1$可被3125整除，$(25 \cdot x)+6$可被32整除，这样$x$必为偶数，并且是32的倍数加10（这可以通过命$x=2$，4，6，…并逐一代入上式而得知）。根据上述结果，$(4 \cdot y)+1=3125 \cdot w$，而3125是4的倍数加1，这样为了使$3125 \cdot w$的乘积是4的倍数加1，$w$必须也是4的倍数加1。令$w=(4 \cdot u)+1$，我们有

$$y=(3125 \cdot u)+\frac{3125-1}{4}=(3125 \cdot u)+781$$

因为y的最后一个数字B在前面已推断为1或2，所以u取奇数是不可能的，只能取偶数，并使$B=2$为不可能。这样，y应该是6250的倍数加781。由于Y中不得包含0，其最高位I也不可能为1，此外Y中也不可能有2对相同数字，这样我们通过试探可以知道Y只能取6328125、6953125和9453125这3个数中的1个，对于后2者，$E=3$也是X的最高位，使第2个部分的积不可能为9位，因此Y唯一可能为6328125。那么X是多少呢？根据Y的值，X应取85∗∗∗∗25，其中4个∗号应分别取0、4、7、9。由于x是32的倍数加10，因此x的末位D必为偶数，也就是0或4；x的倒数第2位O必为奇数，也就是7或9。这样经过考察发现，可能的8种组合中只有$T=0$，$M=7$，$O=9$，$D=4$是满足x为32的倍数加10这一条件的，因此$X=85079425$。

这道题，由于乘数、被乘数、积的末2位都相同，积的末7位与乘数又完全相同，乍一看，似乎为破解提供了较多条件，不太难。但是实

际破解这道题是相当困难的。这里要用到 2 个基本知识，即 4 的倍数加 3 这样一个数，如果能分解出一个 4 的倍数加 1 这样一个因子，那么另外一个因子必然也是 4 的倍数加 3；而对于 4 的倍数加 1 这样一个数，如果能分解出也是 4 的倍数加 1 这样一个因子，那么另一个因子必然也是 4 的倍数加 1。除此之外，破解需要的就是耐心和细心了。

16.9 商是循环小数的除法算式

求解下列算式

$$\frac{\text{EVE}}{\text{DID}}=0.\text{TALKTALKTALK}\cdots$$

这是 3 位数除 3 位数，商是 1 个循环小数。

这道题也是看起来不难，但要破解却并不容易。读者不妨先试一试看能否做出来。实在做不出来再看下面给出的方法。

设 F=0.TALKTALK…

则 10000F=TALK.TALKTALK…

于是 10000F−F=9999F=TALK

因此 $\frac{\text{EVE}}{\text{DID}}=F=\frac{\text{TALK}}{9999}$

由此可见，3 位数的分子 EVE 和 3 位数的分母 DID 所组成的分式是分式 $\frac{\text{TALK}}{9999}$ 经简约后获得的。这样，DID 一定是 9999 的因子，只有 101、303、909 这 3 种可能。我们逐一来分析。

（1）若 DID=101，则 $\frac{\text{EVE}}{101}=\frac{\text{TALK}}{9999}$，TALK=EVE · 99=EVE · (100−1)=100EVE−EVE。由等式右边可见，最高位是 E 而不可能是 T，所以不成立。

（2）若 DID=909，则 $\frac{\text{EVE}}{909}=\frac{\text{TALK}}{9999}$，TALK=EVE · 11=EVE(10+1)=10EVE+EVE。由此可见，此时等式右边最低位是 E 而不可能是 K，因此也不成立。

（3）若 DID=303，则由于 F 是一个正分式，EVE 只有 1*1 和 2*2 两种可能，全部可能取值为 121、141、151、161、171、181、191、212、242、252、262、272、282、292。逐一检验，只有 242 符合算式条件，因此唯一解为

$$\frac{242}{303}=0.79867986\cdots$$

本题的关键在于，通过将循环小数放大10000倍后与循环小数相减，可以使循环小数转变为一个分式。其后的分析就不困难了。本题出自布鲁克林理工学院数学系教授贝勒（A. H. Beiler）的娱乐数学名著*Recreation in the Theory of Numbers*：*The Queen of Mathematics Entertains*。书中的不少材料取自这本名著。实际上，本题给出了将循环小数化为真分数的一般方法，最后归结为将x=0.$ab\cdots$形式的循环小数化为如下形式的分数

$$x=\frac{ab\cdots}{99999\cdots}$$

其中9的个数同循环小数的位数一样。然后再把这个分数化简即可。例如x=0.272727…，则$x=\frac{27}{99}=\frac{3}{11}$。

到此我们已经举了一些有代表性的例子了。下面我们给出一些习题请读者破解。

习　题

［习题16-1］试复原下列算式

```
     PPP
×     PP
────────
    PPPP
   PPPP
────────
   PPPPP
```

这个算式中的18个P并不是指相同的数字（这显然是不可能的），而是指每个都是素数，即2、3、5、7之一，但不包括1。

［习题16-2］试复原下列算式

```
      ***
×     ***
─────────
      ***
     ***
    ***
─────────
    *****
```

这个算式中共有20个数字,仅知0—9这10个数字在其中每个都不出现多于2次。

[习题16-3]试复原下列算式

```
      **
×      *
────────
      **
+     **
────────
      **
```

这个算式由2部分组成:一个2位数乘1位数,获得的2位数积再与另一个2位数相加,和为2位数。只知道其中9个数字全不同,但没有0。

[习题16-4]复原下列算式,式中的E代表偶数(EVEN),O代表奇数(ODD)

```
           O O E
O O E ) E E O O E
        E O E
      ───────────
          O O O
          O E E
      ───────────
            E O E
            E O E
      ═══════════
```

[习题16-5]复原下列算式,式中的A代表0、1、2、3、4中的任一个;Z代表5、6、7、8、9中的任一个:

```
        A Z A
×       A A Z
─────────────
      A A A A
    A A Z Z
    Z A A
─────────────
    Z A Z A A
```

[习题16-6]复原下列算式。这个算式先是2个2位数相乘,得1个4位数,再加1个3位数,这个3位数只知道百位上是1,其和为5位数。

```
        **
×       **
──────────
       ***
      ***
──────────
      ****
+      1**
──────────
     *****
```

［习题 16-7］下列除法算式中，只有 5 个 7 是知道的，其余数字都不知道，请予复原。

```
           * 7 *
    * * )* * * * *
         * 7 7
           * 7 *
           * 7 *
               * *
               * *
```

［习题 16-8］下列开平方算式中，仅知道在开方数中有一个 9，请予复原。

```
     * * *
   /******
    **
     * * *
    * * *
        * * *
        * * *
```

［习题 16-9］复原下列字谜算式

```
       F I V E
       F I V E
       N I N E
+  E L E V E N
--------------
   T H I R T Y
```

［习题 16-10］复原下列 2 个字谜算式

```
    G A U S S        S E N D
+     R I E S E   +  M O R E
-------------     ----------
  E U K L I D    M O N E Y
```

［习题 16-11］复原下列开平方算式

$$\sqrt{\text{WONDERFUL}}=\text{OODDF}$$

［习题 16-12］复原下式

$$(he)^2=she$$

［习题 16-13］复原下式

$$x^y \cdot z^x=xyzx$$

在这个式中，等式两边 x、y、z、x 出现的次序正好是相同的。

17 数学王国中的金字塔

古埃及的法老们为了在死后仍能显示其高贵、尊严和威望，驱使千千万万的奴隶修建了金字塔。这些金字塔成为世界七大奇迹之一，既包含着无数未解之谜，又令世人叹为观止。你知道吗？在数学王国中也有许多这样的“金字塔”，会让人感到数学的无穷神奇。下面我们就来介绍其中的一些。

17.1 右侧全是 1 的金字塔

$$1\times9+2=11$$
$$12\times9+3=111$$
$$123\times9+4=1111$$
$$1234\times9+5=11111$$
$$12345\times9+6=111111$$
$$123456\times9+7=1111111$$
$$1234567\times9+8=11111111$$
$$12345678\times9+9=111111111$$
$$123456789\times9+10=1111111111$$

这座金字塔是怎样形成的呢？我们把等号左侧改写成如下的一般表达式，就不难理解了

$$(10^{n-1}+2\cdot10^{n-2}+3\cdot10^{n-3}+\cdots+i\cdot10^{n-i}+\cdots+n)\cdot(10-1)+(n+1)$$

把上述表达式展开并化简

$$10^n+10^{n-1}+10^{n-2}+10^{n-3}+\cdots+10+1=\frac{10^{n+1}-1}{9}$$

分子 $10^{n+1}-1$ 实际上就是 $n+1$ 个 9，被 9 除，不就成了 $n+1$ 个 1 了吗？

17.2 右侧全是 8 的金字塔

$$9\times9+7=88$$
$$98\times9+6=888$$
$$987\times9+5=8888$$
$$9876\times9+4=88888$$
$$98765\times9+3=888888$$
$$987654\times9+2=8888888$$
$$9876543\times9+1=88888888$$
$$98765432\times9+0=888888888$$

前一座金字塔的基础是 123456789×9+10，等于 10 个 1。以后每上升一层就从尾部丢掉一个数字，加的数也减去 1，等号右侧 1 的个数也少 1，因而逐层收缩，到塔顶成为 1×9+2=11。这座金字塔与此类似，但基础是降序的 98765432×9+0，等于 9 个 8。以后每上升一层也从尾部丢掉一个数字，但加的数增 1，等号右侧 8 的个数则少 1，因而逐层收缩，至塔顶成为 9×9+7=88。我们也来写出其左侧的一般表达式如下

$$[9\times10^{n-1}+8\times10^{n-2}+7\times10^{n-3}+\cdots+i\times10^{n-10+i}+\cdots+(10-n)](10-1)+(8-n)$$

展开后合并

$$9\times10^{n}-(10^{n-1}+10^{n-2}+10^{n-3}+\cdots+10+1)-1=8\times\frac{10^{n+1}-1}{9}$$

等号右边 $\frac{10^{n+1}-1}{9}$ 这部分我们在上一座金字塔的分析中已经见过了，它就是 n+1 个 1，乘以 8 就成了 n+1 个 8。例如，对 n=5，有

$$8\times\frac{10^{6}-1}{9}=8\times111111=888888$$

17.3 基座由对称的 123456789 组成的金字塔

$$1\times8+1=9$$
$$12\times8+2=98$$
$$123\times8+3=987$$
$$1234\times8+4=9876$$
$$12345\times8+5=98765$$

$$123456 \times 8+6=987654$$
$$1234567 \times 8+7=9876543$$
$$12345678 \times 8+8=98765432$$
$$123456789 \times 8+9=987654321$$

这座金字塔比上 2 座金字塔更奇妙，它的基础中包括左侧是升序、右侧是降序的 2 组 123456789，因此显得更加稳定、对称。请读者自行分析一下它是怎样形成的。

17.4 塞尔金发现的几座金字塔

下面这几座金字塔是塞尔金（F.B.Selkin）发现的，刊登于 *Teachers College Record* 第 12 卷。其中第 1 座形成双塔结构，等号左右 2 座塔是严格对称的，因此特别有趣。而其他几座金字塔还可以继续向下延伸，你愿意试试看它们还能向下延伸多少层吗？

$$1 \times 1 = 1$$
$$11 \times 11 = 121$$
$$111 \times 111 = 12321$$
$$1111 \times 1111 = 1234321$$
$$11111 \times 11111 = 123454321$$
$$111111 \times 111111 = 12345654321$$
$$1111111 \times 1111111 = 1234567654321$$
$$11111111 \times 11111111 = 123456787654321$$
$$111111111 \times 111111111 = 12345678987654321$$

* * * * * * *

$$4 \times 4 = 16$$
$$34 \times 34 = 1156$$
$$334 \times 334 = 111556$$
$$3334 \times 3334 = 11115556$$
$$33334 \times 33334 = 1111155556$$

* * * * * * *

$$7 \times 7=49$$
$$67 \times 67=4489$$

667×667=444889

6667×6667=44448889

66667×66667=4444488889

666667×666667=444444888889

6666667×6666667=44444448888889

* * * * * * *

9×9=81

99×99=9801

999×999=998001

9999×9999=99980001

99999×99999=9999800001

999999×999999=999998000001

9999999×9999999=99999980000001

* * * * * * *

7×9=63

77×99=7623

777×999=776223

7777×9999=77762223

77777×99999=7777622223

777777×999999=777776222223

17.5 源于素数7的倒数的奇异性质的金字塔

这座金字塔的历史已经非常久远，在1837年出版的一本代数教材中就有了。这显然源于素数7的倒数的奇异性质，见本书第9章。

1×7+3=10

14×7+2=100

142×7+6=1000

1428×7+4=10000

14285×7+5=100000

142857×7+1=1000000

1428571×7+3=10000000

14285714×7+2=100000000

142857142×7+6=1000000000

1428571428×7+4=10000000000

14285714285×7+5=100000000000

142857142857×7+1=1000000000000

17.6　只用到加号的金字塔

以上这些金字塔中都只用到加法和乘法。实际上，只用到四则运算中最简单、最基本的运算的一座金字塔是下面这座

1+2=3

4+5+6=7+8

9+10+11+12=13+14+15

16+17+18+19+20=21+22+23+24

25+26+27+28+29+30=31+32+33+34+35

36+37+38+39+40+41+42=43+44+45+46+47+48

⋮

这座金字塔可以无限延伸下去，把整个自然数集合都包括进去。这座金字塔是按什么规律构成的呢？如果我们把塔顶第 1 行叫作第 1 层，那么可以用以下 3 条概括这座金字塔：第 n 层中包括的项数共计 $2n+1$；其中等式右边 n 项，等式左边 $n+1$ 项；等式首项为 n^2。

17.7　平方数金字塔

下面是关于平方数的一些金字塔。下面这座金字塔是最简单的一座，它的右侧是 n^2，左侧是 $1+2+\cdots+n+\cdots+2+1$，如果略去中间的加号，则正好是一个回文数，两头都从 1 开始，中央是 n。在十进制中，这座金字塔很遗憾地到第九层就结束了。但如果我们可以用单个符号表示 10 及 10 以上的数，这座金字塔就可以无限延伸下去了。

$1=1^2$

$1+2+1=2^2$

$1+2+3+2+1=3^3$

$$1+2+3+4+3+2+1=4^2$$
$$1+2+3+4+5+4+3+2+1=5^2$$
$$1+2+3+4+5+6+5+4+3+2+1=6^2$$
$$\vdots$$

在十进制中，9 是最大的 1 个数字，非常特殊且重要。因此与 9 有关的数的平方也常常构成一些特殊的金字塔。例如以下 2 座

$$91^2=8281$$
$$991^2=982081$$
$$9991^2=99820081$$
$$99991^2=9998200081$$
$$999991^2=999982000081$$
$$\vdots$$
$$96^2=9216$$
$$996^2=992016$$
$$9996^2=99920016$$
$$99996^2=9999200016$$
$$999996^2=999992000016$$
$$\vdots$$

我们从这 2 座金字塔中可以悟出一个速算法来：对于前面是一串 9、最后跟一个 1—9 中的任意数字，如果要求它的平方，我们可以不必墨守成规地一位一位去乘，而可以把前面几个 9 都去掉，只保留十位数上的 9，然后连同个位数求平方。把获得的 4 位数一分为二，在中间插进几个 0，在前面加上几个 9，插入 0 和加上 9 的个数与求平方时舍去的 9 的个数一样多，就是所求的平方值了。例如，求 9998^2，则只要做 $98^2=9604$，在 9604 中间插进 2 个 0，在前面加上 2 个 9，得 99960004，就是答案，不就快捷得多了吗?

反过来，如果末尾是一个 9，前面是一串其他数字，求其平方，能形成金字塔吗？在这种情况下，并非任意数字都能形成金字塔，但还是有 2 个数字配上 9 能形成金字塔，它们一个是 6，一个是 8。请看：

$$69^2=4761$$
$$669^2=447561$$

$$6669^2=44475561$$
$$66669^2=4444755561$$
$$666669^2=444447555561$$
$$\vdots$$

不管 9 的前面有多少个 6，只要求出 69 的平方，把答案 4761 一分为二，中间插进与舍去的 6 的个数相同的若干个 5，前面加上与舍去的 6 个数相同的 4，答案就出来了。

$$89^2=7921$$
$$889^2=790321$$
$$8889^2=79014321$$
$$88889^2=7901254321$$
$$888889^2=790123654321$$
$$\vdots$$

这座金字塔的规律与前面的金字塔不同。当 9 的前面有若干个 8 而要求它的平方时，可以舍去前面几个 8，只保留一个 8，与 9 一起求 89 的平方，得 7921，然后把它一分为二，在 79 的后面补 021…，在 21 的前面由后向前补 345…，补的个数同舍去的 8 的个数一样多，就是需要的答案。当然，由于十进制的限制，这座金字塔的高度是有限的，只有 8 层，也就是最大到 $888888889^2=790123456987654321$。

关于平方的最有趣、最复杂的一座金字塔是下面这一座

$$3^2+4^2=5^2$$
$$10^2+11^2+12^2=13^2+14^2$$
$$21^2+22^2+23^2+24^2=25^2+26^2+27^2$$
$$36^2+37^2+38^2+39^2+40^2=41^2+42^2+43^2+44^2$$
$$55^2+56^2+57^2+58^2+59^2+60^2=61^2+62^2+63^2+64^2+65^2$$
$$\vdots$$

这座金字塔是怎样构成的呢？我们看到，它的第 n 层上共有 $2n+1$ 个平方，右侧正好是 n 项，左侧则有 $n+1$ 项，这 $2n+1$ 个平方恰是连续数的平方，其首项为自然数 $n(2n+1)$的平方。多么壮观！俄国画家波格达诺夫-贝尔斯基（N.Bogdanov-Belsky）曾经在 1895 年创作了一幅画，名为“一道难题”（A Hard Problem）。这幅画描绘的是当时著名的数学教授拉

钦斯基（S.A.Rachinsky，1836—1902）正在给学生上课，在黑板上写了下面这道算术题

$$\frac{10^2+11^2+12^2+13^2+14^2}{365}=?$$

画中，拉钦斯基的学生们正在埋头紧张地演算着，因为要求出 5 个 2 位数的平方和再除以 1 个百位数，可不是一件轻而易举的事。其实，这道题的答案很简单，是 2。因为这道题中分子上的 5 个平方数正是上述金字塔中第 2 层上的数，如果你知道这座金字塔或者知道构成它的规则，那么你完全不必去求这 5 个数的平方，而只要求出 10、11、12 这 3 个数的平方就够了。而 $10^2=100$，$11^2=121$，$12^2=144$ 都是大家熟知的，一加正好是 365，答案 2 不就马上出来了吗？由此，笔者猜测，这座金字塔的发明人或许就是拉钦斯基，这幅画描绘的就是他先让学生解这道题，然后告诉学生可以利用这座金字塔快速解题[①]。

17.8 立方数金字塔

我们要介绍的最后一座金字塔是关于若干个连续数的立方和

$$3^3+4^3+5^3=6^3$$

$$6^3+7^3+8^3+\cdots+69^3=180^3$$

$$1134^3+1135^3+1136^3+\cdots+2133^3=16830^3$$

这座金字塔的结构当然更复杂了，因而暂时也只有以上 3 层。第 1 层上是 3 个立方的和等于 1 个立方，第 2 层上是 64 个立方的和等于 1 个立方，最后 1 层上是 100 个立方的和等于 1 个立方。这样 1 座金字塔当然只有观赏性而没有什么实用价值了（也许第 1 层有时还可以利用）。

17.9 “柱式”金字塔

作为本章的结束，我们介绍几个等式组。这些等式组虽然不具有金字塔那样的形式而“吸引眼球”，但每个等式组蕴含的规则同样相当有趣而引人注目。

① 由于没有在文献中找到有关资料，这仅仅是笔者的猜测。而据加德纳介绍，这座金字塔最早出现在 1961 年的一本数学杂志上。

$$987654321\times9=888888888\ 9$$
$$987654321\times18=1\ 777777777\ 8$$
$$987654321\times27=2\ 666666666\ 7$$
$$987654321\times36=3\ 555555555\ 6$$
$$987654321\times45=4\ 444444444\ 5$$
$$987654321\times54=5\ 333333333\ 4$$
$$987654321\times63=6\ 222222222\ 3$$
$$987654321\times72=7\ 111111111\ 2$$
$$987654321\times81=8\ 000000000\ 1$$

上述等式组的一般表达式为

$987654321\cdot9n=(n-1)10^{10}+(9-n)\cdot1111111110+(10-n)$，$(1\leqslant n\leqslant9)$

$$12345679\times9=111111111$$
$$12345679\times18=222222222$$
$$12345679\times27=333333333$$
$$12345679\times36=444444444$$
$$12345679\times45=555555555$$
$$12345679\times54=666666666$$
$$12345679\times63=777777777$$
$$12345679\times72=888888888$$
$$12345679\times81=999999999$$

注意，上述等式组左侧的顺序数中缺 8。因为 12345679 可以表示为 $\frac{10^9-1}{81}$，而

$$\frac{10^9-1}{81}\cdot9n=\frac{(10^9-1)\cdot n}{9}=111111111\cdot n$$

这样，出现上述等式组也就不奇怪了。

$$15873\times7=111111$$
$$15873\times14=222222$$
$$15873\times21=333333$$
$$15873\times28=444444$$
$$15873\times35=555555$$
$$\vdots$$

这个等式组也很有趣：15873乘7的1倍，2倍，3倍……分别等于6个1，6个2，6个3，……其实这也不奇怪，因为$15873=3\times11\times13\times37$，这样，$15873\cdot7m=(7\cdot11\cdot13)(3\cdot37)m=1001\cdot111\cdot m=111111\cdot m$。

18 谁是幸存者

18.1　源于古老故事的幸存者问题

娱乐数学中有一个源于古老故事的著名问题——幸存者问题，或叫约瑟夫斯问题（Josephus' Problem）。约瑟夫斯（F. Josephus，约公元 37—公元 100）是一位犹太历史学家，也是公元 66—70 年犹太人反抗古罗马占领的义军指挥官。当古罗马人占领了 Jotapat 以后，约瑟夫斯和其他 40 个犹太人藏在一个洞穴里。后面的故事有 2 个截然不同的版本，一个版本说其他 40 个犹太人见脱身无望，又不愿投降，就决定自杀，而约瑟夫斯贪生怕死，诡称自杀不符合规定，应该用“见几去一”的办法顺序由同伴处死先数中的人，只有剩下的最后一个人才自杀。另一个版本则说约瑟夫斯决定自杀，但其余 40 个人中只有一个人也愿意自杀，于是他想出了一个“见几去一”的办法，并设法使自己与愿意自杀的那个人排在巧妙的位置，正好把其他人都处死后留下他们 2 个人自杀。我们在这里不去辨别 2 个版本的真伪，只就事论事。他们的处理办法是：所有人围成一圈，从某个人开始点数，每点 3 个人，就把第 3 个人拉出圈处死。约瑟夫斯让自己排在第 31 位，免于一死（在第 2 个版本里，他还要让愿意自杀的那个人排在第 16 位，从而最后留下他们 2 个人）。

18.2　日本的“继子立”问题

而在日本，约瑟夫斯问题被叫作“算脱”或“继子立”问题。数学家关孝和（约 1642—1708）在其著作中描述的这个问题是这样的：很久很久以前，一个富足的农民有 30 个儿子，其中 15 个儿子是他的前妻生的，另外 15 个儿子是后妻生的。后妻急于想让自己的亲生儿子继承农民的财产，于是跟农民说："你老了，该决定谁是继承人了。我们何不让30个儿子围成一圈，轮流报数，每报到10的人就出局，这样留到最后一个的就是你的继承人"。农民同意了这个建议。但当按以上办法挑选接班人时，农民惊奇地发现被淘汰出局的全都是前妻生的儿子。眼看下一个要被淘汰出局的是前妻生的最后一个儿子时，农民急中生智说："让我们从这个孩子开始掉过头来报数，仍旧按老办法报到10的人就出局，看谁是最后留下来的。"后妻因情况突变，没有理由反对，也来不及算计，以为反正自己生的15个儿子还都在，而前妻生的儿子只剩下这一个了，15∶1，谅无大碍，就同意了。不料，机关算尽，成为继承人的竟然是前妻生的这个儿子。图18-1画的就是这个故事，图中穿白衣的是前妻生的儿子，穿黑衣的是后妻生的儿子，报数从立在石柱前穿黑衣的那个孩子开始。

图18-1　约瑟夫斯问题的日本版——"继子立"问题

图片来源：*The World of Mathematics*，第4卷

18.3　"继子立"问题的新版本

日本的"继子立"问题近年来又有新的发展。据谈祥柏先生在《数学广角镜》一书中的介绍，日本数学史学会会长下平和夫教授于1987年访华时亲口告诉他"继子立"问题的一个现代版本。虽然仍然是财产继承问题，不过这次是6个儿子和6个女儿。其中脑筋最活络的三郎出的

主意：兄弟姐妹排成1行，从左向右报数，报到右首第1人时，即逆向从右向左接着报数，逢10淘汰出局，留到最后的1个人继承家产。

兄弟姐妹12人的排队情况如下

男 女 女 男 男 男 女 男 男 女 女 女

显然，按照规则，6个女儿将首先被淘汰出局。当最后这位女儿要被淘汰时，她提出抗议，要求从她开始重新报数，先向左报，其他规则同前。结果这位聪明的妹妹击败了三郎，获得了财产继承权。“继子立”问题的这个新版本打破了约瑟夫斯问题传统上是围圈报数的老办法，而采用排队往复报数的办法，很有新意。

18.4 中国数学史上的幸存者问题

中国数学史上有没有类似的对约瑟夫斯问题的研究呢？过去人们认为这是一个空白，连李约瑟博士都这么认为。但中国科学院数学研究所的专家和内蒙古师范大学科学史系的郭世荣同志发现，清顺治和康熙年间的数学家方中通（1634—1698）在其23卷的数学专著《数度衍》中有如下一道题：

> 环二十子，内有二黑子相连。以九数之，止处即除一子。除毕，二黑不动。宜从何处起？

这个问题显然是约瑟夫斯问题的一个变形。方中通还给出了答案：“五为九之中。左右各四，离黑子四位起可也。”也就是说，以黑子前第四子作为见九去一的起点，即可保证两个黑子不动。至于“五为九之中”，意即第一个黑子应在第五位上。这仅对本题成立。方中通还对这个问题做了推广，曰：“大凡以九数者，不拘多寡，中必有二子不动。七亦如之。惟起处当临时测耳”。可见至少在300多年前，我国已有人研究约瑟夫斯问题，并非空白。对此感兴趣的读者可以查阅《自然科学史研究》2002年第21卷第1期上的郭世荣的文章。

18.5 幸存者问题的一般解法

前面我们提到泰特对共有n个人围成一圈用遇m去一法进行淘汰，最后剩下r个人给出了一般解。他是怎样分析和给出一般解的呢？

设最后幸存者之一原先占据第p位。如果人数变为（$n+1$）个人，则该幸存者应占第（$p+m$）位（如果$p+m \not> n+1$）或占（$p+m-n-1$）位（如

果 $p+m>n+1$)。例如，$n=10$，$m=3$，则 $p=4$；如果人数 n 增加为 11，则 $p=4+3=7$。因此，若需留下 r 人，那么每当在原来的 n 个人的基础上增加一个人时，他们的初始位置就应沿圈各向前推移 m 位。

现在假定有 n 个人，最后只留下一个人（即 $r=1$），开始时他占的是第 p 位。如果增加 x 人，使总人数变为 $n+x$ 人，最后幸存者占的是第 y 位。当我们限于能使 $y<m$ 的最小 x 值时，有 $y=(p+mx)-(n+x)$。

因此，就约瑟夫斯问题的原始形式而言，$n=41$，$m=3$，最后幸存者应占的位置为 $p=31$。如果人数由 41 人增加到 $41+x$，最后幸存者应占的位置 y 应该是什么值呢？若只考虑使 $y<m$ 的最小 x，则 $y=(31+3x)-(41+x)=2x-10$。因为必须使 y 为正且 $y<m$，即 $y<3$，所以只能有 $x=6$，$y=2$。也就是说，若开始时总共有 47 人，则最后幸存者开始时应处第 2 位。

这样继续往下处理，若有 $(47+x)$ 人，最后幸存者所处 $y=(2+3x)-(47+x)=2x-45$，所以应有 $x=23$，$y=1$，即若开始时有 70 人，则最后幸存者开始时应处于第 1 位。

通过这样反复处理，可知：在 n 少于 1000 情况下，最后幸存者应占第 1 位的有

$$n=4，6，9，31，70，105，355，799$$

最后幸存者应占第 2 位的有

$$n=2，3，14，21，47，158，237，533$$

如此等等。而通过反复应用上述公式，也可以找出任意 n 时最后幸存者应处的位置。例如，$n=100$ 时，应处第 91 位；$n=1000$ 时，应处第 604 位。

作为本章的结束，我们出 2 个约瑟夫斯问题的有趣变形，请大家分析、解答。

习　题

［习题 18-1］古时某国的国王要为 1 个漂亮的女儿招驸马。经过初试后，有 102 个青年人入围。国王让这 102 个青年人排成一行，按 1、2、1、2 报数，报 1 的出局；报 2 的留下再 1、2、1、2 报数，仍然让报 1 的出局……如此继续下去，最后留下的那个青年人成了驸马。请问这位幸运的青年人最初排在第几位？

［习题 18-2］某公司招聘一个职位，经过笔试、面试后还有约 40—100 人入围。经理让他们排成一圈，1、2、1、2 报数，报 2 的出局；报 1 的留下再 1、2、1、2 报数……如此继续下去。最后，第 1 个报数的人成了幸运者。请问当初有多少人入围竞争这个岗位？如果不是第 1 个报数的，而是在第 1 轮中最后 1 个报数的或者是第 7 个报数的成了幸运者，那又应该是多少人入围竞争这个岗位？

19 变化无穷的双人取物游戏

19.1 最简单的双人取物游戏

双人取物游戏是一个古老的游戏，源于我国，后来传到欧亚其他地区，风靡一时。西方文献中把这个游戏叫作 NIM，几乎所有博弈论的教材都将其用作讨论的范例。这个游戏为什么叫作 NIM，有几种不同的说法。一说 NIM 是英文 to steal 或 pilfer 的古体，有“偷”或“盗窃”之意；一说 NIM 源于德文的 nimme eins，即“取一个”的意思；另有人认为 NIM 是“WIN”（赢）颠倒过来并反读的结果。对此，我们就不去深究了。

游戏中，取任意 n 颗石子（或其他任何物品，如火柴、棋子、豆子、扑克牌等，后面不管具体东西是什么，我们笼统地说成是“子”），分成相等或不相等的若干堆，参加游戏的 2 个人轮流从中按一定规则取走一些子，全部取完后以约定方法决定胜负。

NIM 的最简单形式是 n 个子放成一堆，2 个人轮流从中取规定的 1—m 个子，谁取到最后 1 个子算谁输。设 m=5，也就是说每个人每次最少要取 1 个子，最多可以取 5 个子。在这种情况下，先取者可以用以下策略取胜：通过心算算出总子数可分为 6 个 1 份共 n 份，剩余的子数减去 1 作为自己第 1 次应取的子数；以后每次视对手取几个子决定自己取几个子，每次总使自己取的子数和刚才对手取的子数相加等于 6。这样，必然将最后 1 个子留给对手而使自己获胜。如图 19-1 所示，总共有 21 根火柴，则取火柴过程如 B 所示。第 1 个人先取 2 根，以后视对手取几根，决定自己取几根。如 A 所示，对手取 1 根，则取 5 根；对手取 2 根，则取 4 根；……对手取 5 根，则取 1 根，这样经过 3 个回合，必然留下 1 根，先取者必赢。但如果火柴总数 n 恰是 6 的倍数加 1，而对手也是个老手，知道这个规则，那么先取者必输无疑。

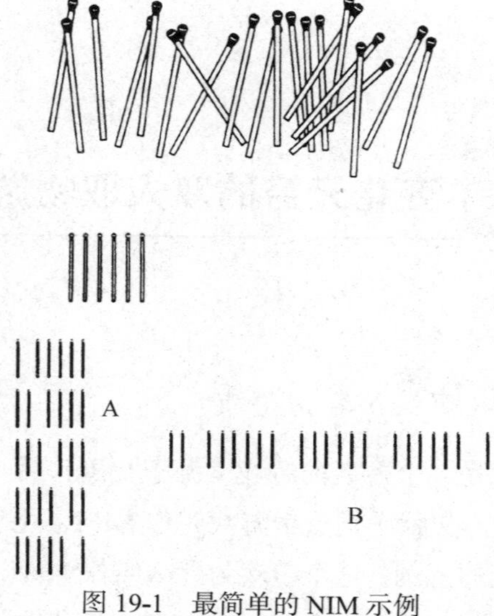

图 19-1　最简单的 NIM 示例

19.2　限从若干堆的一堆中取子的玩法

稍微复杂一些的玩法是将子分成等或不等的若干堆，游戏双方每次只能从其中的某 1 堆中取若干个子，数目不限，但不能不取，一直到子全部取完为止。最后一次取子者获胜。

如果规定由 A 把子分成堆、由 B 先取子的话，那么玩这个游戏的取胜策略如下：

如果 A 把子分成 1 堆，则显然 B 会一次把它们全取走而获胜，A 不会干这等蠢事。

如果 A 把子平分成 2 堆（前提当然是子的总数是偶数），则 B 从任 1 堆中取任意数量的子，但绝不会把这 1 堆子全取走，因为这样的话，A 将把另 1 堆都取走而获胜，B 也不会干这等蠢事。这样，就使 2 堆子的数量不再相等。下面轮到 A 时，A 必须从另 1 堆中取同样数量的子，使 2 堆子的数量恢复相等。这样下去，A 必将获胜，所以平分 2 堆是 A 的安全布局。

如果子的总数是奇数，则 A 不可能有任何安全布局：只要 B 知道上述策略并且不出错，每次取子数总是使 2 堆子数恢复相等，B 必然取胜。

当然，如果子的总数是偶数，则除了均分为 2 堆是安全布局外，还有其他可能的安全布局。当子的总数是单偶数，即 $n=2(2m+1)$形式时，把子分为（1，$2m$，$2m+1$）3 堆就是 1 个安全布局。因为在这种情况下，B 第 1 次取子只有以下 3 种可能：

（1）B 取走单独成为 1 堆的 1 个子。在这种情况下，A 从 $2m+1$ 这 1 堆子中取 1 个子，使剩下 2 堆的子数相同，即又成为安全布局。

（2）B 取走 $2m$ 或 $2m+1$ 堆中的所有子。这时，A 从留下的另一堆中取子，使只留 1 个子，剩下 2 堆各有 1 个子，奠定胜局。

（3）B 从 $2m$ 或 $2m+1$ 堆中取走任意数量的子（但如果 B 稍有头脑，他就不会从 $2m+1$ 堆中只取 1 个子，因为这样的话，下一步 A 取走只有 1 个子的 1 堆，留下数量相等的 2 堆会置他于死地；他也不会取那么多的子，使该堆只剩 1 个子，因为这样的话，下一步 A 必将取走另 1 堆的全部子，从而使他陷入僵局）。这时，A 可以根据 B 取子的多少，任意从原 $2m$ 或 $2m+1$ 堆中取子，只要让这 2 堆的子数始终差 1 即可。

以上是子数为任意单偶数的一般情况。如果子的总数为 14（这也是个单偶数），那么除了根据上述规则把子分为（1，6，7）3 堆是 1 个安全布局外，还有以下 2 种安全布局：

（1）把 14 子分为（2，3，4，5）4 堆；

（2）把子分为（7，p，$7-p$）3 堆，p 为小于 6、大于 1 的任意正整数。

（以上 2 个方案为什么是安全布局，请读者自行分析）

这样，这个游戏中一共有 4 种基本的安全组合。如果把子分成 2 个基本安全组合，仍为 1 个安全组合。余类推。

例如，子的总数是 18（这也是个单偶数），那么 A 可以有以下几种安全布法，除此以外的布法都是不安全的

（9，9）

（2，3，4，5；2，2）

（1，7，6；2，2）

（2，7，5；2，2）

（3，7，4；2，2）

（1，2，3；6，6）

（1，2，3；1，2，3；1，2，3）

（1，2，3；1，2，3；3，3）

（1，4，5；4，4）

（1，4，5；1，2，3；1，1）

数学家博顿（C.L. Bouton）对这个游戏进行深入研究后，发现了取胜策略的1个更一般的规则如下：

设子的总数为a_n，分为r堆，用二进制形式表示a_n

$$a_n=d_0+2d_1+2^2d_2+2^3d_3+\cdots$$

把每堆子的数目也用这样的形式来表示

第一堆：$a_1=d_{10}+2d_{11}+2^2d_{12}+2^3d_{13}+\cdots$

第二堆：$a_2=d_{20}+2d_{21}+2^2d_{22}+2^3d_{23}+\cdots$

第三堆：$a_3=d_{30}+2d_{31}+2^2d_{32}+2^3d_{33}+\cdots$

$$\vdots$$

第r堆：$a_r=d_{r0}+2d_{r1}+2^2d_{r2}+2^3d_{r3}+\cdots$

然后列出各堆子的各2^p项系数之和

2^0项系数之和：$S_0=d_{10}+d_{20}+d_{30}+\cdots+d_{r0}$

2^1项系数之和：$S_1=d_{11}+d_{21}+d_{31}+\cdots+d_{r1}$

2^2项系数之和：$S_2=d_{12}+d_{22}+d_{32}+\cdots+d_{r2}$

$$\vdots$$

则若S_0，S_1，S_2，……均为偶数时，此分法为安全组合，否则为非安全组合。

这个法则的一般证明我们这里不给出了，只用已知的安全组合对它加以验证。例如，对上面提到的安全组合（2，3，4，5），则

第一堆：$2=2^0\cdot0+2^1\cdot1+2^2\cdot0$

第二堆：$3=2^0\cdot1+2^1\cdot1+2^2\cdot0$

第三堆：$4=2^0\cdot0+2^1\cdot0+2^2\cdot1$

第四堆：$5=2^0\cdot1+2^1\cdot0+2^2\cdot1$

所以　$S_0=0+1+0+1=2$

$S_1=1+1+0+0=2$

$S_2=0+0+1+1=2$

它们都是偶数，所以这是个安全组合。这样，游戏的某一方若能始

终保持每次取子后都是安全组合，他最后必能获胜。

例如，在游戏进行到某一步，轮到 A 取子时，有 15、12、5 这样 3 堆子。为了简化，我们下面把每堆的子数直接写成二进制形式

$$a_1=1111,\ a_2=1100,\ a_3=0101$$

所以 $S=S_3S_2S_1S_0=2312$，其中 S_1 和 S_2 不是偶数，这不是一个安全组合。但 A 有可能通过取子把它变为安全组合：

（1）从第 1 堆中取 6 个子，使之变为 1001；

（2）或从第 2 堆中取 2 个子，使之变为 1010；

（3）或从第 3 堆中取 2 个子，使之变为 0011。

具体分析方法如下：

把 $S=2312$ 中的偶数都变为 0，非偶数都改为 1，得$\overline{S}=0110$。把这个数加到第 1 堆的二进制数上去，得

$$a'_1=\overline{S}+a_1=0110+1111=1221$$

然后按同样方法把这个数中的偶数都改为 0，非偶数都改为 1，得

$$\overline{a}'_1=1001=9$$

这就是 A 从第 1 堆中取子以后应该使它留下的子数，所以 A 应从第 1 堆中取 6 子。怎样从第 2 堆或第 3 堆中取子以使其达到安全组合的分析方法同上。

上面这个例子中，A 从任意某 1 堆中取子都有可能将棋局恢复成安全组合。有时候是没有这种可能性的。例如，轮到 A 取子时的布局是 3 堆子，各有 11、9、7 子，即

$$a_1=1011,\ a_2=1001,\ a_3=0111$$

所以 $S=1011+1001+0111=2123$。为了把它变为安全组合，把$\overline{S}=0101$加到第 1 堆上去，再进行变换

$$a'_1=0101+1011=1112$$
$$\overline{a}'_1=1110$$

这个结果比第 1 堆原有子数 1011 大。这显然是不可能的。第 2 堆的情况类似。只有第 3 堆才行

$$a'_3=0101+0111=0212$$
$$\overline{a}'_1=0010$$

这表示可从第 3 堆中取 5 个子，让它留下 2 个子，从而达到安全组合。

19.3 从NIM_1到NIM_k

上述游戏方法在西方文献中叫 NIM_1，因为游戏双方每次只能从 1 堆中取若干个子。美国数学家摩尔（E.H.Moore）在 1910 年提出了对这一游戏的推广：游戏双方每次都可以从不超过 k 堆中取子，叫 NIM_k。在这种情况下，取胜的策略是什么呢？

显然，如果 A 把全部子分为少于（k+1）堆的话，B 第 1 次取子时就可把全部子取走，A 就输了，所以这是不安全组合。如果 A 把全部子分为等量的（k+1）堆的话［前提是子的总数可被（k+1）除尽］，那么 A 是可以获胜的，这是安全组合。研究证明，如果把子分为若干堆，每堆子的数量仍用前述二进制形式表示，则 S_0，S_1，S_2，…均可被（k+1）整除时，该分法为安全组合，否则就是不安全组合。对这个命题的一般证明我们在这里也不给出了。

19.4 NIM 的另一种变形

荷兰数学家韦绍夫（W.A.Wythoff）于 1906 年提出了 NIM 游戏的另一种玩法：规定把子分为 2 堆，双方每次都可以从其中 1 堆或同时从 2 堆中取子，但若从 2 堆取，则必须取相同数量的子。

这样的 NIM 游戏的安全组合序列如下

（1，2）
（3，5）
（4，7）
（6，10）
（8，13）
（9，15）
（11，18）
（12，20）
⋮

仔细考察这个序列可以发现，在安全组合序列中，1，2，3，4，…

每个正整数都正好出现 1 次，也只出现 1 次；序列中每对正整数之差，也就是每个安全组合中 2 堆子数之差顺次是 1，2，3，4，…。序列中每对序偶的一般表达式为

$$([a \cdot r],\ [b \cdot r])$$

其中 r 代表该安全组合在序列中的序号，[ ]表示取整数部分，$a=\frac{1}{2}\left(\sqrt{5}+1\right)$，$b=\frac{1}{2}\left(\sqrt{5}+3\right)$。例如，第 4 个安全组合为（$\left[\frac{1}{2}\left(\sqrt{5}+1\right)\cdot 4\right]$，$\left[\frac{1}{2}\left(\sqrt{5}+3\right)\cdot 4\right]$），也就是（6，10）。而 a 与 b 恰为黄金分割数 $X=\frac{\sqrt{5}-1}{2}=0.618$ 与 $\frac{1}{X}$ 同 1 之和，即 $a=1+X$，$b=1+\frac{1}{X}$！

由此可知，这个游戏仅当子的总数为 3，8，11，16，21，24，29，32，…时才有安全组合；在其他情况下没有安全组合，即布堆的一方不能保证获胜，除非对手在某一取子过程中失误。

19.5　NIM 的又一个变形

数学家凯尔斯（Kayles）提出了 NIM 游戏的另一种变形。在这个变形中，子的堆数可随游戏的进行而动态增加。

游戏的规则如下：例如有 13 个子，开始时挨着放成一排，如图 19-2(a)所示。2 人轮流从中取子。允许取走其中任意 1 子或取走互相挨着的任意 2 个子。这样，如果第 1 个人取走左起第 2 个子，则余下的子变成 2 堆，左边 1 堆只有 1 个子，右边那堆有 11 个子，如图 19-2(b)所示。第 2 个人如果从右边这堆中取走左起第 3、第 4 子，则子分成 1、2、7 这 3 堆，如图 19-2(c)所示。如此进行下去，谁取走最后 1 个子或 1 对子者胜。

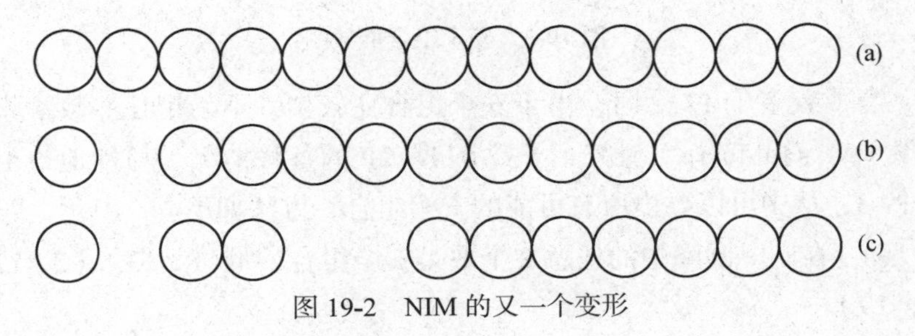

图 19-2　NIM 的又一个变形

在这个游戏中，显然子的 2 个相等的集合对于后取者是安全组合，因为后取者只要根据先取者的取子情况“亦步亦趋”，即如果先取者在某一集合中取 1 个子或 2 个子，则后取者在另一集合中亦相应取 1 个子或 2 个子，最后总能获胜。除此之外的安全组合有

（1，4）

（1，8）

（2，7）

（3，6）

（1，2，3）

（1，3，7）

（2，3，4）

⋮

与以前一样，2 个安全组合形成 1 个安全组合。

由此可见，在开始时有 10 个子的情况下，第 1 个人如果取左起（或右起）第 2 子，或第 3 子，或第 4 子，都形成安全组合，可以获胜。

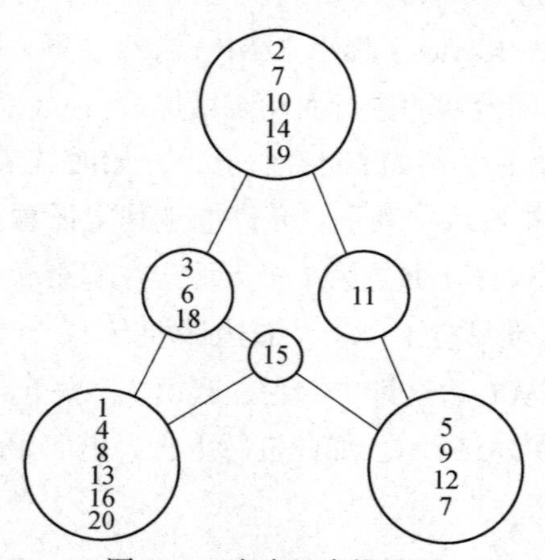

图 19-3　安全组合推导图

当子数多于 12 个时，由于安全组合比较多，不易记住。数学家戈德堡（M. Goldberg）研究了子数在 1—20 的各种情况，巧妙地给出了图 19-3，从中可以导出所有可能的安全组合，方法如下

（1）在同一圆圈中的任意 2 个数是安全组合，如（8，13），（5，12），（7，19）…

（2）从位于一直线上的 3 个圆圈中各任取一数形成安全组合，如（8，11，15），（4，6，7），（9，11，14），…。

（3）从位于 2 条相交直线上的 4 个圆圈（交点上的圆圈除外）中各任取 1 个数也形成安全组合，如（1，2，5，15），（1，3，5，11），…。

有了这个图，想必读者可以编出做这个游戏的计算机程序了。

最后我们指出，NIM 游戏简单易行又灵活多变，对发展青少年的智力十分有利，应该在中小学中大力推广。最简单的情况下，可以不用任何物品，只凭嘴说就能玩这个游戏。例如，2 个学生在课间做如下游戏：先约定每人轮流说一个不大于 m 的数（如 m=6），再约定谁先达到某个 n（如 50）谁胜。然后就可以你说一个数、我说一个数地玩起来。当然，如果有第 3 个同学拿着纸、笔做记录和统计（或者用袖珍计算器或计算机输入、求和），充任裁判就更好了。在上述 m=6，n=50 的情况下，由于 50÷(6+1)的余数是 1，所以谁先说 1，以后根据对手说的是什么数，自己说的数与他说的数相加总是等于 7，谁就一定赢。如果 $\frac{n}{m+1}$ 的余数是 0，只要对手掌握这个窍门并且不失误的话，那么谁先说就谁输了。

20 关于重排九宫

重排九宫也是一种古老的单人智力游戏，据说起源于我国古时由三国故事“关羽义释曹孟德”而来的玩具“华容道”，后来流传到欧洲，将人物变成数字。实际上，与上一章我们介绍的NIM游戏有许多变形一样，重排九宫也有许多变形，其中一些成为流行的智力玩具，获得专利。据美、英两国专利局的不完全统计，1869—1978这110年，这样的专利有约142件，可见其受欢迎和重视的程度。目前，重排九宫是人工智能领域中研究问题求解的一个典型问题。在这一章，我们向大家介绍若干个典型的重排九宫问题。

20.1 原始的重排九宫问题

原始的重排九宫问题是这样的：将1—8这8个数字任意安排在井字形的9个方格中，余下1个空格。与空格相邻的数字允许上、下、左、右移动到空格中去。要求最后数字从1到8按顺时针方向排好或按行顺序排好，空格居中或位于右下角。如图20-1所示。

7	5	6
8	3	2
4		1

(a)初始布局

1	2	3
4	5	6
7	8	

(b)最终布局

图20-1　重排九宫示例

重排九宫可以用状态空间法来解。如果用0表示空格，那么按从左到右、从上到下的次序，可以把图20-1(a)的初始状态表为[7，5，6，8，3，2，4，0，1]，目标状态（最终布局）表为[1，2，3，4，5，6，7，8，0]。图20-1的示例可在23步内完成，移动数字的次序为

1，2，6，5，3，1，2，6，5，3，1，2，4，8，7，1，2，4，8，7，

4，5，6。

在多数情况下，重排九宫问题是可解的，如果是随机布局，严格说来正好是半数可解、半数不可解。例如，初始布局如图 20-2(a)所示，如果要求终局如图 20-2(b)或图 20-2(c)所示，那么都是可解的；如果要求仅把图 20-2(a)中的 7 和 8 颠倒一下位置，使数字次序变顺，则是不可解的。判断重排九宫问题有解还是无解的准则是：如果由初局到终局相当于偶数次交换任意 2 个数字，则有解；如果相当于奇数次交换任意 2 个数字，则无解。

1	2	3
4	5	6
8	7	

(a)

1	4	7
2	5	8
3	6	

(b)

1	2	3
8		4
7	6	5

(c)

图 20-2　重排九宫问题有解无解的示例

在重排九宫问题有解的情况下，一般总可以或多或少的步数完成任务。但如果要求以最少步数完成从初始状态到目标状态的转换，那么难度就大多了，甚至判断是不是最少步数本身也是一个难题。历史上就有这样一个故事：19 世纪的著名娱乐数学专家杜德尼在研究如图 20-3 所示的重排九宫问题时，获得了如下这种需要 36 步的解法（为了简单清晰，不在每步之间用逗号隔开，而每隔 5 步才用逗号分隔一下）

12543，12376，12376，12375，48123，65765，84785，6

8	7	6
5	4	3
2	1	

(a) 初始布局

1	2	3
4	5	6
7	8	

(b) 最终布局

图 20-3　杜德尼研究过的 1 个重排九宫问题

在很长一段时间里，杜德尼的 36 步解被认为是该重排九宫问题的最佳答案，没有人提出怀疑。直到后来借助于计算机一下找到了解决该问题的 10 种 30 步解决方案，才打破了杜德尼保持的纪录。这 10 种不同解法如下，其中 5 种从移 1 开始，另 5 种从移 3 开始，最后“殊途同归”。

（1）12587，43125，87431，63152，65287，41256

（2）14587，53653，41653，41287，41287，41256

（3）14314，25873，16312，58712，54654，87456
（4）12587，48528，31825，74316，31257，41258
（5）14785，24786，38652，47186，17415，21478
（6）34785，21743，74863，86521，47865，21478
（7）34785，21785，21785，64385，64364，21458
（8）34521，54354，78214，78638，62147，58658
（9）34521，57643，57682，17684，35684，21456
（10）34587，51346，51328，71324，65324，87456

20.2　洛伊德的“14—15”玩具

美国的科学魔术大师洛伊德（S. Loyd，1841—1911）在1878年推出了他的著名的“14—15”智力玩具。他的这个玩具有许多名称，除“14—15 puzzle”外，还有“Boss[①] puzzle”“Jeu de Taquin”[②]等。这个游戏曾经风靡欧美。在德国，马路上、工厂里……到处都有人在如醉如痴地玩这个游戏，以至于许多工厂老板不得不出布告禁止工人在上班时玩这个游戏，否则开除。在法国，从比利牛斯山脉到诺曼底的小山庄再到巴黎的林荫大道，也处处可见玩这个游戏的人群。这个游戏为什么引起人群如此大的关注呢？原来这个玩具出售时的原始布局如图20-4中所示，而洛伊德承诺，谁能够通过滑动其中的数字片使错位的14和15恢复正常次序，谁就能获得1000美元的奖励。

图20-4　“14—15”游戏引起的狂热

① Boss有老板、最出色、第一流等含义。
② 法语里是给人类带来灾难的根源的意思。

显然可以看出，洛伊德的这个发明其实只是将重排九宫中的3阶方阵扩大到4阶方阵罢了；根据重排九宫问题可解性的判断准则立即可以看出，洛伊德所要求的终局是无法达到的，因此无人能获得这1000美元奖金。所以这只是洛伊德的一个“诡计”而已。

人们无法从洛伊德所设计的初局达到他所要求的终局，但从这个初局出发，却有可能到达一些有趣的终局。首先是如图20-5(a)所示的终局，即把数字1—15理顺，但是空格不是在右下角而是在左上角。目前已知的最少步数是44步，如下

14，11，12，8，7，6，10，12，8，7，4，3，6，4，7，14，11，15，13，9，12，8，4，10，8，4，14，11，15，13，9，12，4，8，5，4，8，9，13，14，10，6，2，1

	1	2	3
4	5	6	7
8	9	10	11
12	13	14	15

(a)

13	1	6	10
14	2	5	9
	12	11	7
3	15	8	4

(b)

5	2	8	15
9	14	4	3
6	1	11	12
10	13	7	

(c)

图20-5　从洛伊德的初局能到达的几个有趣终局

其次是如图20-5(b)所示的终局。这个终局有什么特殊之处呢？原来它是一个幻方，即纵、横、对角线之和均为30。由洛伊德的初局变到这个幻方终局需要50步，如下

12，8，4，3，2，6，10，9，13，15，14，12，8，4，7，10，9，14，12，8，4，7，10，9，6，2，3，10，9，6，5，1，2，3，6，5，3，2，1，13，14，3，2，1，13，14，3，12，15，3

图20-5(c)所示的终局也是一个幻和为30的幻方，但从洛伊德的初局出发只要36步就可到达

12，11，7，3，2，1，5，9，10，7，14，15，7，6，1，2，4，8，3，14，15，7，13，10，6，1，14，15，11，3，15，4，8，15，3，12

类似的幻方终局还有2个，从洛伊德的初局出发也只要36步就可以实现，读者不妨自己找一找。

如果初局中1—15这15个数本来就是顺序排好的，那么我们可以通过37步获得另一个幻方，如图20-6(a)所示

15，14，10，6，7，3，2，7，6，11，3，2，7，6，11，10，14，3，2，11，10，9，5，1，6，10，9，5，1，6，10，9，5，2，12，15，3

10	9	7	4
6	5	11	8
1	2	12	15
13	14		3

(a)

1	10	15	4
13	6	3	8
2	9	12	7
14	5		11

(b)

图 20-6　2 个幻方终局

在这个移动过程中很有趣的是，4、8、13、14 这几个数始终是“按兵不动”的；12 这个数只在最后移动 1 次就位；15 这个数开始时右移 1 位，腾出地盘为其他数移动创造条件，最后上移就位。所以，移动主要集中在左上部的 3×3 方阵中进行。

比达到上述幻方需要更少步数的 1 个终局幻方是如图 20-6(b)所示的幻方。从数字已理顺次序的初局出发，只要 35 步就可以到达这个终局了

12，11，10，9，5，6，2，3，4，8，7，10，15，12，11，7，8，4，10，15，9，5，13，14，5，2，3，10，15，3，6，13，2，9，12

20.3　洛伊德游戏的变形

20 世纪 20 年代出现了洛伊德移动 15 游戏的 1 种变形，比原来洛伊德的玩具复杂得多。它是 1 个五边形，每边可以挨着放 4 颗棋子，在五边形的中心也可以放 1 颗棋子，这样正好也有 16 个位置。周边和中心有 3 个通道，允许中心的棋子通过通道转移到边上去，边上的棋子也可以通过通道转移到中心去，但这种转移只有在 1、6、11 的位置上才可能。游戏的初局是将标有 1—14 的棋子从上边顶角处开始按顺时针方向沿周边顺序放好，而将标有 15 的棋子置于中央，终局目标是通过移动棋子使棋子 15“归队”，1—15 在周边排好，如图 20-7 所示。目前解决该问题的最少步数是 81 步，但不唯一。你是不是愿意试试打破这个纪录？下面给出参考答案

14，13，12，11，15，6，7，8，9，10，15，6，1，14，13，12，11，6，1，14，13，12，11，6，1，15，10，9，8，7，5，4，3，2，13，12，11，6，1，15，14，12，13，2，3，4，5，12，13，11，6，1，15，

14，13，11，6，1，15，14，13，11，12，7，8，9，10，11，12，6，1，15，14，13，12，11，10，9，8，7，6

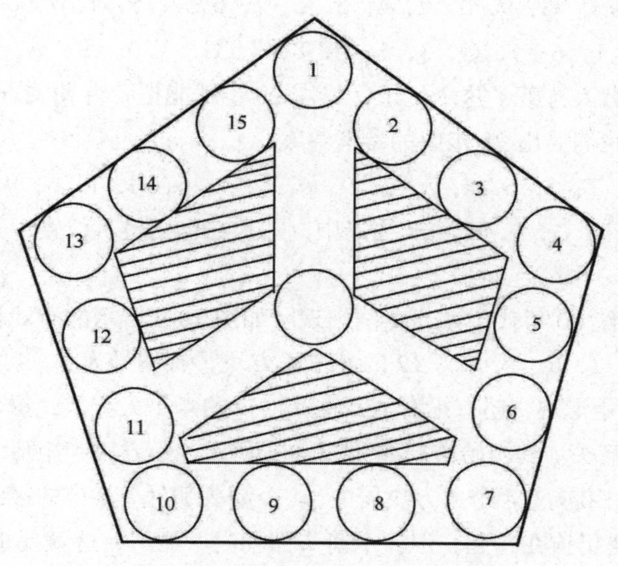

图 20-7 洛伊德移动 15 游戏的变形

20.4 “把希特勒关进狗窝”游戏

一般的重排九宫问题中采用方阵和正方形块。上一节介绍的是一个特例，采用五边形和圆形棋子。这一节我们介绍的一种变形采用了矩形，除正方形块外，还用了一些矩形块，使问题又复杂了许多。

图 20-8 所示的游戏板是美国 1914 年的专利，有许多名称。一开始叫“抓住山羊”，在第二次世界大战期间叫作“把希特勒关进狗窝”。它的引人关注之点有二。一是在一些方块的边缘或对角线处刷上 1 条粗线，形成八角形的“篱笆”，目标就是把代表山羊或希特勒的 G 方块移到篱笆的中央；二是其中的 8 是 1 个矩形块，面积是方块的 2 倍，所以增加了解题的难度，同时也增加了游戏的乐趣。有意思的是，在相当长一段时间

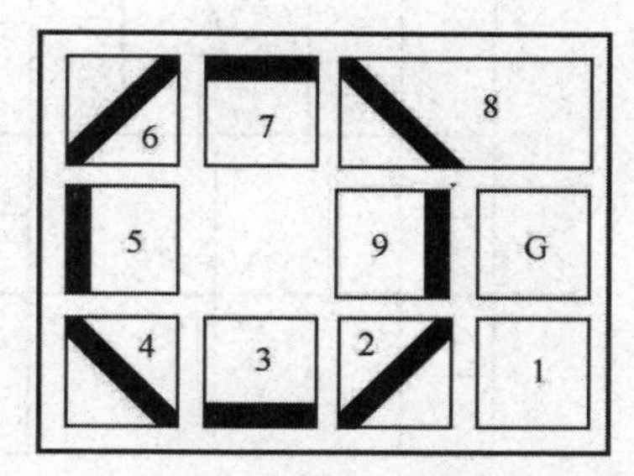

图 20-8 “把希特勒关进狗窝”游戏

里，人们都把下列 36 步的解法当作是这个游戏的最佳结果（终局中原先的 2 和 6 交换了位置）

3，2，1，G，9，3，2，4，5，2，7，6，2，5，4，7，6，8，9，3，1，G，3，1，6，7，G，3，1，9，8，7，G，3，6，9

后来有人打破了这个纪录，只需 28 步就能把希特勒关进狗窝。

下面我们给出 28 步解的参考答案

5，6，7，5，6，4，3，2，9，6，2，9，6，G，1，6，9，3，4，2，5，7，2，5，G，9，6，1（终局中，2 和 6 也交换了位置，其余仍在原位不变）。

20 世纪 80 年代中期，美国出现了如图 20-9 所示的游戏板。其中有编号为 1、2、6、7、11、12 的 6 个小方块，有编号为 3、4、5、8、9、10 的 6 个矩形块，还有标有 A、B、C、D 的 4 个大方块，每个大方块上还有 1 个箭头。其初始布局如图 20-9(a)所示，小方块和矩形块沿周边按顺时针次序排好，4 个大方块居中，4 个箭头朝外。重排的最终目标是使 4 个大方块仍挨在一起，但 4 个箭头都朝内。显然，这就要求 A 和 D、

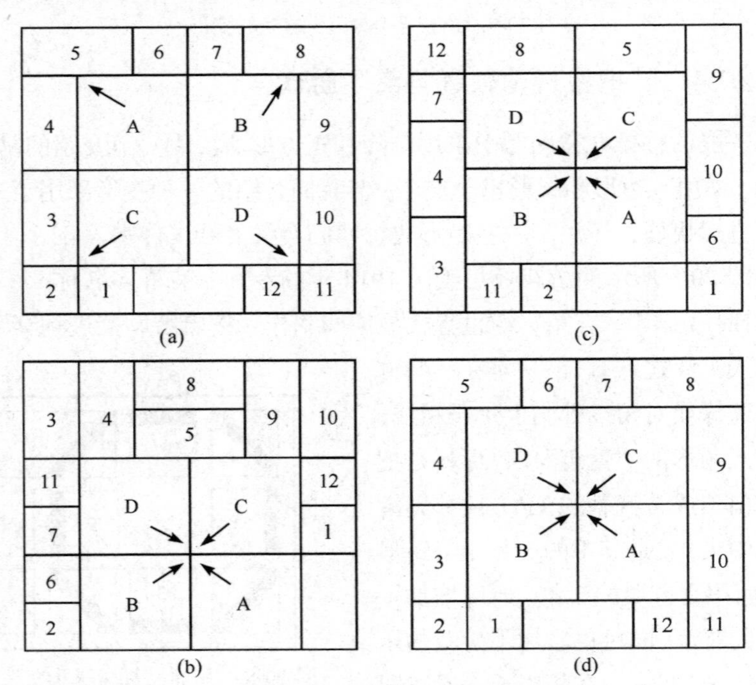

图 20-9　比较复杂的重排九宫问题

B 和 C 的相对位置正好调换一下。对于大方块、小方块、矩形块的位置则可以有较宽的要求，也可以有较严的要求，从而使从初局到达终局所需的步数也不同。在对位置没有任何要求的情况下，可以通过 154 步到达如图 20-9(b)所示的终局。在要求 A、B、C、D 仍然居中，周边小方块和矩形块仍“各就各位”的情况下，需要 209 步才能到达如图 20-9(d)所示的终局。在只要求 A、B、C、D 仍然居中，周边小方块和矩形块位置可以任意的情况下，那么用 181 步即可以到达如图 20-9(c)所示的终局。下面我们给出这 3 种情况下的参考棋步，数字下画一道横线表示标有该数字的方块在沿水平或垂直方向平移一步后又朝另一个方向移了一步（当然这只有小方块才可能），叫“沿拐角走了一步”，仍算一步；前后 2 个右上角标有*号的数字意思是标有这 2 个数字的小方块在走步前后正好交叉换位。

到达如图 20-9(b)所示终局的参考棋步（154 步）

1 C A $\underline{6}$ $\underline{7}$ 5 $\underline{6}$ $\underline{7}$ A C 2 3 4 6 7 5 8 9 10 11 12 1 2 C A 5 8 B D $\underline{2}$ C 3 4 A D 2 $\underline{11}$ $\underline{12}$ 10 2 11 D A 4 3 C $\underline{12}$ D 2 $\underline{11}$ 9 B 5 8 6 7 4 3 C $\underline{12}$ 1 D 2 A 6 $\underline{7}$ 4 3 $\underline{6}$ C 1 1$\underline{2}$ D 2 11 A $\underline{7}$ 6 C $\underline{12}$ D $\underline{11}$ A 6 $\underline{7}$ C 12 1 D $\underline{11}$ 2 A $\underline{7}$ C $\underline{1}$ D 2 $\underline{11}$ A 10 9 $\underline{6}$ B 8 5 C 7 6 B 8 5 C $\underline{6}$ B 9 10 A 7 6 B 9 10 A $\underline{6}$ B 1 12 D $\underline{11}$ $\underline{7}$ 6 B 1 12 C 5 8 9 10 1 12 C 5 8 9 10 $\underline{12}$ C D 11 $\underline{7}$ $\underline{6}$ B A

到达如图 20-9(c)所示终局的参考棋步（181 步）

1 C A $\underline{6}$ $\underline{7}$ 5 $\underline{6}$ $\underline{7}$ A C 2 3 4 6 7 5 8 9 10 11 12 1 2 C A 5 8 B D $\underline{2}$ C 3 4 A D 2 $\underline{11}$ $\underline{12}$ 10 2 11 D A 4 3 C $\underline{12}$ D 2 $\underline{11}$ 9 B 5 8 6 7 4 3 C $\underline{12}$ 1 D $\underline{2}$ A 6 7 4 3 $\underline{6}$ C 1 $\underline{12}$ D 2 11 A $\underline{7}$ 6 C $\underline{12}$ D $\underline{11}$ A 6 $\underline{7}$ C 12 1 D $\underline{11}$ 2 A $\underline{7}$ C $\underline{1}$ D 2 $\underline{11}$ A 10 9 $\underline{6}$ B 8 5 C 7 6 B 8 5 C $\underline{6}$ B 9 10 A $\underline{11}$ 2 D 7 $\underline{6}$ B 9 10 A $\underline{11}$ B 1 $\underline{6}$ $\underline{7}$ D 2 11 B 1 6 C 5 8 9 10 1 6 C 5 8 9 10 $\underline{6}$ C $\underline{7}$

12 D 11 B A 1 6 10 9 5 8 12 7 D 3 4 7 D B 2 11 3 4 7 12 8 5 C A

到达如图 20-9(d)所示终局的参考棋步（209 步）

1 C A 6 7 5 6 7 A C 2 3 4 6 7 5 8 9 10 11 12 1 2 C A 5 8 B D 2 C 3 4 A D 2 1 11 12 10 1* 2* D A 4 3 C 11 D 1 2 9 B 5 8 6 7 4 3 C 11 12 D 1 A 6 7 4 3 6 C 12 11 D 1 2 A 7 6 C 11 D 2 A 6 7 C 11 12 D 2 1 A 7 C 12 D 1 2 A 10 9 6 B 8 5 C 7 6 B 8 5 C 6 B 9 10 A 2 1 D 7 6 B 9 10 A 2 B 12 11 6 7 D 1 2 B 11 12 C 5 8 9 10 12 11 C 5 8 9 10 11 C 6 7 D 2 B A 12 11 C 6* 7* D 3 4 5 8 6 7 C 10 9 7 C A 12 11 10 9 7 6 8 5 D B 1 2 3 4 5 8 6 7 9 10 11 12 A C 6 7 8 6 7 C A 12

在本书第一版刚出版时，笔者曾指出这些解可能不是最优解，并将对第一个找到比以上解法少 10 步以上解的读者奖励 1000 元。2 年后，浙江大学学生沈超峰仔细推敲了这个游戏，对类似于图 20-9(b)的终局获得了 142 步的解法［周边布局与图 20-9(b)有所不同］，从而使笔者的 1000 元奖金有了归宿。在这里，我们高兴地把他的解法介绍给大家。

1 C A 6 7 5 6 7 A C 2 3 4 6 7 5 8 9 10 11 12 1 D B 8 5 A C 2 3 4 6 7 A 5 8 9 10 B C 6 7 4 3 1 2 D 11 B 9 10 5 8 C 6 2 1 D 11 12 B 6 2 C 8 5 9 10 2 C 1 D 12 11 B 6 2 C 1 7 D 11 B 2 C 9 10 5 8 7 1 D 11 12 3 4 11 A 8 1 7 D 12 11 A 8 7 1 D 11 A 4 3 B 12 11 A 4 3 B 11 A D 5 9 10 C 2 12 11 A D 8 1 4 D C 2 12 11 A B

4 个月后，黄山学院的学生张杰也给笔者寄来了一个新的解法，他只用 150 步就到达了类似于图 20-9(c)的布局，比原解法少了 31 步。虽然按游戏规则，他失去了获得奖金的资格，但是笔者考虑到他的解法步数少得更多，也奖励了 500 元。下面是他的解法。

12 D B $\underline{7}$ $\underline{6}$ 8 $\underline{7}$ $\underline{6}$ B D 11 10 9 7 6 8 5 4
3 2 1 12 C A 5 8 B D $\underline{12}$ C 2 1 3 4 8 5
B 7 6 9 10 12 11 C 2 1 3 4 A 2 1 C 12 11
10 9 7 6 B 2 1 A 4 3 C 12 11 10 9 D 12 11
C 3 4 A 1 2 B $\underline{7}$ D 11 $\underline{12}$ $\underline{2}$ B 7 6 D $\underline{12}$ 10
9 11 12 10 9 C 1 $\underline{2}$ B $\underline{6}$ D 10 9 B A 4 3 $\underline{2}$
A $\underline{6}$ 7 D 10 9 12 11 C $\underline{1}$ 2 A $\underline{7}$ B $\underline{11}$ C 2 $\underline{1}$
A 7 6 B $\underline{11}$ 12 C $\underline{1}$ A $\underline{6}$ B 12 D 8 5 $\underline{12}$ D 11
C 9 10 $\underline{11}$ C A

当然，他们的新解法也不是最优的，后来又有若干读者寄来步数更少的解法，限于篇幅就不一一介绍了。

1985 年，日本的 Minoru Abe 设计了一种更复杂的重排九宫类游戏，如图 20-10 所示。Abe 的设计中不但有大小不等的方块、矩形块，而且有带凸出或有拐角的不规则几何体，棋盘本身也有一个凸出部分。游戏要求从初局出发，通过平移把带凸出部分的 A 移到棋盘顶部正中带凸出部分的空格中去。这个游戏太复杂了，目前已知的最佳走法也需要 474 步，我们在这里就不给出了。有兴趣和有耐心的读者可以试试能不能打破这个纪录。

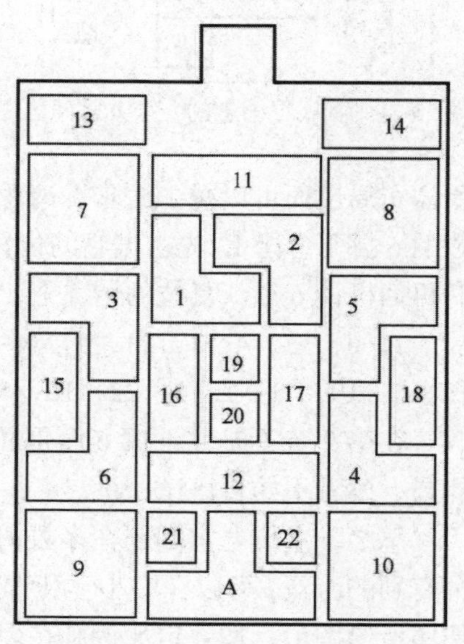

图 20-10　Abe 设计的复杂九宫游戏

20.5 以棋步移动的九宫问题

重排九宫的另一类变形是对方块移动路线进行限制，大多数情形下是按国际象棋中某种棋子的走法规定移动规则 。我们在第 14 章中给出的 2 个习题（白马、黑马交换位置等）可以看成是这类游戏。这里我们介绍杜德尼在其 *Amusement of Mathematics* 中提出的一个问题，与这个问题相联系的有 1 个中国财主据以挑“乘龙快婿”的故事，不知是杜德尼的杜撰还是有什么依据，我们在这里不去管它，只说一下问题本身。

这个问题是这样的：在如图 20-11 所示的不规则棋盘上有 25 个方格，上面凌乱地放着 24 颗棋子。要求把这些棋子按数字从上向下理顺，即 1 应移至 16 所在的位置，2 应移至 11 所在的位置，4 应移至 13 所在的位置……画有阴影线的方格中的数已在正确位置，应予保持。棋子移动按象棋中马的棋步进行，即一步一斜角。显然，因为唯一空格处于最下方，首先要移动的棋子只有 1、2、10 这 3 个可能。这个问题有趣的地方在于：如果考虑到有阴影线方格中的棋子已处于正确位置而不去动它们，达到所需布局至少要 32 步；如果敢于“太岁头上动土”（碰一碰这类棋子），达到所需布局反而可以减少 2 步。请看，在首先把 2 跳入空格后，即把已就位的 6 挪下，让 13 先占据它的位置，以便随后“调兵遣将”，在第 19 步时再伺机让 6 重新复位的情况下，达到最后布局只要 30 步

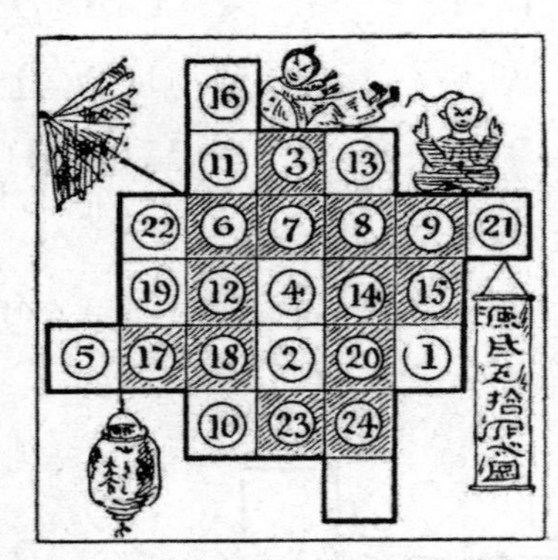

图 20-11 杜德尼书上的一个九宫问题

2，6，13，4，1，21，4，1，10，2，21，10，2，5，22，16，1，13，6，19，11，2，5，22，16，5，13，4，10，21

在第 2 步不是往下挪 6 而是往下挪 15，也可以在 30 步内达到所需终局，读者不妨自已试一试。

总之，重排九宫问题在多数情况下是一个简易可行、对锻炼智力十分有利的游戏，可以在中小学和青少年中大力推行。工具制作非常简单，按照所给图形，按一定比例画在硬纸板上，剪出方块来，在平滑的桌面上就可以摆弄了。

最后我们给出几个习题请读者求解。

习　题

［习题 20-1］我们在正文中介绍了在移动 15 问题中使终局成为“畸形”幻方的几个例子。实际上，在重排九宫游戏中，终局也可以是畸形幻方。比如，从图 20-12(a)的初局出发，在 19 步内可以把它变为幻和为 12 的 3 阶畸形幻方［图 20-12(b)］。试完成之。

(a)

1	2	3
4		5
6	7	8

(b)

5		7
6	4	2
1	8	3

(c)

7	2	3
	4	8
5	6	1

图 20-12

［习题 20-2］图 20-12(c)的终局和图 20-12(a)的初局相比，2 和 3 的位置没有变化。在实现过程中，不去移动 2 或 3 也有可能在 19 步中完成任务，请你试试看。

［习题 20-3］欧洲有一种古老的单人纸牌游戏，原名为 Solitaire，可以用纸牌玩，也可以用石子玩。其中有一种玩法是这样的：画一个大“十”字，内分 33 个方格，如图 20-13 所示，除标有 17 的中央方格以外，每个格子中都放一粒石子。石子可以跳动，可以飞越邻边的 1 个格子进入空格，被越过的石子要取走。依此进行，要求用最少步数最后仅在中央 17 个格子中留下 1 颗石子。莱布尼茨就曾研究过这个游戏。国内把它叫作“独立钻石”或“单身贵族”。目前的最佳解法是 18 步。

		1	2	3		
		4	5	6		
7	8	9	10	11	12	13
14	15	16	17	18	19	20
21	22	23	24	25	26	27
		28	29	30		
		31	32	33		

图 20-13

21 梵塔问题透视

梵塔问题（Hanoi Tower problem，也被称为汉内塔问题或河内塔问题）在几乎任何一种计算机高级程序设计语言的书籍中，都被用作解题的典型例子，因此已广为人知。笔者 1980 年在德国做访问学者时，在一个德国朋友家中见过如图 21-1 所示的智力玩具，可见它在国外已深入普通家庭。本文就来讨论有关梵塔问题的种种有趣现象与规律。

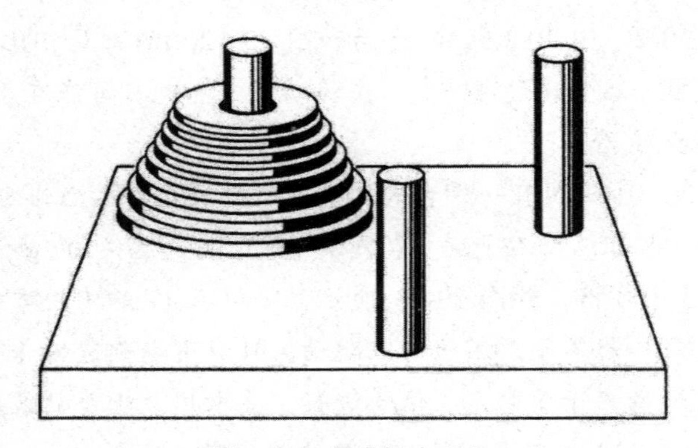

图 21-1　梵塔智力玩具

21.1　梵塔问题的起源

梵塔问题源于中东地区的一个古老传说：在梵城（Hanoi）有一个僧侣秘密组织，他们有 3 个大型的塔柱，左边的塔柱上由大到小套着 64 个金片环。僧侣们的工作是要把这 64 个金片环从左边的塔柱转移到右边的塔柱上去。但转移过程有严格规定，即每次只能搬动 1 个金片环；金片环只能安放在 3 个塔柱上，不允许放到地上；每个塔柱上只允许把小金片环叠在大金片环上，而不允许大金片环压在小金片环上。据传说，僧侣们完成这个任务时世界的末日就来临了。

19 世纪的法国大数学家卢卡斯曾经研究过这个问题。他正确地指出，要完成这个任务，僧侣们搬动金片环的总次数（把 1 个金片环从某个塔柱转移到另一个塔柱叫作 1 次）为

$$2^{64}-1=18446744073709551615$$

假设僧侣们个个身强力壮，每天 24 小时不知疲倦地不停工作，而且动作敏捷快速，1 秒钟就能移动 1 个金片环，那么完成这个任务也得花 5800 亿年。

21.2 梵塔问题与国际象棋的传说

（$2^{64}-1$）是正确解决梵塔问题的最少步数。因为根据移动金片环的规则，显然对于最大的那个 1 号金片环而言，它只需移动 1 次——当把它上面的 63 个金片环都在中间塔柱上码放好，而右边塔柱也正好空出来的时候，1 次把它从左边塔柱移到右边塔柱就行了。次大的 2 号金片环需要移动 2 次——当把它上面的 62 个金片环都在右边塔柱上码放好、中间塔柱空出来的时候，把它从左边塔柱上移到中间塔柱上，这是 1 次；如前所述，当 1 号金片环从左边塔柱移到右边塔柱时，中间塔柱上有 63 个金片环，待通过反复转移，把上面 62 个金片环在左边塔柱上码放好时，2 号金片环就可以“脱身”移到右边塔柱的 1 号金片环上就位了，这是它的第 2 次也是最后 1 次移动。依此类推，3 号金片环要通过 4 次移动就位，4 号金片环要通过 8 次移动就位……最小的那个 64 号金片环就要通过 2^{63} 次移动最后就位，这样总移动次数就是

$$2^0+2^1+2^2+2^3+2^4+\cdots+2^{63}=2^{64}-1$$

梵塔每个金片环及总的移动次数正好与另一个著名的有关在国际象棋的每个方格上放麦子数的传说相对应。

传说舍罕王的宰相达依尔（Sissa ben Dahir）发明了国际象棋后，舍罕王要奖励他，问他要什么。达依尔拿出国际象棋棋盘对舍罕王说：“陛下在棋盘的第 1 个格子中放 1 粒小麦，在第 2 个格子中放 2 粒小麦，在第 3 个格子中放 4 粒小麦……顺次翻番，这样放满 64 个格，把这些小麦赐给小臣就行了。”舍罕王心想这个聪明人怎么这么傻，只要这么点赏赐，就命手下按此去取小麦。结果令舍罕王大吃一惊，全国粮仓中所有小麦都运来也远远满足不了达依尔的要求，因为所需小麦的总粒数也是

$2^0+2^1+2^2+\cdots+2^{63}=2^{64}-1$。有人做过统计，1 升小麦约有 15 万粒，达依尔所要小麦约合 140 亿亿升，大约是全世界 2000 年小麦产量的总和。

由以上叙述可知，在梵塔问题中，1，2，3，…，64 号金片环的所需移动次数正好与达依尔所要求的在棋盘的 1，2，3，…，64 个方格中所放小麦粒数对应相等，解决梵塔问题移动金片环的总次数则正好与达依尔所要小麦的总数相同。也就是说，这 2 个完全不相干的问题在数学上竟然是同构的。

21.3 梵塔问题与哈密顿通路问题

现在我们换一个角度来讨论梵塔问题，看一下移动金片环的顺序。假设只有 2 个金片环，那简单，先把小金片环从起始塔柱（左边塔柱）移到过渡塔柱（中间塔柱）上去，再把大金片环从起始塔柱移到目标塔柱就位，然后把小金片环从中间塔柱也移到目标塔柱就位，任务就完成了。如果有 3 个金片环，前 3 步移动对象和顺序与刚才是一样的，但中间塔柱和目标塔柱要暂时交换一下位置，使得上面那 2 个小金片环先在中间塔柱码放好，第 4 步就可以把大金片环从起始塔柱直接移到目标塔柱就位了。接下去把最小的金片环从中间塔柱移回起始塔柱，好把次小的金片环从中间塔柱移到目标塔柱那个大金片环上面就位，最后把最小金片环从起始塔柱也移到目标塔柱就位，任务就完成了。金片环数量增加时的移动情况可依此类推。数学家克罗（Crowe）注意到，梵塔问题中若有 n 个金片环，则这 n 个金片环的移动顺序正好与 n 维立方体上的哈密顿通路所经历的边的坐标一致。以 $n=3$ 为例，3 个金片环若由小到大依次标为 A、B、C，则它们的移动次序为 $ABACABA$；而在三维立方体上，遍历 1 个顶点 1 次也仅 1 次的哈密顿通路，如果把立方体的坐标分别标为 A、B、C 的话，也正好是 $ABACABA$，见图 21-2(a)。对于 $n=4$ 的情况，4 个金片环 A、B、C、D 的移动次序如下

$$ABACABADABACABA$$

由于二维的平面可看成是一维的直线段及其投影连接而成，三维的立体可看成是由二维的正方形及其投影连接而成，我们也可以通过把 1 个三维的立方体的边的网络投影到另 1 个三维立方体中去的办法来模拟生成四维立方体，如图 21-2(b)所示。在这个图中，遍历内、外 2 个立方

体的 16 个顶点的哈密顿通路，所对应的坐标次序也是和上述 4 个金片环的移动次序一致的。n 更大的情况也是如此，只是我们难以在平面上表示 n 维立方体。由此可见，若以梵塔问题中金片环的移动次序与立方体上的哈密顿通路问题中的路径相对应，那么这 2 个看来似乎毫无共同之处的问题竟然也是同构的。关于哈密顿通路问题在平面（棋盘）上的详细介绍请见第 14 章。

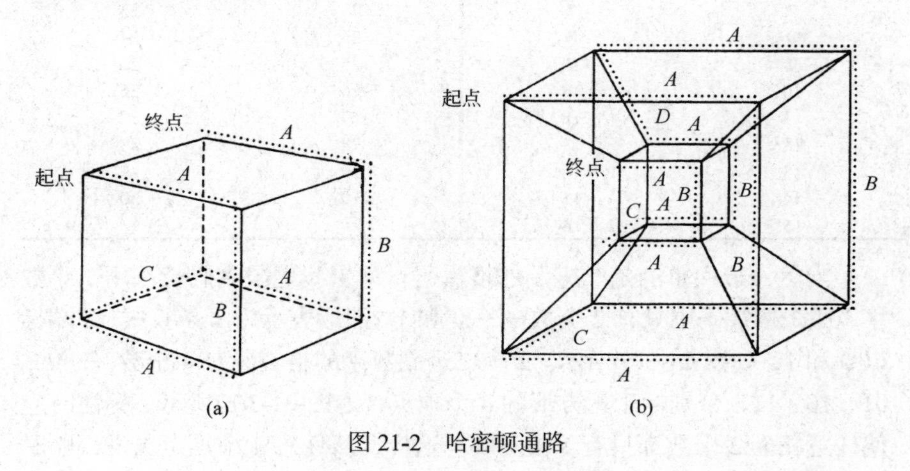

图 21-2 哈密顿通路

21.4 梵塔问题与格雷码

格雷码（Gray code）又叫循环码（cyclic code）或反射码（reflected code），是美国贝尔实验室的数学家格雷（F. Gray）在第二次世界大战期间为解决采用脉码调制方式 PCM（pulse code modulation）的无线电通信中，由于线路间的脉冲干扰严重而造成误码率太高这一严重问题而提出的，据此发明的格雷编码管（Gray coder tube）于 1953 年 3 月 17 日获得了美国 2632058 号专利。在此之前，格雷还开发了一种用于兼容的彩色电视广播方法，这个方法目前仍在使用。因此，格雷是对现代通信技术做出了特殊贡献的数学家。

格雷码的特点是：在计数过程中，任何相邻的 2 个码只有 1 个数位不同，而且其差的绝对值总是 1。格雷码可用于任意基数的数制中，例如表 21-1 是十进制数 0—30 在格雷码中的表示。

表21-1　十进制的格雷码

数	格雷码	数	格雷码
0	0	16	13
1	1	17	12
2	2	18	11
3	3	19	10
4	4	20	20
5	5	21	21
6	6	22	22
7	7	23	23
8	8	24	24
9	9	25	25
10	19	26	26
11	18	27	27
12	17	28	28
13	16	29	29
14	15	30	30
15	14		

当然，最简单的是二进制的格雷码。如果我们限制码长只用 1 个数字，那么格雷码中只有 2 个数—— 0 和 1。图形表示为 1 条直线，2 端标以 0 和 1，如图 21-3(a)所示。2 个二进制数字的格雷码有 4 个数——00、01、10、11，分别标于正方形的 4 个顶点，如图 21-3(b)所示。标注时应使任意相邻 2 个数都只有 1 位不同。这样，从任意 1 个顶点出发，顺时针或逆时针沿正方形走 1 圈即获得 4 个格雷码。例如，从 00 出发沿逆时针方向走，得到 00、01、11、10，走到 10 后继续向前走可以回到 00，格雷码又叫循环码即由此而来。

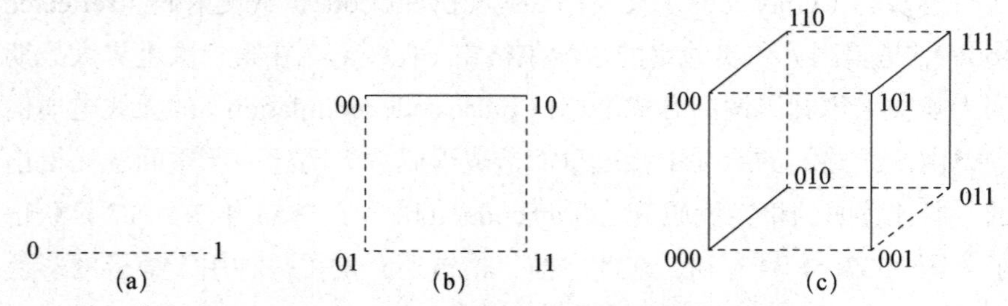

图 21-3　1 位、2 位、3 位的二进制格雷码图示

依此类推，3 个数字的二进制格雷码有 8 个数，可以放在 1 个立方体的 8 个顶点上，同样地，应使任意相邻 2 个顶点上的数只有 1 位不同，如图 21-3(c)所示。这样，从 000 出发沿虚线遍历 8 个顶点获得 000、001、011、010、110、111、101、100 这 8 个码，从 100 再走一步就又回到 000，因此也是循环的。更多数字的二进制格雷码依此类推。

格雷码之所以在通信中（及其他场合）获得广泛应用，一是由于相邻码只有 1 位发生变化，也就是在任一时刻只有 1 根线上有脉冲，干扰减少，使通信的出错概率大大降低；二是由于码的生成和变换比较简单，有法则可循。例如，把标准二进制数变换为二进制格雷码的法则如下：从最右边 1 位开始逐位往前检查，如果该位左边 1 位是 0，则该位保持原样不变；如果该位左边 1 位是 1，则将该位变个，即 0 变 1，1 变 0（对于最左边位，认为其左侧有 1 个 0，因此总是保持不变）。根据这个规则，把二进制数 110111 变为格雷码时得 101000。

把格雷码变回原来的码的法则是：仍从最右边 1 位开始检查。如果该位左边所有位的数字和为偶数，则该位维持不变；如果该位左边所有位的数字和为奇数，则将该位变个个。根据该法则，格雷码 101100 就可以恢复为原来的二进制数 110111。

至于把格雷码叫作“反射码”是由于它的生成过程反映了 1 种有趣的反射性。表 21-2 列出了和十进制数 0—30 相对应的二进制格雷码。从 1 位的格雷码 0，1 出发，往下添加与之对称（也就是具有镜像反射性质）的 1、0，形成 0、1、1、0 序列，然后在前两者之前加 0、后两者之前加 1，就获得了 2 位格雷码 00、01、11、10（表中前置 0 均省略了，下同）。这 4 个 2 位格雷码连同其镜像反射 10、11、01、00，分别在前一半（4 个）前加 0，后一半（4 个）前加 1，就又获得 3 位格雷码……依此类推，可以获得任意长度的格雷码。

表 21-2　二进制的格雷码

数	格雷码	数	格雷码
0	0	16	11000
1	1	17	11001
2	11	18	11011
3	10	19	11010
4	110	20	11110
5	111	21	11111
6	101	22	11101
7	100	23	11100
8	1100	24	10100
9	1101	25	10101
10	1111	26	10111
11	1110	27	10110
12	1010	28	10010
13	1011	29	10011
14	1001	30	10001
15	1000	31	10000
	DCBA		EDCBA

格雷码还可以通过维恩图获得。维恩图（Venn diagram）是英国数学家维恩（J. Venn，1834—1923）所发明的用以直观表示集合运算的示意图，通常用圆或矩形等封闭线段表示集合，在布尔代数和符号逻辑中有广泛应用。它也可以表示二进制代码。例如，图 21-4 中用 3 个圆相交可以表示 3 位二进制码的 8 种可能组合。但普通维恩图不能表示代码的顺序。约翰斯·霍普金斯大学的爱德华兹（A.W.F.Edwards）巧妙地通过在维恩图中加入额外的一个圆，就可以表示代码顺序。以 4 位格雷码为例，它本来是通过 4 个集合表示的无次序的码。在图 21-5 中，右半个矩形表示代码的第 1 位，在内的为 1，在外的为 0；上半个矩形表示代码的第 2 位，在内的为 1，在外的为 0；大矩形内哑铃状的封闭曲线表示代码的第 3 位，在内的为 1，在外的为 0；矩形中央“十”字轮形状的封闭曲线表示代码的第 4 位，在内的为 1，在外的为 0。这样就把空间划分为 16 个部分，表示 4 位二进制代码的 16 种无序状态。爱德华兹在其中加了一个圆，这个圆决定了代码的顺序，而且恰好就是格雷码。大家看，从 0000 出发，沿着圆逆时针方向走一遍，它顺序经过的 16 个区间，正好形成 4 位格雷码序列，即 0000，0001，1001，1000，1010，1011，1111，1110，1100，1101，0101，0100，0110，0111，0011，0010（这个序列同表 21-2 中的不同，这显然是无关紧要的）。爱德华兹把加了一个圆的维恩图叫作“爱德华兹-维恩图”。在上面这个例子中，加的圆用以决定代码顺序；在其他场合，它还可以作为另一个集合，有许多用途，感兴趣的读者可参阅他写的 *Cogwheel of the Mind：the Story of Monograph Venn Diagrams*（The Johns Hopkins Uni. Pr.，2004）。

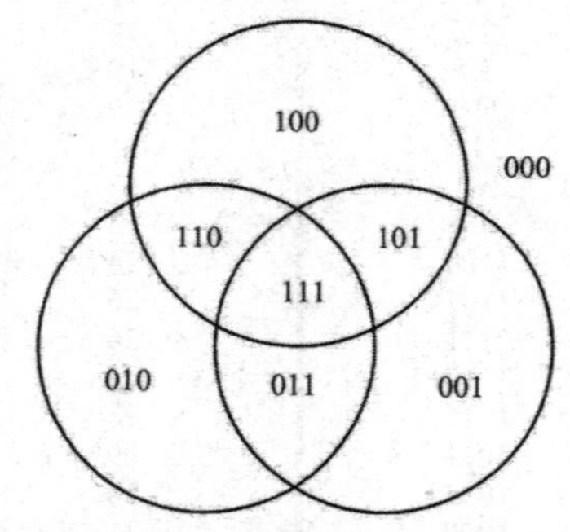

图 21-4　用维恩图表示 3 位二进制码

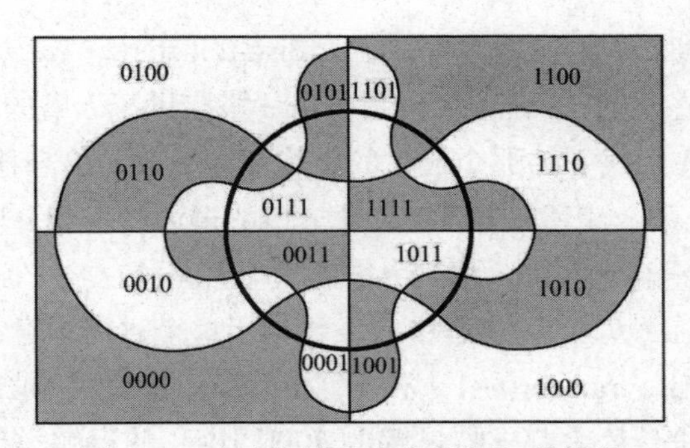

图 21-5 产生格雷码的爱德华兹-维恩图

以上介绍了有关格雷码的一些基本知识。现在言归正传，看一下梵塔问题与格雷码有什么关系。从表 21-2 中我们可以看到，对于 4 位二进制格雷码而言，如果我们把从右往左的各位顺次标为 *A*、*B*、*C*、*D* 的话，那么格雷码从上变到下时，发生变化的位依次是 *ABACABADABACABA*，恰好同梵塔问题中移动金片环的次序对应一致。对于 64 个金片环的情况，对应于 64 位的格雷码。也就是说，就金片环的移动次序和码位的变化次序而言，梵塔问题和格雷码这 2 个不同范畴的问题竟然又是同构的。

以上我们分别讨论了梵塔问题与棋盘上放麦子问题、哈密顿通路问题和格雷码之间的关系，论证了 n 个金片环的梵塔和 n 阶棋盘上放的麦子、n 维立方体上的哈密顿通路和 n 位的格雷码分别是同构的。由于同构具有可传递性，即若甲同构于乙、乙同构于丙，则甲亦同构于丙，因此上述这几个问题实际上是两两互相同构的。例如，n 维立方体上的一个哈密顿通路对应于 n 位的一种格雷码方案；n 维立方体上可以有多条哈密顿通路，n 位格雷码也可以有多种不同方案；在 $n>5$ 的立方体上有多少条哈密顿通路是一个至今也没有解决的问题，同样地，$n>5$ 的格雷码有多少种也至今没有解决。（对于 $n=5$ 的情况，美国空军的 3 个电气工程师于 1980 年在 PDP-11 计算机上经过 750 小时的计算获得的结果是：5 维立方体上的哈密顿通路，包括反向的，达 187499658240 条。）如果有人解决了其中的一个问题，另一个问题也就相应解决了。

21.5 梵塔问题的计算机编程

现在回头说一下梵塔问题的计算机编程。典型地，这要用“递归算法”（recursion algorithm）。假设我们设计了一个把 n 个金片环从 a 塔借助于 b

塔的过渡转移到 c 塔上去的过程，名为 disc-transfer(n，a，b，c)。为了实现这个过程，先要把（$n-1$）个金片环从 a 塔借助于 c 塔的过渡转移到 b 塔，以便把压在最底下的那个最大的金片环“解放”出来移到 c 塔上去；然后把（$n-2$）个金片环从 b 塔借助于 c 塔的过渡转移到 a 塔上去，以便把次大的金片环解放出来，移到 c 塔的大金片环上去……这样，在执行 disc-transfer(n，a，b，c)的过程中，又要调用这个过程本身，当然这时参数变了，变成 disc-transfer($n-1$，a，c，b)，……这就叫递归算法。目前，一般高级程序设计语言都支持过程的递归调用，使得解类似问题的程序十分简洁明了。但是有少数高级语言不支持递归；在一些基于规则的人工智能语言中，无所谓算法和过程的概念，更谈不上有递归功能了。在这种情况下如何解梵塔问题呢？这就要找出金片环移动的规律，然后利用语言所具有的函数和命令来编程实现。对于梵塔问题，我们指出以下 2 个可利用的规律：

（1）梵塔中最上面那个最小的金片环是移动次数最多的，在每 2 步中，总有 1 步是移这个金片环。

（2）金片环在 3 个塔柱上的移动是按一个固定方向进行的。如果金片环数 n 是偶数，则所有奇数号金片环（以最小的金片环为 1 号，顺次编为 2 号、3 号……）总是按 A—B—C—A—B—C 的顺序在 3 个塔柱上顺时针方向转移，而所有偶数号金片环则按照 A—C—B—A—C—B 的顺序逆时针方向转移。如果 n 是奇数，则方向正好相反。

利用上述规律，不用递归程序也可以编出解梵塔问题的程序来。如果有梵塔的智力玩具，也可以得心应手地去玩它——当然了，如果玩具中真有 64 个金片环，那你一辈子也完成不了把它们全部转移的任务了。

部分习题、问题答案①

［4-6］T 形幻方如下所示

19	23	11	5	7
1	10	17	24	13
22	14	3	6	20
8	16	25	12	4
15	2	9	18	21

［习题 7-1］最简单的幻立方如下所示，每面 4 个顶角上的数字之和均为 18。

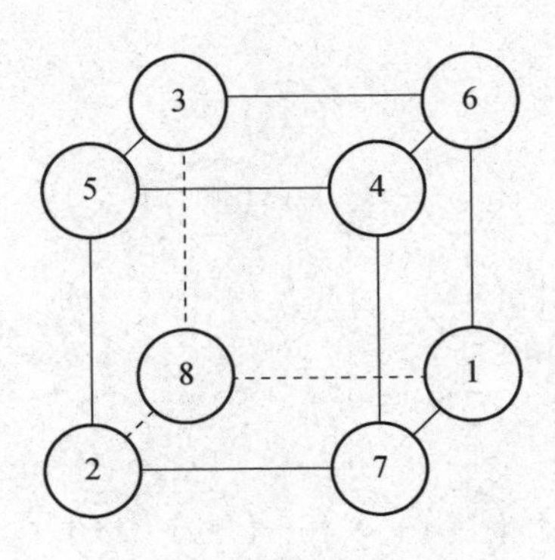

① 未标“习题”的是正文中相应章节中的问题。

［习题 7-2］最简单的幻圆如下所示，每条直径上的 4 个数及内层和外层上 4 个数的和均为 18。

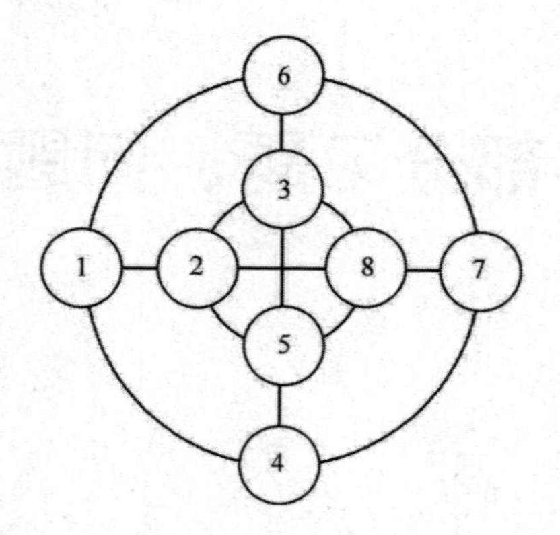

［习题 7-3］

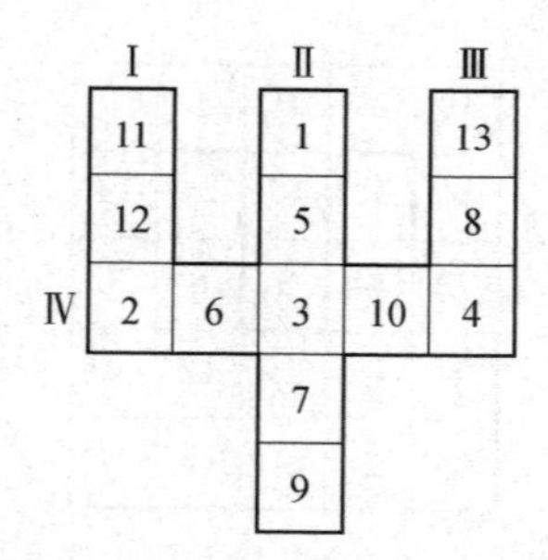

Ⅰ、Ⅱ、Ⅲ这 3 个直条和Ⅳ这个横条上的数字之和均为 25。

［习题 7-4］交叉方，每边 4 个数及 2 个交叉正方形 4 个顶角的 4 数和均为 34。

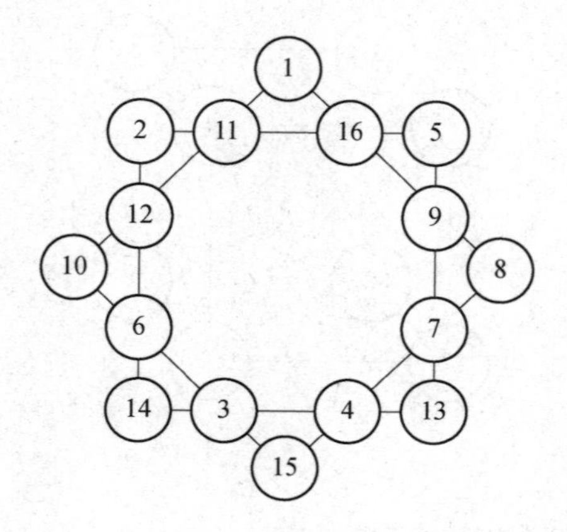

［习题 7-5］下图中，任意 2 个有直线相连的 2 个相邻数都是小回中的不相邻。

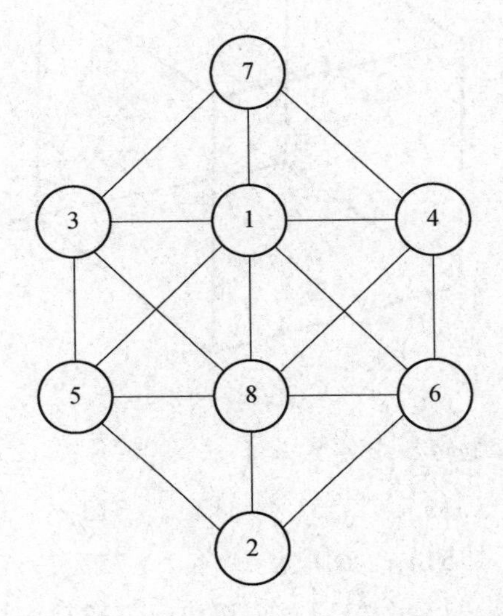

［习题 7-6］下图中，在 1—15 中未用的是 9、13、14；5 用了 2 次，每条线的 3 个数的和均为 20。

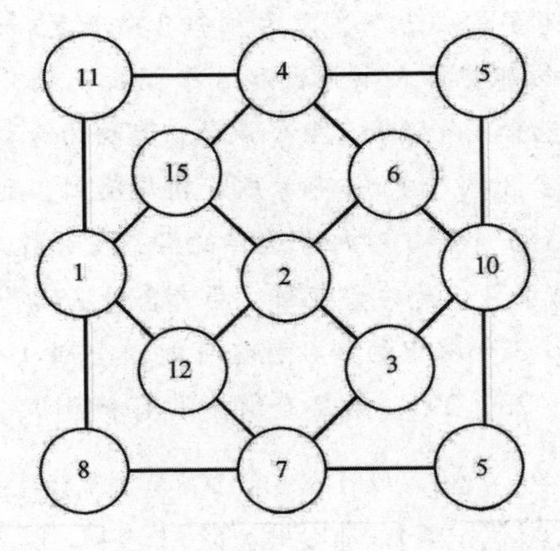

［习题 9-1］将 0—7 分布于立方体 8 个顶角，使立方体 12 条边的两端数字之和均为素数的解。如不考虑旋转，这个解是唯一的。此外已经证明，除 0—7 以外，其他任意连续 8 个数（如 1—8）都不可能达到本题要求。

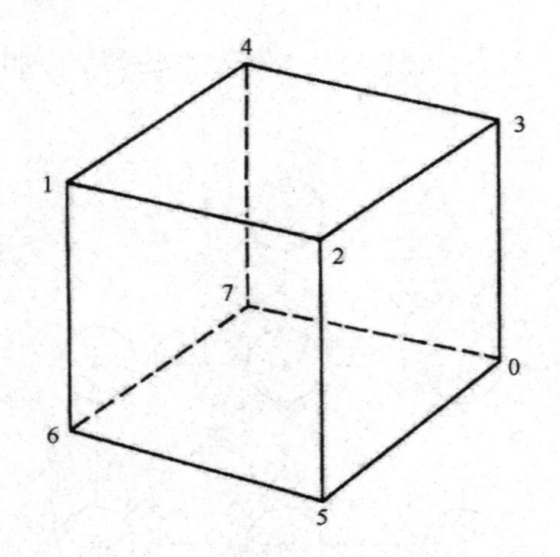

［习题 9-2］本题的 5 个答案如下

313	313	313	313	313
151	181	151	757	787
313	313	373	313	313

这 5 个答案均可形成 8 个 3 位的可逆素数，4 个 2 位的可逆素数，以及 4 个 1 位的素数（但不一定不同）。

［习题 9-3］为了构成上下、左右相邻 2 个数之和均为素数的方阵，显然在横向和纵向都要将 8 个奇数和 8 个偶数互相交叉着排列，以便使相加 2 个数中包含 1 个奇数，1 个偶数，使和为奇数，并使奇数不能被 3 除尽（仅 1+2=3 例外）。若不考虑旋转与反射，则满足条件的这样的 4 阶方阵共有 187 个解。对每个这样的解，在奇数上加 1，在偶数上减 1，必同样满足条件，是为共轭解，两者合计 374 个解。下面作为示例给出 3 个解，第 3 个解中的和数包括可能的全部 9 个素数（3，5，7，11，13，17，19，23，29），第 2 个解中没有和数 7，第 1 个解中没有和数 5 和 17。

7	6	13	16
12	1	10	3
11	2	9	4
8	5	14	15

1	16	7	6
2	3	10	13
11	8	9	4
12	5	14	15

7	4	13	16
6	1	10	3
5	2	9	14
12	11	8	15

［习题 9-4］如果只要求任意相邻 2 个数之和都是素数，这样的 5 阶方阵的解有很多。限制和在 11—41，使 1 个奇数和 1 个偶数之和小于 11 及大于 41 的 2 个数均不能相邻，解答就大为减少了。下面给出 2 个解答作为示例。显然，方阵中奇数和偶数也是交叉分布的，且 4 个角必为奇数占据。

23	8	11	18	1
14	5	12	19	22
17	24	7	4	15
6	13	10	9	2
25	16	3	20	21

23	8	11	12	1
14	5	18	19	22
17	24	13	4	15
6	7	10	9	2
25	16	3	20	21

［12-3］

（1）把 1—9 分成 1 个 2 位数、1 个 3 位数和 1 个 4 位数，使 2 位数和 3 位数的乘积恰等于 4 位数，共有 7 种可能

①$28\times157=4396$

②$18\times297=5346$

③$27\times198=5346$

④$12\times483=5796$

⑤$42\times138=5796$

⑥$39\times186=7254$

⑦$48\times159=7632$

其中②、③两式和④、⑤两式的乘积分别相同。

（2）把 1—9 分成 1 个 1 位数、1 个 2 位数、2 个 3 位数，使其中 1 个 3 位数乘 1 位数之积正好等于另一个 3 位数乘 2 位数之积，共有 12 种可能。等式两边乘积最小的是

$$8\times459=27\times136=3672$$

乘积最大的是

$$9\times782=46\times153=7038$$

（3）等式两边都是 1—9 这 9 个数字的乘式

$$3\times51249876=153749628$$

$$6\times32547891=195287346$$

$$9\times16583742=149253678$$

（4）等式两边包含相同数字的乘式

4个数字的

$$8\times473=3784$$
$$9\times351=3159$$

以及

$$15\times93=1395$$
$$35\times41=1435$$
$$21\times87=1827$$
$$27\times81=2187$$

5个数字的

$$3\times4128=12384$$
$$3\times4281=12843$$
$$2\times8714=17428$$
$$2\times8741=17482$$
$$6\times2541=15246$$
$$3\times7125=21375$$
$$3\times7251=21753$$
$$8\times4973=39784$$
$$8\times6521=52168$$
$$9\times7461=67149$$

以及

$$51\times246=12546$$
$$14\times926=12964$$
$$24\times651=15624$$
$$75\times231=17325$$
$$65\times281=18265$$
$$86\times251=21586$$
$$42\times678=28476$$
$$87\times435=37845$$
$$57\times834=47538$$
$$78\times624=48672$$

65×983=63895

72×936=67392

［习题 14-1］最少步数的答案如下。A1—C2 表示将位于坐标 A1 方格中的马（不管黑白）跳至 C2 中，余同。

A1—C2；C2—A3；B4—C2；C2—A1；C1—A2；A2—B4；A4—C3；C3—A2；A2—C1；B1—C3；C3—A4；A3—C2；C4—A3；A3—B1；C2—A3；A3—C4。

这个问题若要求像下棋那样黑白棋轮流走步，则最少需 22 步完成，参考棋步如下：

A1—B3；A4—B2；B1—C3；B4—C2；C1—A2；C4—A3；B3—C1；B2—C4；C3—A4；C2—A1；A2—C3；A3—C2；C1—A2；C4—A3；A4—B2；A1—B3；C3—A4；C2—A1；A2—B4；A3—B1；B2—C4；B3—C1

［习题 14-2］瓜里尼问题中，黑、白 4 匹马处于 3×3 棋盘的 4 个角，由于马只能走一步一斜角，因此棋盘中央那个方格在任何时候都不会有马跳入，我们可以不去管它，把其他 8 个方格编号为 1—8，如图所示，马能跳进跳出的方格之间用线相连，可以看出正好形成一个回路。因此，解决这个问题的办法是只要将马沿顺时针或逆时针方向移动即可，在一步一步跳的情况下需要 16 步；在可以连着跳的情况下，只要 7 步，即

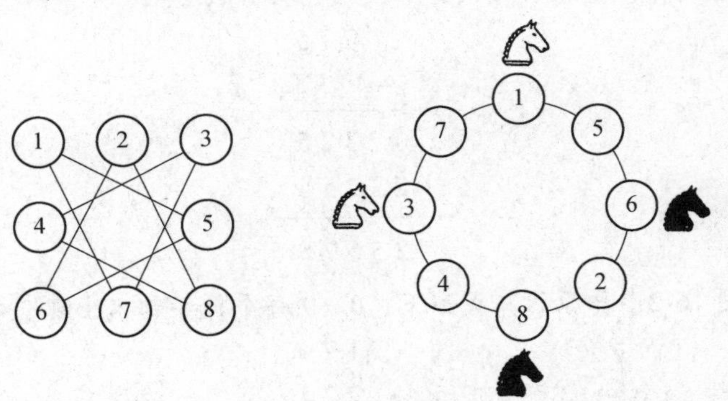

1—5；3—7—1；8—4—3—7；6—2—8—4—3；5—6—2—8；1—5—6；7—1

［习题 14-3］将棋盘各方格按从左到右、从上到下顺序编为 1—20 的情况下，使黑、白各 4 个主教互换位置，且任何时候都不能处于互相受

攻击的位置，至少需要 36 步，即

19—14；2—7；18—15；3—6；14—8；7—13；15—12；6—9；20—5；1—16；5—2；16—19；8—11；13—10；12—18；9—3；11—1；10—20；17—11；4—10；2—12；19—9；11—16；10—5；12—7；9—14；18—13；3—8；16—6；5—15；7—2；14—19；13—4；8—17；6—3；15—18

［习题 15-1］既能控制整个棋盘、又能互相保护，至少需要 14 匹马。其基本布局有以下 3 种

（26，32，33，35，36，43，45，53，55，62，63，65，66，76）

（24，26，32，34，36，42，46，52，56，62，64，66，74，76）

（24，26，32，36，42，43，45，46，62，63，64，65，66，76）

其中第 1 种和第 2 种布局很有意思，对棋盘的垂直中轴线是对称的。

［习题 15-2］能控制整个棋盘，但不要求互相保护，至少需要 12 匹马，例如

（26，32，33，35，36，43，56，63，64，66，67，73）

［习题 15-3］棋盘上放 4 个皇后而控制范围最大的布局如下

（35，41，76，82）

这时棋盘上只有 18 和 27 两个方格不在这 4 个皇后的势力范围内。

［习题 16-1］复原的算式如下，只包括素数 2、3、5、7

$$\begin{array}{r} 775 \\ \times \quad 33 \\ \hline 2325 \\ +2325 \\ \hline 25575 \end{array}$$

［习题 16-2］复原的算式如下，0—9 每个数字都只出现 2 次

$$\begin{array}{r} 179 \\ \times \quad 224 \\ \hline 716 \\ 358 \\ +358 \\ \hline 40096 \end{array}$$

［习题 16-3］复原的算式如下，其中 9 个数字全不同，但没有 0

$$
\begin{array}{r}
17 \\
\times\quad 4 \\
\hline
68 \\
+\ 25 \\
\hline
93
\end{array}
$$

［习题 16-4］复原的算式为 84914÷116≈732

［习题 16-5］复原的算式为 372×246=91512

［习题 16-6］复原的算式为 99×99+199=10000

［习题 16-7］该除法算式为 51463÷53=971

［习题 16-8］答案为 $\sqrt{194481}=441$

［习题 16-9］算式为 4027+4027+5057+797275=810386

［习题 16-10］GAUSS+RIESE=EUKLID 有 2 个可能的解，即 57088+46181=103269 或 47088+56181=103269。

SEND+MORE=MONEY 的解为 9567+1085=10652

［习题 16-11］该算式为 $\sqrt{523814769}=22887$

［习题 16-12］很显然，he 代表的是 1 个自守数，2 位的自守数只有 2 个，即 25 和 76，但 $76^2=5776$，是 4 位数，所以符合条件的只有 25：$25^2=625$

［习题 16-13］答案为 $2^5\times9^2=2592$

［习题 18-1］该幸运青年起初排在第 64 位。在排成单行，1、2、1、2 报数，每次淘汰单数的情况下，最后幸存者所处位置的一般规则是：当人数在 2^n 到 $2^{n+1}-1$ 人时，最后幸存者必处于第 2^n 位。所以当人数为 64—127 人时，都是第 64 位者幸存。

［习题 18-2］在排成 1 圈，1、2、1、2 报数，每次淘汰双数的情况下，若最后幸存者为第 1 轮中第 1 个报数者，则人数必为偶数，否则从第 2 圈一开始，第 1 个报数者即将被淘汰。这样，每轮淘汰一半人，所以人数应为 2 的方幂。因人数在 40—100，可知实际人数应为 64 人。

若第 1 轮中最后 1 个报数者幸存，则入围人数应为 63。

若第 1 轮中第 7 个报数者幸存，则当第 1 轮轮到他报数时已淘汰 3 人，相当于第 1 种情况下由他开始第 1 个报数，所以人数应为 64+3=67。

［习题 20-1］19 棋步的参考解答如下

5，3，2，5，7，6，4，1，5，7，6，4，1，6，4，8，3，2，7

［习题 20-2］保持 3 不动的 19 棋步参考解答如下

4，1，2，4，1，6，7，1，5，8，1，5，6，7，5，6，4，2，7

［习题 20-3］单人球戏的 18 步参考解法如下

5→17，12→10，3→11，18→6，30→18，27→25，24→26，13→27→25，9→11，7→9，22→24→26→12→10→8，1→3→11→25，31→23，16→28，33→31→23，21→7→9，4→16→28→30→18→16，15→17

主要参考文献

丁石孙. 1993. 乘电梯・翻硬币・游迷宫・下象棋. 北京：北京大学出版社.

傅钟鹏. 2001. 数学故事撷趣. 天津：新蕾出版社.

胡久稔. 1998. 数林掠影. 天津：南开大学出版社.

基斯・德夫林. 1997. 数学：新的黄金时代. 李文林，等译. 上海：上海教育出版社.

纪有奎，陈海鸣. 1993. 趣味程序设计. 北京：机械工业出版社.

李迪. 1999. 中国数学通史・宋元卷. 南京：江苏教育出版社.

李俨. 1955a. 中算史论丛・第三集. 北京：科学出版社.

李俨. 1955b. 中算史论丛・第四集. 北京：科学出版社.

李俨. 1955c. 中算史论丛・第五集. 北京：科学出版社.

李毓佩. 1998. 数学天地. 南京：江苏少年儿童出版社.

梁宗巨. 2005. 世界数学通史. 沈阳：辽宁教育出版社.

刘纯. 1993. 大哉言数. 沈阳：辽宁教育出版社.

谈祥柏. 1999. 数学广角镜. 南京：江苏教育出版社.

王敬东. 2000. 探索数形奥秘. 郑州：大象出版社.

王文. 1998. 妙趣横生的数学王国. 长春：长春出版社.

吴文俊. 1998. 中国数学史大系. 北京：北京师范大学出版社.

吴振奎，俞晓群. 1990. 今日数学中的趣味问题. 天津：天津科技出版社.

西奥妮. 帕帕斯. 1999. 数学的奇妙. 陈以鸿，译. 上海：上海科技教育出版社.

徐达. 1992. 数学探秘. 天津：天津科技出版社.

杨高石. 2005. 幻环探秘. 北京：国际文化出版公司.

曾晓新. 1990. 数学的魅力. 重庆：科学技术文献出版社.

Ball W W R，Coxeter H S M.1974.Mathematical Recreations and Essays. Toronto: University of Toronto Press.

Beiler A H. 1964. Recreation in the Theory of Numbers: The Queen of Mathematics Entertains. New York: Dover Publications.

Birkhoff G D. 1933. Aesthetic Measure. Cambridge: Harvard University Press.

Brigham N. 2001.World of Mathematics. Gale Group.

Dickson L E.1952.A History of the Theory of Numbers.New York: Chelsea Publications.

Dudeney H E. 1951. Amusements in Mathematics. London: Nelson.

Edwards A W F. 2004. Cogwheel of the Mind. Baltimore: The Johns Hopkins University Press.

Gardner M. 1965. Mathematical Puzzles and Diversions. Harmonds Worth: Penguin.

Gardner M. 1971. Martin Gardner's Sixth Book of Games from Scientific American.San Francisco: W.H.Freeman.

Gardner M. 1981. Further Mathematical Diversions.Harmondsworth: Penguin.

Gardner M. 1985. The Magic Numbers of Dr. Matrix. New York: Prometheus.

Gardner M. 1997. The Last Recreations. New York: Copernicus.

Guy R K. 1994. Unsolved Problems in Number Theory. New York: Springer.

Guy R K. 2004. Unsolved Problems in Number Theory. 3rd ed. Berlin: Springer.

Honsberg R.1973, 1976, 1985. Mathematical Gems Ⅰ, Ⅱ, Ⅲ.Wash. D. C.: MAA.

Hunter J A H, Madachy J. 1975. Mathematical Diversions. New York: Dover Publications.

Hunter J A H. 1976. Mathematical Brain-Teasers. New York: Dover Publications.

Kendall P M H.1962. Mathematical Puzzles for the Connoisseur. London: Griffin.

Kraitchik M. 1960. Mathematical Recreations. London: George Allen& Unwin.

Meyers R A. 2001. Encyclopedia of Physical Science and Technology. 3rd ed. New York: Academic Press.

Newmen J R. 1956.The World of Mathematics. New York: Simon and Schuster.

Pappas T. 1989. The Joy of Mathematics. San Carlos: Wide World Publishing/Tetra.

Pickover C A. 1995.The Pattern Book: Fractals, Art, and Nature. Singapore: World Scientific.

Pickover C A. 1999. Computers and the Imagination. New York: ST. Martin's Press.

Pickover C A. 2001.Wonders of Numbers. Oxford: Oxford University Press.

Ribenboim P. 1996. The New Book of Prime Number Records. Berlin: Springer.

Ribenboim P. 2004. The Little Book of Bigger Primes (2nd edition). Berlin: Springer.

Ryser H J. 1963.Combinatoricl MatheMatics. New York: John Wiley & Sons.

Schroeder M R. 1984. Number Theory in Science and Communication. Berlin: Springer.

Schuh F.1968.The Master Book of Mathematical Recreations.New York：Dover Publications.

Selin H. 2000. Mathematics Across Cultures: The History of Non-Western Mathematics. Dordrecht: Kluwer Academic Publishers.

Smith D E. 1951. History of Mathematics. New York: Dover Publications.

Stein S K. 1996. Strength in Numbers-Discovering the Joy and Power of Mathematical in Everyday Life. New York: John Wiley & Sons.

Steinhaus H. 1960. Mathematical Snapshots. New York: Oxford University. Press.

Wells D. 1987. The Penguin Dictionary of Curious and Interesting Numbers. Harmondsworth: Penguin.